国家科学技术学术著作出版基金资助出版

微型能量采集技术
与自驱动传感系统

张海霞　陈号天　韩梦迪　著

科学出版社
北京

内 容 简 介

本书对微型能量采集技术和自驱动传感技术进行了全面阐述，包括太阳能、热能、生物化学能、机械能等不同能量源转换成电能的采集技术，特别是采集机械能的多种能量采集器，如电磁式、压电式、静电式、摩擦式等，进而介绍了多种采集原理的复合、储能技术以及主动式传感和自驱动智能微系统的相关研究。

本书适合微电子、人工智能、互联网、机械、电子等领域的高年级本科生、研究生以及相关领域的科研工作者和工程技术人员参考阅读。

图书在版编目(CIP)数据

微型能量采集技术与自驱动传感系统 / 张海霞，陈号天，韩梦迪著. —北京：科学出版社，2022.8

ISBN 978-7-03-072788-6

Ⅰ. ①微… Ⅱ. ①张… ②陈… ③韩… Ⅲ. ①微型-能-采集 ②微型-传感器 Ⅳ. ①TK01 ②TP212

中国版本图书馆CIP数据核字(2022)第134498号

责任编辑：刘宝莉 陈 婕 / 责任校对：任苗苗
责任印制：赵 博 / 封面设计：蓝正设计

科 学 出 版 社 出版
北京东黄城根北街 16 号
邮政编码：100717
http://www.sciencep.com
北京凌奇印刷有限责任公司印刷
科学出版社发行 各地新华书店经销
*
2022 年 8 月第 一 版 开本：720 × 1000 1/16
2025 年 1 月第三次印刷 印张：15 1/4
字数：305 000

定价：108.00 元

(如有印装质量问题，我社负责调换)

前　言

20 世纪是信息科技迅速发展并将人类社会全面带入信息时代的开始。2000 年以来，随着微机电系统的大规模商用，以智能手机为代表的各种微型电子信息系统以不可阻挡之势成为人类生活的必需品，彻底改变了人类社会的生产生活方式。随着系统性能的提升和快速普及，微能源的问题也越来越尖锐，如何在小尺寸条件下为各种微型电子设备提供长期、稳定的能源成为亟待解决的重要瓶颈问题。通过传统的传输线、电池或能量存储器件已经无法满足这些新型电子设备随时随地需要供电的需求。因此，微型能量采集技术应运而生，它可以自动将环境中其他形式的能量(振动能、太阳能、风能、热能、生物能等)及时转化为电能，为实现微型电子系统的有效供能提供了解决方案，受到了人们的极大关注；其中以纳米摩擦发电机为代表的微型能量采集器更是表现出了巨大的优势，它不仅可以高效率地采集环境中的振动能，而且在其输出信号中还包含有丰富的外加负载信息，通过信息提取和数据处理后还可以作为主动传感器，成为名副其实的自驱动传感系统，在 2012 年以后成为研究热点。

我带领的北京大学 Alice Wonderlab 研究团队在微型能量采集技术、自驱动传感系统及其应用领域开展了大量深入的研究工作，取得了一定的进展，获得了国内外同行的认可。为了更好地促进微能源相关技术的研究，剖析行业发展的脉络和未来趋势，我们将过去十余年的相关研究成果进行全面梳理、整理成此书，期待与国内外同行共同探讨和交流。本书以集成化的学术思想，共分为 8 章，对微型能量采集技术和自驱动传感技术进行全面的阐述，包括太阳能、热能、生物化学能、机械能等不同能量源转换成电能的采集技术，特别是采集机械能的多种能量采集器，如电磁式、压电式、静电式、摩擦式等，进而介绍多种采集原理的复合和储能技术，最后介绍主动式传感和自驱动智能微系统的相关研究。

本书从筹备到成稿历时三年，我负责第 2、4、8 章的撰写，韩梦迪负责第 3、5、6 章的撰写，陈号天负责第 1、7 章的撰写，书中内容参考了张晓升、孟博、刘雯、袁泉、孙旭明、师马跃、程晓亮、苏宗明、宋宇、陈学先、吴瀚翔、任中阳等 Alice Wonderlab 研究团队同学的毕业论文；其他老师和学生的研究工作也对本书起到了非常重要的作用，如郭行、徐晨、宋子健、付建波、缪立明、朱福运、唐伟、万基、方东明、于博成、彭旭华、李修函、李志宏、王玮、A. S. Smitha 等，在此一并表示感谢。特别感谢王中林院士，他不仅是该领域的开拓者和合作伙伴，更是不遗余力地引导我们开拓新的方向、给予年轻人大力支持和帮助的学科领路人。

感谢 iCAN 团队的同事以及世界各地同行多年来的鼓励、支持和帮助，是你们让我坚信“Yes，iCAN!”并坚持不懈地前进。

感谢我四世同堂大家庭里每一位成员对我的理解以及大家的无私奉献，我能走这么远，都是来源于你们对我的爱!

由于作者水平有限，书中难免存在不足之处，恳请读者批评指正。

张海霞
北京大学教授
2020 年 8 月于燕园

目　录

第1章　微型能量采集技术

顾名思义，能量采集就是将周围环境的能量通过某种特定方式采集并转化成电能，供给传感器、集成电路芯片等器件使用。根据能量守恒定律，能量可以从一种形式转化为另一种形式，如果某种技术能够自动地对一种持续的能量源实现能量转化，就可以使特定能量采集器持续地输出电能，这种技术称为能量采集技术。

1.1　信息时代的能源危机

电能自第二次工业革命以来，彻底改变了人类的生产生活方式，极大地提升了生产力和生产效率，火力发电(如煤和石油)厂、水力发电站、核能发电站、风力发电厂、大型的输电网路和遍及家家户户的电力系统等已经成为世界各个国家和地区的核心基础设施，为社会的正常运转提供了基本保障。

进入21世纪以来，人类社会全面进入信息时代，电能的供给问题再次成为全社会的热点问题，一方面传统发电的弊端日益暴露，非可再生能源的日益枯竭以及发电站对生态环境的严重污染，困扰了人类的进一步发展。但这只是问题的冰山一角，随着诞生于20 世纪 50 年代的微电子产业在摩尔定律的指引下迅猛发展，计算机、互联网等新兴产业彻底改变了世界格局，将许多电子设备以及传统意义上的巨型工作站模式过渡到个人化模式，越来越多的微型电子设备和系统进入了人类的生产和生活中，如图1.1所示。这些微型电子设备和系统与功耗高、数目有限的初代电子产品不同，它们具有体积小、功耗低、数量大、分布广等特点，这就对传统上相对集中和有线的供电模式提出了挑战[1]，因为这些微型的电子器件或者系统需要长期持续稳定的低电量供给。目前它们主要依赖于各种分立的电池，但是电池的容量有限，而且频繁地更换电池或充电会对电子器件的使用造成极大的不便，此外，电池的回收处理也仍伴随着环境的污染等问题。

因此，围绕微型电子产品的供能问题，研究者开始研发微型能量采集技术，即采集器件或系统所处环境中的能量(如机械能、风能、水能、热能、太阳能等)

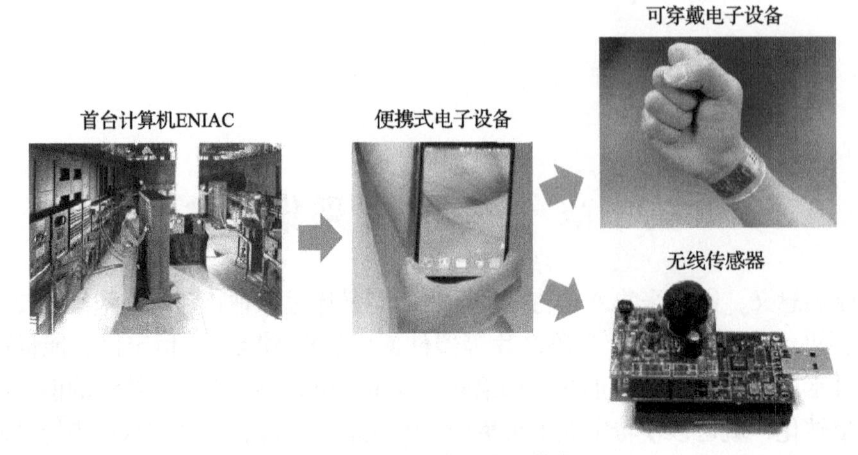

图 1.1 电子设备的发展趋势

并将其转化为电能，直接为这些微型化的电子设备供能[2,3]。虽然这些微型能量采集器输出的能量有限，但是对于当前诸多低功耗的微型电子设备所需要的电能来说，它们基本上在同一个数量级，能够满足这些微小型电子产品的能量需求。此外，由于微型能量采集器的尺寸很小，可以方便地与各种微型器件或系统进行集成，从而在确保能够维持系统长期稳定工作的同时又能够有效地减少整体的体积和重量，极大地提高了环境适应性和适用范围。因此，微型能量采集器的研究得到了国际学术界和产业界的极大关注。

1.2 常用的能量采集技术

自然界中存在多种形式的能量，如光能、热能、电磁波能、化学能、机械能等，可通过能量采集技术利用不同的能量转化原理，将每一种形式的能量转化成电能加以利用。

1.2.1 太阳能发电技术

太阳能是由太阳内部的氢原子发生核聚变产生的巨大核能，是地球能量的最主要来源。太阳能电池主要利用光伏效应，将太阳能中的光能部分转化为电能。该过程不会产生任何污染物质，绿色环保，是一种极有竞争力的能量采集技术。

太阳能电池的工作原理是基于半导体的光伏效应，如图 1.2(a)所示。当太阳光中的光子发射到半导体 P-N 结表面时，半导体将吸收光子的能量，从而产生电子-空穴对。材料内部的部分电子、空穴将复合，而在材料表面的电子和空穴则成功分离。此时将 P-N 结的两端连接，非平衡下的电子-空穴对将形成光电流，从而将光能转化为电能。

太阳能电池的发展根据材料划分为三代，如图 1.2(b)所示。第一代是以单晶硅、多晶硅为材料的传统太阳能电池。第二代是以非晶硅、CdTe 等为主要功能材料的薄膜太阳能电池。第三代则以有机材料和新型无机材料为主要功能材料，如近年来效率迅猛提升的钙钛矿电池，目前第三代电池仍处于研发阶段，尚未完全商用。最新的研究趋势则是在上述材料的基础上添加光学聚焦元件来提升太阳能采集转换的效率。

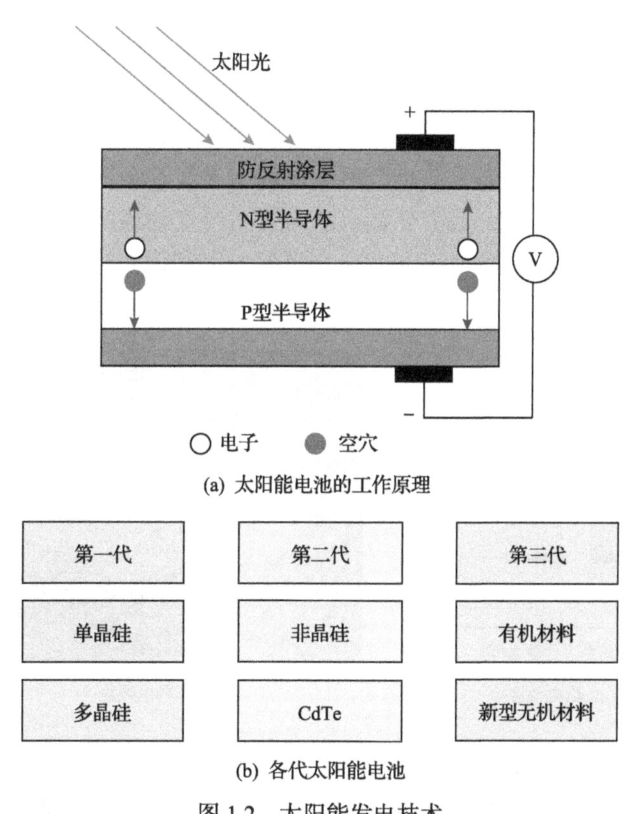

(a) 太阳能电池的工作原理

(b) 各代太阳能电池

图 1.2　太阳能发电技术

太阳能电池研究领域最为关心的问题在于能量转化效率。截至目前，在已报道的数据中，能量最高转化效率达到了 47.1%[4]，从理论上来分析，太阳能电池的效率仍有一定的提升空间。

然而，束缚太阳能电池应用的关键问题在于器件的工作对环境的依赖性很强。阴雨天气下，太阳能中的光能难以抵达日常的太阳能电池，从而导致太阳能电池无法工作，这种不确定性极大地降低了太阳能供电的可靠性和连续性。

1.2.2　热能发电技术

热能以多种形式广泛地存在于环境之中，如太阳能中的热能、地热、机器散热乃至人体热等。热电发电技术就是将这些环境中的热能转化为电能，常采用的原理一般有两种：热电效应和热释电效应。

热电效应，也称为塞贝克效应，主要借助空间中的温度差，将器件两端的温度差转化为电势差，在用导线连接之后会产生电流，采用这种原理的热电发电机又称为塞贝克发电机，如图 1.3(a)所示。热电发电机的关键在于制备合适的热电材料。理想的热电材料要求电阻较小而热阻较大，以利于维持温度差而增强电流。常用的热电材料主要有 Bi_2Te_3、PbTe 和 SiGe，而这些材料往往价格昂贵，使得高性能热电发电机的成本居高不下。尽管有不少研究者利用纳米科学技术在一定程度上提高了材料的热电性能，但是微纳加工的高昂成本和不稳定性同样束缚着热电发电机的实用化。此外，因为日常生活中自然产生的温度差有限，所以热电发电机的效率很低，只能达到 8%。可见，高昂的成本和较低的能量转化效率是热电发电机发展的主要障碍。

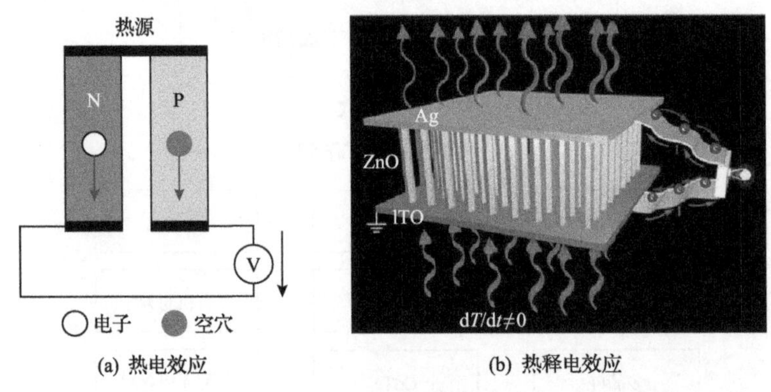

(a) 热电效应　　(b) 热释电效应

图 1.3　热电发电技术

热释电效应(见图 1.3(b))是另一种常见的热能转化为电能的原理，它主要依靠时间上的温度差来进行能量转换[5]。具有热释电效应的材料称为热释电材料，是压电材料的一种，一般情况下是不具有中心对称性的晶体。当热释电材料被加热或冷却时，温度的变化会改变晶体结构中的原子位置，从而产生极化。极化效应使得在晶体两端产生电势差。不同于热电效应，当外部温度不再变化后，此电势差会因为漏电流的原因而逐渐消失，因此热释电发电机从理论上来讲效率很高，但是为了保证热释电发电机稳定持续工作，需要外部环境周期性变化，而这种情况在日常生活中几乎不会自然存在。由于这种发电原理对环境的苛刻要求，到目前为止，仍没有一款热释电发电机真正实现商用。

1.2.3　生物化学能发电技术

生物体本身具有复杂多样的生物化学能，利用酶或微生物组织等作为催化剂，将生物质能转化为电能的发电器件统称为生物燃料电池。

生物燃料电池利用了燃料电池的工作原理，是一种将化学能转化为电能的设备，通常是将燃料和氧化剂进行氧化还原反应变为电能[6]，不同于电池需要将活性物质存储在器件内部，燃料电池本身并不包含活性物质，只是单纯的换能元件，燃料和氧化剂都由外部供给。因此，原则上只要反应物不断输入、反应产物不断排出，燃料电池就可以持续地将化学能转化为电能，从而实现持续稳定的能量供给。最典型的燃料电池以氢气为燃料，以氧气为氧化剂，通过化学反应将化学能转化为电能，已经得到了广泛的应用。

生物燃料电池则以生物质直接作为燃料，如人体大量产生的各种酶、乙醇、乳酸、葡萄糖等，利用生物体内存在与能量代谢关系密切的氧化还原反应，实现生物质能到电能的转化。

基于血糖的生物燃料电池(见图 1.4(a)[7])就是利用葡萄糖这种人体内广泛存在且蕴含较多能量的物质，在葡糖糖酶的催化下，葡萄糖在阳极被氧化失去电子，而氧气在阴极被还原变成水。从生物学上来看，基于血糖的生物燃料电池是模仿细胞中的线粒体的反应机制设计制成的，线粒体可以视为理想的葡萄糖基生物燃料电池。

除了血糖，人体汗液中的乳酸也是一种常见的生物燃料，基于汗液的生物燃料电池(见图 1.4(b)[8])，在酶的作用下，乳酸分子失去电子成为丙酮酸盐，而阴极的金属氧化物经过还原反应变为金属单质，实现了生物质能向电能的转化。

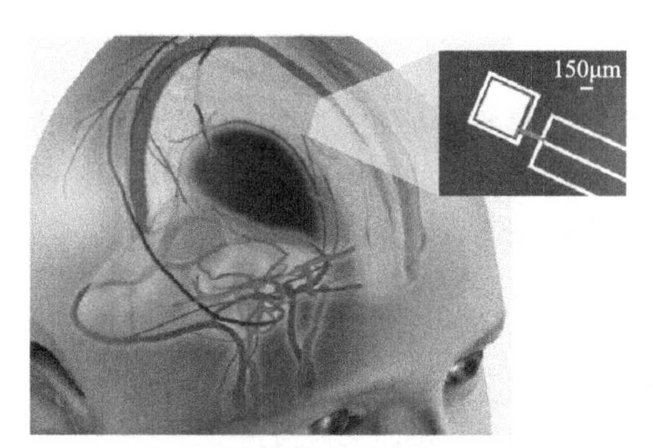

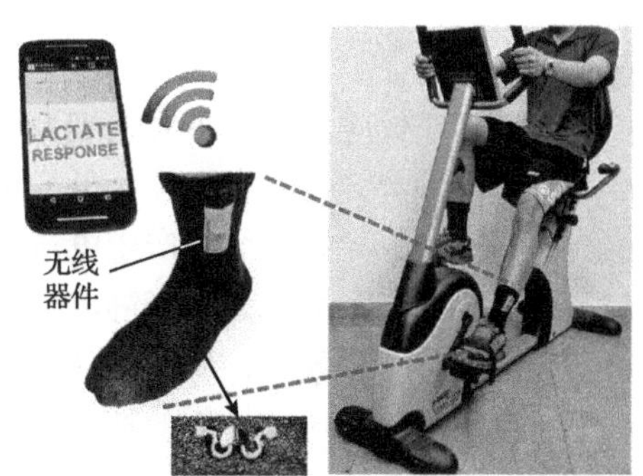

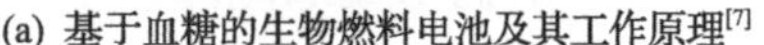

(a) 基于血糖的生物燃料电池及其工作原理[7]　(b) 基于汗液的生物燃料电池及其工作原理[8]

图 1.4　生物化学能发电技术

当前，生物燃料电池最大的优点是燃料来源丰富，但最大的问题是燃料的供给有限且不稳定。目前生物燃料电池的能量密度仅有几十微瓦每平方厘米。尽管此类燃料电池的燃料直接来自人体本身，便于采集，但是人体可以产生的酶等毕竟有限，而且受环境变化影响较大且很不稳定，因此生物燃料电池在能量供给的输出和长期稳定性上都存在很大挑战。

1.2.4 机械能发电技术

机械能是存在形式最为广泛的一种能量，大到自然界的海浪起伏，小到蝴蝶扇动翅膀，都是不同形式的机械能。图 1.5 为当前人类对能源的利用方式及效率。可以看出，绝大多数自然界存在的能量都通过机械能转化为电能，且具有非常高的转化效率。因此，机械能转化为电能是最受研究者关注的领域，无论是转化机理还是结构和材料都极为丰富。机械能的发电技术主要基于电磁感应效应、静电感应效应、压电效应、摩擦起电效应等。

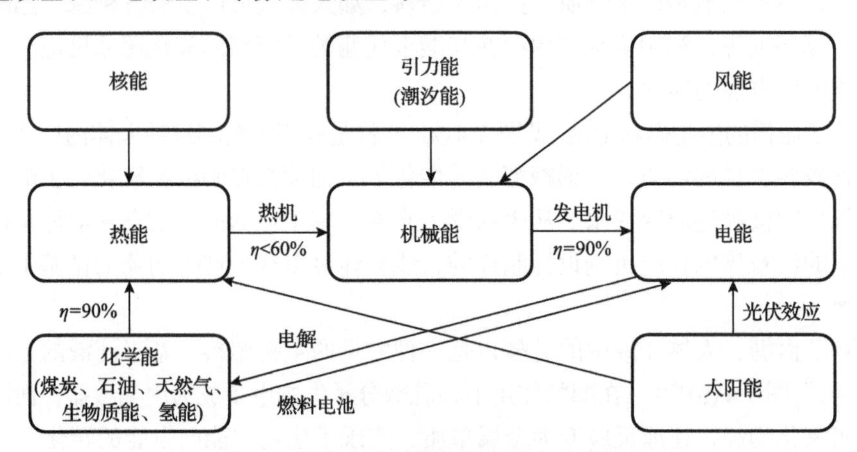

图 1.5 当前人类对能源的利用方式及效率

η. 能量转化效率

电磁感应效应是当前很多宏观发电机最主要的发电原理，即由磁通量的变化产生感应电动势，当闭合电路中的导体在外界机械能的作用下在磁场中做切割磁感线的运动时，导体中便会产生电流，从而将磁铁运动的动能转化为电能。

静电感应式发电机是基于静电感应效应或者摩擦起电效应、由外界的机械运动引起电场分布的改变，从而实现机械能到电能的转换。

压电效应基于压电材料的特性，由于材料本身在晶格结构上无对称中心，在机械能作用下产生形变，会引起电极化强度的变化，进而形成电流。

摩擦起电效应则是基于摩擦等机械运动的过程中会在摩擦副表面产生表面电荷的分布和转移从而在外电路形成电流。

尽管以上感应原理都能将机械能转化为电能，但是转化之后的电能输出特点有很大的区别。电磁式能量采集器的输出呈现大电流、小电压的特点，且对于高频形式的机械能采集效率高，而静电式能量采集器、压电式能量采集器和摩擦发电机(triboelectronic nanogenerator，TENG)的输出特点则与之相反，即呈现大电压、小电流的特点，对于低频形式的机械能采集效率高。因此，在选择设计发电机时，不仅要根据切实的应用场景考虑选择哪种发电原理，更需要考虑到输出特点及其后端电路的匹配等问题。

1.2.5　常见能量采集技术的比较

上述多种能量源及其能量采集技术各有千秋，表 1.1 将各种能量源的采集原理、能量密度及特点进行了对比[9]。

表 1.1　不同能量源的能量采集技术的对比[9]

能量形式	采集原理	能量密度/(mW/cm^2)	优势	劣势
太阳能	光伏效应	5～30	寿命长、效率较高、直流输出	易受环境干扰
热能	热电效应、热释电效应	0.01～0.1	寿命长、直流输出、高稳定性	效率低、产能条件严苛
生物化学能	氧化还原反应	0.1～1	生物兼容性好、绿色环保、能量源丰富	效率低、稳定性差、寿命有限
机械能	电磁感应、静电感应、压电效应、摩擦起电效应	10～100	能量源丰富、效率高	交流输出、输出连续性差

可以看出，相比于太阳能易受环境干扰、热能发电机输出不足、生物化学能电池输出不稳定等问题，机械能广泛存在于生活的各个活动之中且长期存在，同时，采集机械能的能量采集器的输出特点多样，特别适合做微型电子系统的能量来源，所以基于机械能的能量采集技术日益成为研究和应用的重点领域。

1.3　采集机械能的微型能量采集器

机械能由于存在形式多样、能量巨大等特点，在水能发电、风能发电等领域已经有了非常成熟的应用。尽管传统的发电技术已经很成熟，但是针对当前个人电子设备越来越微小型化、多样化的趋势，这些传统的供电技术并不适用，而迫切需求能够及时方便地为分散在不同环境中的微小型电子设备进行长期供电的技术，此时采集工作环境中的机械能并将其转化成电能的能量采集技术就应运而生了。下面介绍几类主要的采集机械能的微型能量采集器。

1. 微型电磁式能量采集器

微型电磁式能量采集器的基本原理基于传统的电磁感应定律。研究者通过制备微型磁铁，设计不同的电极结构，成功制备了很多性能突出的电磁式能量采集器[10-15]。表 1.2 总结了具有代表性的微型电磁式能量采集器的相关指标。

表 1.2　微型电磁式能量采集器相关指标

参考文献	有效体积/cm^3	功率/μW	功率密度/(μW/cm^3)
[10]	0.0175	0.3	17.14
[11]	1	830	830
[12]	0.15	46	307
[13]	9.9	6000	606
[14]	0.15	0.25	1.67
[15]	6	110	18

当前微型电磁式能量采集器的研究面临两个重要的问题。首先是采集效率，由于电磁发电技术本身固有的特点，电磁式能量采集器往往适用于高频机械能的采集，而对于日常生活中常见的低频机械能采集效率不足。其次是微型化过程中质量和体积的问题，由于电磁式能量采集器需要依赖永磁体，而这类材料往往密度很大，与便携式设备的集成存在一定困难。关于微型电磁式能量采集器的具体内容将在第 2 章进行阐述。

2. 微型压电式能量采集器

压电材料是一种特殊的电介质材料，其内部的晶格结构在几何方面无中心对称，因此在外加形变的情况下会产生极化现象，在其产生极化的两边引出外电路，压电材料内部形成的偶极矩可以作为内建电场驱动外电路的电子流动，从而形成电流。基于压电材料的特性，人们利用不同类型的压电材料和结构开发了多种微型压电式能量采集器，其中最具有代表性的有两种工作模态[16]，即 d_{31} 和 d_{33}，如图 1.6(a)所示。d_{31} 模态中，外力作用下产生的电场方向与外力的方向垂直；d_{33} 模态中，外力作用下产生的电场方向与外力方向平行。对于不同类型的工作模态，通常设计不同的结构以实现能量采集的最大化。

如图 1.6(b)所示，与电磁式能量采集器相比，压电式能量采集器的优势在于：随着器件体积的缩小，其采集能量密度(以归一化功率计算)的减小速度比电磁式能量采集器慢。

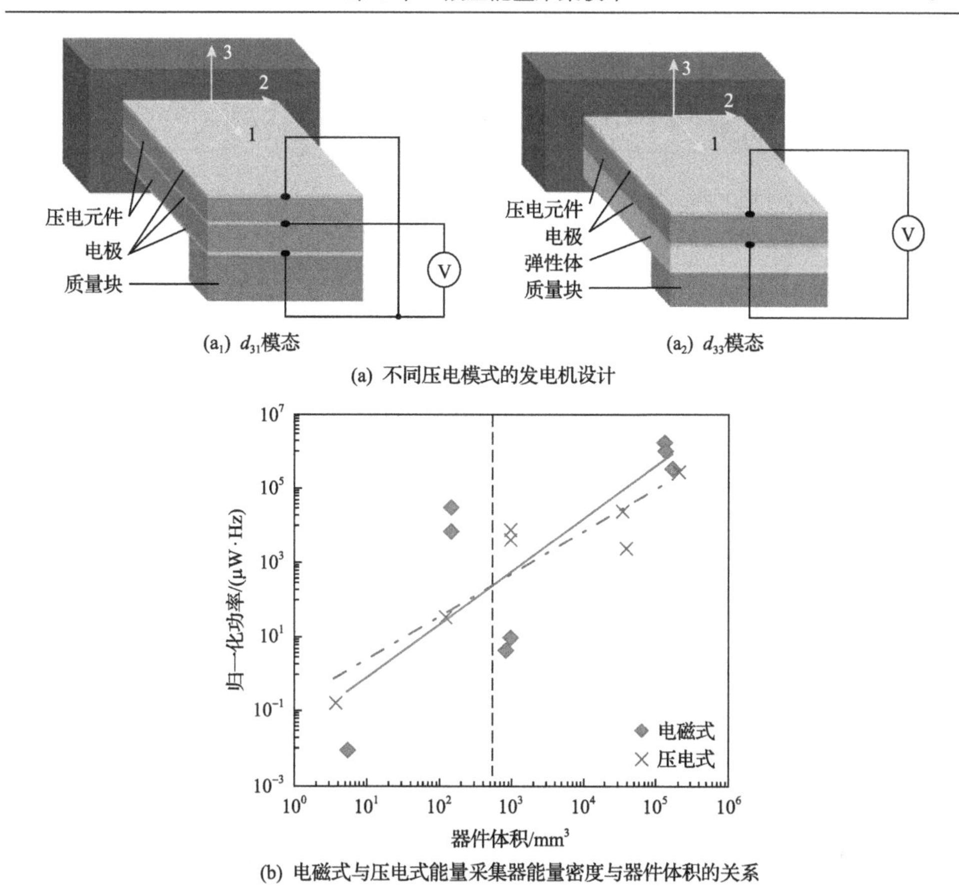

图 1.6　压电式能量采集器的工作原理及其与电磁式能量采集器的对比

压电材料的种类繁多且形式多样，传统的块状压电材料如锆钛酸铅压电陶瓷($Pb[Zr_xTi_{1-x}]O_3$($0<x<1$)，PZT)、新型的薄膜材料或有机压电材料如聚偏二氟乙烯(polyvinylidene fluoride，PVDF)、纳米线阵列或多种压电材料的混合材料等。关于微型压电式能量采集器的具体内容将在第 3 章进行阐述。

3. 微型静电式能量采集器

静电式能量采集器基于静电感应效应，其结构类似于可变电容[17]，如图 1.7(a)所示。电容充满电之后，在机械能的作用下，电容大小改变，从而在外电路产生电子的流动。传统静电式能量采集器往往需要在初始状态下充电之后才能进行工作，它对外电源的依赖有悖于能量采集的初衷。为了解决这一问题，Wang 等[18]提出在电容结构的金属板中间添加可以永久携带电子的驻极体，使得静电式能量采集器不再需要初始的充电过程，同时也提高了在机械能作用下电荷的转移量，提升了能量转化效率。

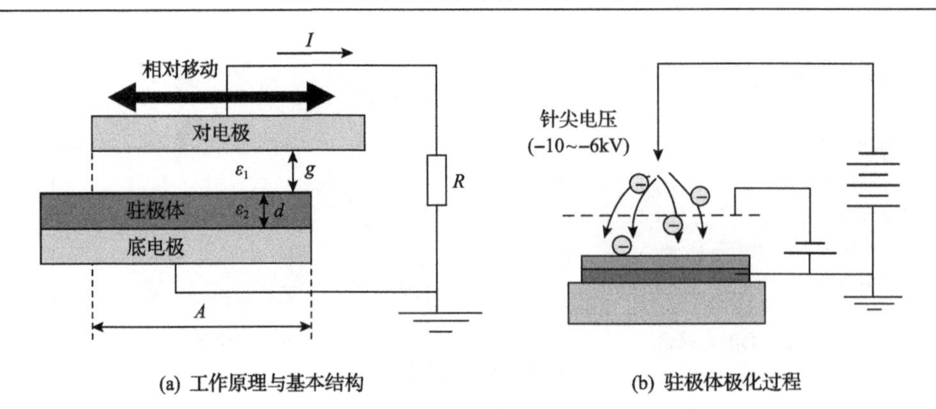

(a) 工作原理与基本结构　　(b) 驻极体极化过程

图 1.7　静电式能量采集器

A. 接触面积；*d*. 厚度；*g*. 间距；*I*. 电流；*R*. 电阻；ε_1. 介电常数 1；ε_2. 介电常数 2

驻极体是一种特殊的电介质，在受到强外电场作用后，其内部的极化状态不会随着电场的消失而消失，极化电荷可以长时间保存在此类电介质之中，驻极体的极化电荷最长可维持极化状态数年之久。表 1.3 给出了常见的驻极体材料及其物理参数。

表 1.3　常见驻极体材料及其物理参数

材料	介电常数	表面电荷密度/(mC/m^2)
PTFE	2.1	0.1
SiO_2/Si_3N_4	3.9/7.5	13.5
CYTOP	2.1	1.5
Parylene	2.17	3.69

注：PTFE 是聚四氟乙烯(polytetrafluoroethene)；CYTOP 是一种非结晶高透明含氟聚合物；Parylene 是通过化学气相沉积法制备的具有聚对二甲苯结构的聚合物薄膜的统称。

驻极体的极化方法有电晕充电、热极化充电、接触充电和电子束辐射等，其中电晕充电是最为成熟和普遍采用的方法[19]。驻极体极化过程如图 1.7(b)所示，直流高压电源施加高电压于金属针尖，在空气中进行电晕放电，产生的电荷离子沉积到压电材料表面形成电荷层，从而实现样品的极化。

表 1.4 总结了具有代表性的静电式能量采集器[20-27]的特征参数及性能。不同于电磁式能量采集器，静电式能量采集器的主体是平行板电容结构，所以通常用单位面积的能量密度来衡量其性能。这种静电式能量采集器制作的最大难题在于驻极体的制备工艺较为复杂，且在材料选择方面限制较大，所以应用场景有限。因为静电式能量采集器与摩擦发电机有一定的相似之处，所以本书将在第 4 章重点讨论摩擦发电机，不再赘述静电式能量采集器。

表 1.4　代表性静电式能量采集器的特征参数及性能

参考文献	有效面积/cm^2	功率/μW	功率密度/(μW/cm^2)
[20]	1	20.6	20.6
[21]	4	700	175
[22]	6	17.98	3
[23]	4.84	2.267	0.47
[24]	3	12.5	4.17
[25]	9	40	4.44
[26]	1	495	495
[27]	0.12	6	50

4. 微型摩擦发电机

摩擦发电机的核心原理与静电式能量采集器一致，都是基于电容模型，在外部机械能作用下，产生某些特定位移，从而导致电容值变化，在外电路造成电子流动。不同之处在于，摩擦发电机借助不同材料对电子的吸引能力不同的摩擦起电效应，而无须外部充电这一过程，大大简化了发电机的初始要求。摩擦发电机最突出的优势在于不需要像传统能量采集技术高度依赖于特殊材料或特殊条件，如电磁式能量采集器需要磁铁、压电式能量采集器需要压电材料、静电式能量采集器需要驻极体或者提前利用高电压极化，其材料选择范围非常广泛，可以针对特定的应用场景选用合适的材料，实现高效的机械能采集。

2012 年，Fan 等[28]首次提出摩擦发电机，其基本结构如图 1.8 所示，之后，摩擦发电机的各项性能得到飞速提升，单位面积能量密度可达 500W/m^2，能量转化效率可达 70%[29]。虽然电磁式能量采集器的能量密度与机械能振动频率 f 的平方成正比，摩擦发电机的能量密度与振动频率 f 成正比，但是随着频率的降

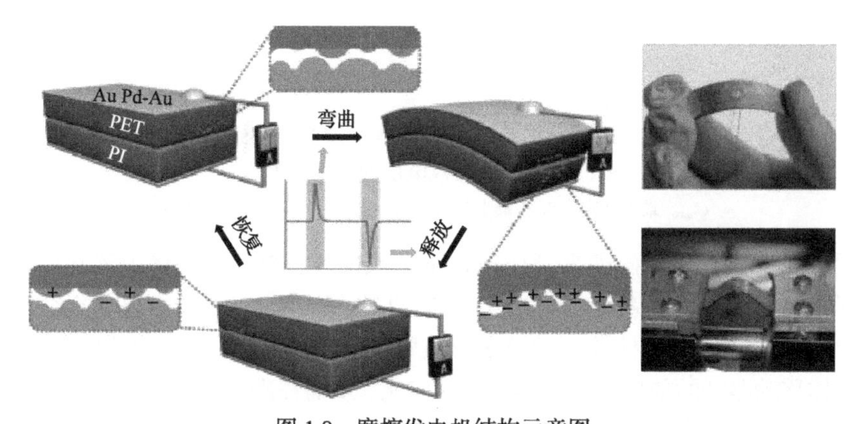

图 1.8　摩擦发电机结构示意图

PET. 聚对苯二甲酸乙二酯(poly(ethylene terephthalate))；PI. 聚酰亚胺(polyimide)

低，摩擦发电机的平均能量密度的降低速率远远低于电磁式能量采集器，优势明显。这一特点使得摩擦发电机非常适用于采集与日常生活相关的低频机械能。关于微型摩擦发电机的具体内容将在第 4 章进行阐述。

5. 其他微型能量采集器

除了上述基于电场强度与电极化强度变化的能量采集器，还有多种基于新原理的机械能到电能的能量转化器件。

一种方式是利用固液接触产生的双电层，当液体流经固体管道时，双电层的产生会使固体表面产生一定量的净电荷，而液体会携带等量的相反电荷，液体的流动会带动其携带的净电荷运动，从而产生电流。双电层的厚度很小，一般在纳米量级，因此将固体管道的尺寸缩小至纳米，并做成阵列的形式，可以极大地提高能量密度。

图 1.9 给出了两种非常成功的基于固液双电层的能量采集器，其中一种采用氮化硼纳米管（见图 1.9(a)）[30]，另一种采用二硫化钼纳米孔（见图 1.9(b)）[31]，这两种结构都可以提供纳米量级的流道，产生高达 4kW/m^2 的功率密度。上述工作利用两端液体的浓度差使液体在纳流道中沿一定方向运动，在用于机械能采集时，可通过在纳流道两端施加外力来实现液体的流动。

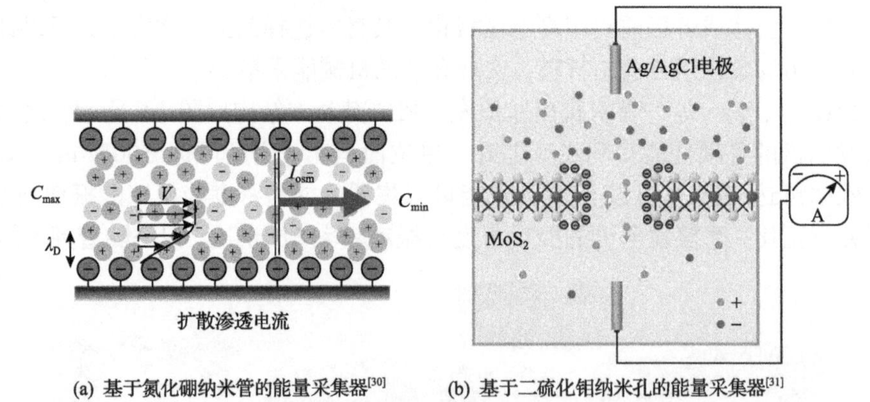

(a) 基于氮化硼纳米管的能量采集器[30]　(b) 基于二硫化钼纳米孔的能量采集器[31]

图 1.9　基于固液双电层的能量采集器

C_{max}. 最大电流；C_{min}. 最小电流；I_{osm}. 电流；V. 电压；λ_D. 浓度

另一种方式是依赖碳纳米管（carbon nanotube, CNT）、石墨烯等碳基材料，利用离子液体与碳基材料表面产生的赝电容产生电能。具体来说，碳基材料会吸收离子液体中的离子，在液体前后端分别形成赝电容，当液体受到外界机械能而移动时，液体移动路径的前后端赝电容会发生变化，从而在碳基材料不同位置形成电势差。利用石墨烯吸收水合钠阳离子的特性可以采集液体流动的能量[32]，如图 1.10(a)所示；采用同一原理可以利用水自然蒸发的过程来产生电能[33]，如图 1.10(b)所示。

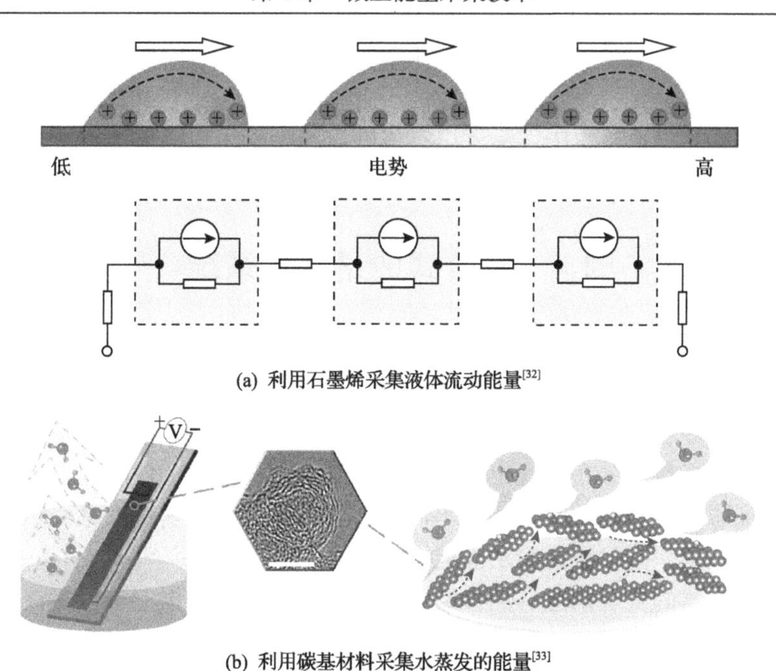

(a) 利用石墨烯采集液体流动能量[32]

(b) 利用碳基材料采集水蒸发的能量[33]

图 1.10　收集液体运动能量的采量采集器

6. 多种微型能量采集器的比较

表 1.5 对不同机械能采集器进行了比较。可以看出，各种转化技术皆有其可以充分发挥性能的场景，但是也会在某些情况下受到限制。

表 1.5　不同机械能采集器的比较

比较项	能量采集器类型			
	电磁式	压电式	静电式	摩擦式
工作原理	电磁感应	压电效应	静电感应	摩擦起电、静电感应
阻抗类型	电阻式	电容式	电容式	电容式
优点	技术成熟、效率高、寿命长	小尺寸下效率高、易于集成、体积小	体积小、质量轻	体积小、质量轻、不受材料限制、易制备
缺点	质量大、电压低、受磁场干扰、小尺寸功率低	效率低、高匹配负载、脉冲输出、特定材料	初始状态需要充电或驻极体极化、高匹配负载	高匹配负载、脉冲输出

电磁式能量采集器可以提供较大的电流，且匹配负载低，当体积较大或外力频率较高时可以产生更高的输出，可广泛应用于宏观的能量采集领域。压电式能量采集器在体积较小时仍能产生较高的能量密度，适用于微型低功耗系统。以静电感应为基础可扩展出不同原理的能量采集器，其中摩擦发电机在材料选择上具

有多样性、成本低、可大批量大规模制备等特性，虽然其输出电压很高，但是可以通过电源管理电路将高电压转化为低压直流电，为各种电子器件提供能量。

在实际研究设计过程中，需要以具体的应用场景为指向，选择最佳的能量采集方式，实现能量采集效率的最大化。

1.4　复合式能量采集系统

各种能量采集器皆有其特定的优点和不足，这与它们的工作场景有极大关系，因此能量采集器需要选择特定的场景进行设计，从而发挥其最大的特点和优势。电子设备工作的环境中往往蕴含着多种形式而非单一的能量源，即使在同一场景，不同时间下其能量的分布情况也有一定的差异。因此，为了使能量采集器能够在更通用的场景下发挥功效，需要将不同类型的能量采集器复合，从而拓宽能量采集器的使用范围，同时提高输出性能。

能量采集器的复合供能有两种形式：一种是在同一结构上进行多种采集技术的集成从而实现复合供能；另一种是在系统中集成多个独立的采集器，通过电源管理电路实现复合储能。

1.4.1　多能量采集器的复合供能

多种能量复合采集的技术使得微型能量采集器可以有效地采集环境中多种形式的能量，提高器件的平均输出功率密度，可以分为同种能量的复合采集和多种能量的复合采集两种方式。

同种能量的复合采集是指针对同一类型的能量，采用多种采集方式，将该能量的各种形式最大化地采集转化。如图 1.11(a)所示，通过电磁能量采集技术与摩擦

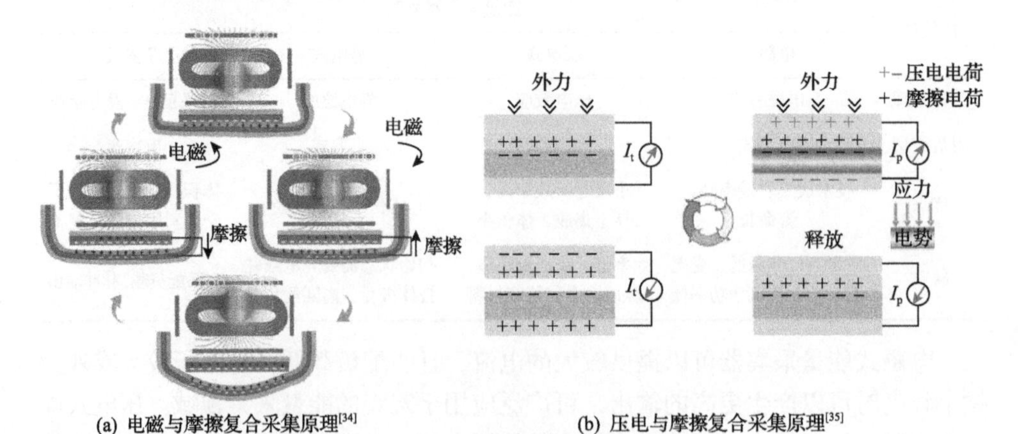

(a) 电磁与摩擦复合采集原理[34]　　(b) 压电与摩擦复合采集原理[35]

图 1.11　同种能量的复合采集原理

I_p. 压电效应产生的电流；I_t. 摩擦效应产生的电流

能量采集技术复合制备得到的可穿戴能量采集器，可以采集各个方向、各种类型的机械能，拓宽了机械能采集的范围[34]。此外，复合技术还可以提高机械能采集的效率。如图1.11(b)所示，拱形的压电与摩擦复合的机械能采集器将两种能量转化方式集成在同一器件中，在压力作用下，可以同时通过压电效应和摩擦起电效应转化为电能，提高了机械能转化为电能的效率[35]。

多种能量复合采集是指对电子设备工作环境中的多种能量同时进行采集，如太阳能、热能、风能等，实现能量采集的最大化。

如图1.12(a)所示，通过将ZnO纳米线与下部的P型和N型半导体材料构成热电模块，实现机械能与热能的复合采集[36]。

如图1.12(b)所示，将基于硅纳米线的太阳能电池与PVDF薄膜相复合，实现太阳能与风能的复合采集[37]。

如图1.12(c)所示，将PVDF薄膜与ZnO纳米线阵列结合，PVDF薄膜因其自身的压电效应和热释电效应可以有效地采集热能和机械能，而ZnO纳米线与有机半导体聚三己基噻吩(poly(3-hexylthiophene)，P3HT)材料可以形成同质结从而实现对太阳能的采集，将二者结合，可以得到能够同时采集太阳能、风能与热能等多种环境能源的复合能量采集器[38]。

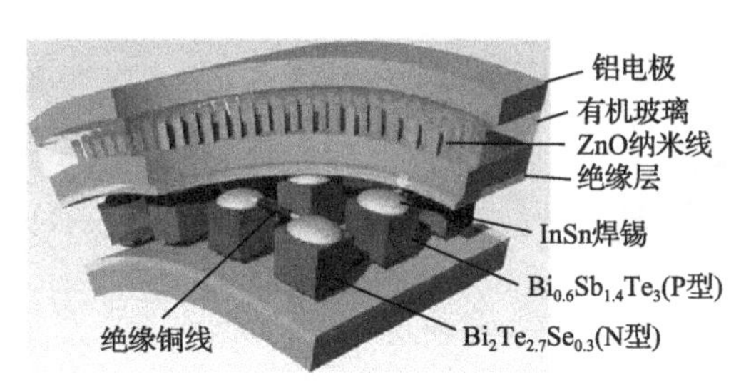

(a) 机械能-热能复合采集原理[36]

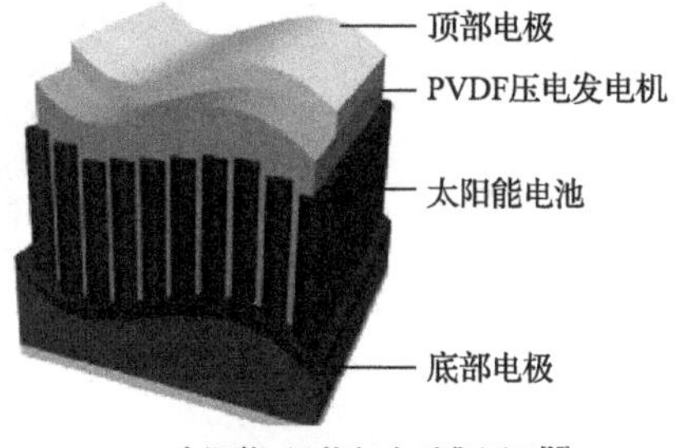

(b) 太阳能-风能复合采集原理[37]

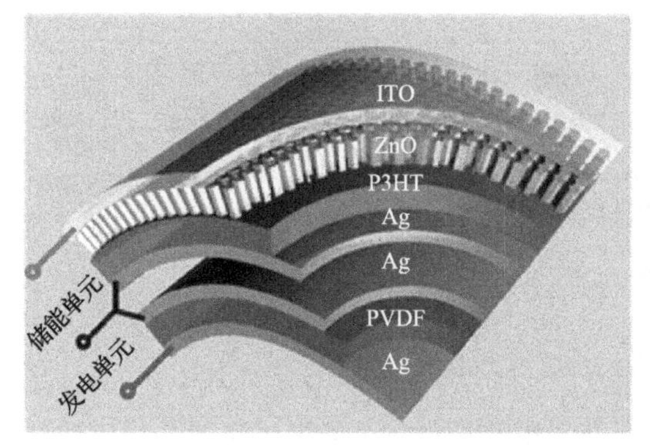

(c) 太阳能-风能-热能复合采集原理[38]

图1.12 不同能量的复合采集原理

1.4.2　多能量采集器的复合储能

由于能量采集器从周围环境中采集能量，这些能量的形式往往是不连续、不规则的，现代电子设备需要稳定的直流电源进行供电，因此需要将能量采集器与电池或者超级电容器等能量存储器件组合形成自充电单元，再针对特定的输出要求进行电路设计，最终实现对微型电子设备的充电。

PVDF 薄膜作为锂电池的隔膜与锂离子电池复合，将机械能转化为电能并直接存储在锂离子电池中，从而实现机械能采集与存储的复合，如图 1.13(a)所示[39]；类似地，将染料敏化太阳能电池与超级电容器复合，可以实现太阳能采集与存储的复合，如图 1.13(b)所示[40]；利用氧化还原反应和多功能电极，将燃料电池与超级电容器复合，可以实现化学能采集与存储的复合，如图 1.13(c)所示[41]；将超级电容器与纤维状结构复合，利用纤维结构自身的结构特点，可实现能量存储与传输的复合，如图 1.13(d)所示[42]。上述复合形式可以使得微能源系统有效地进行能量的转化、存储与传输等功能，扩展器件的功能范围。

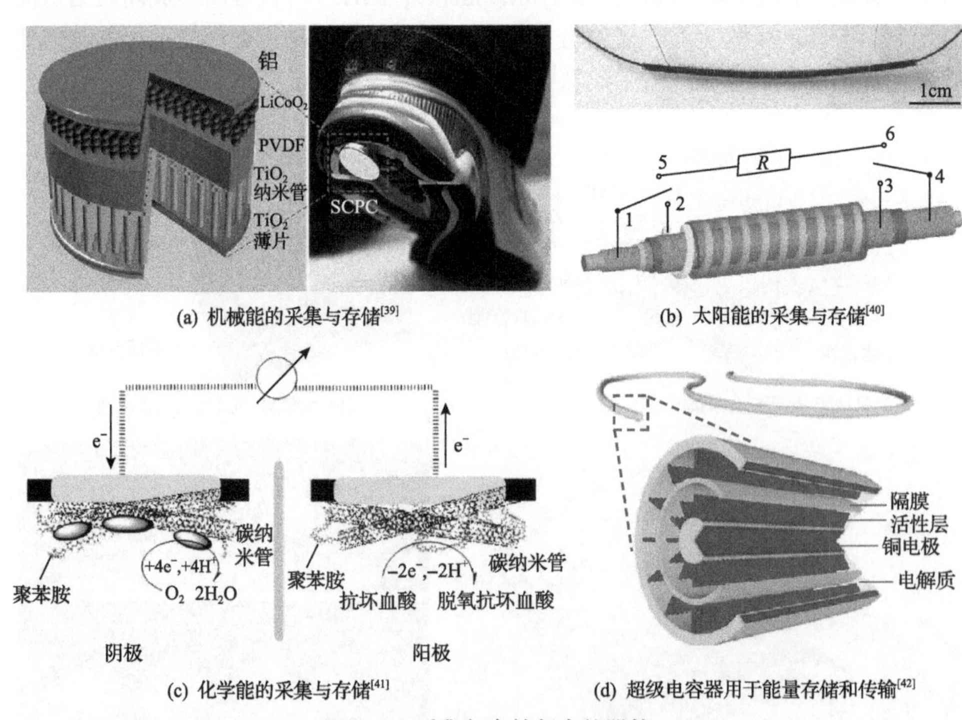

(a) 机械能的采集与存储[39]　(b) 太阳能的采集与存储[40]
(c) 化学能的采集与存储[41]　(d) 超级电容器用于能量存储和传输[42]

图 1.13　采集与存储复合的器件

关于多种微型能量采集器的复合以及三维结构和三维能量采集器的内容将在本书的第 5 章和第 6 章进行阐述。

1.5　主动传感技术与自驱动智能微系统

近年来随着微型能量采集技术的不断发展，以能量采集器输出信号为基础的主动传感技术得到了长足的发展，同时将多种传感器和执行器集成形成自驱动智能微系统，已经成为学术界的研究热点。

1.5.1　主动传感技术原理概述

传统的传感器将外界信息转化为电阻、电容等电学量的变化以实现自然界信息的数字化，但是这些电学信息的获取需要依赖外加电源，属于被动传感。能量采集器可以将环境中的振动或者其他信号转化为电信号，故也可以作为一种传感器，更特殊的是，能量采集器可以自发地产生电信号而无需电源，所以这种传感方式属于主动传感。通过分析能量采集器输出的电压、电流、频率等信号，结合能量采集器的种类、结构等，可以设计出功能多样的主动传感器。

压电式传感器是目前最为成熟的主动传感器。根据压电材料的正压电效应，在外力的作用下，压电材料会在特定方向产生极化，并在外接电路中形成瞬态电流，从而反映该外力的大小等参数。如图 1.14(a)所示，在两层氧化铟锡(indium tin oxide，ITO)导电材料中间添加缓冲的聚二甲基硅氧烷(polydimethylsiloxane，PDMS)层和具有压电效应的 ZnO 功能层，即形成了最简易的压电式自驱动传感器[43]。在轮胎通过时，由于压电效应，ZnO 将产生极化电荷并驱动电子流过外电路，从而产生脉冲信号，可以准确地反映轮胎施加的压力等信息。

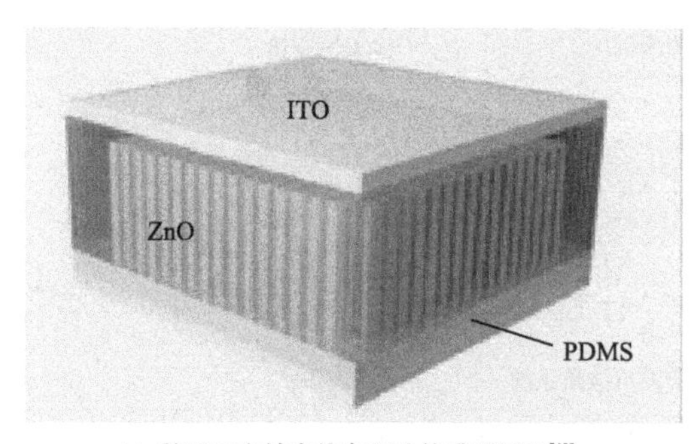

(a) 基于压电效应的自驱动传感器原理[43]

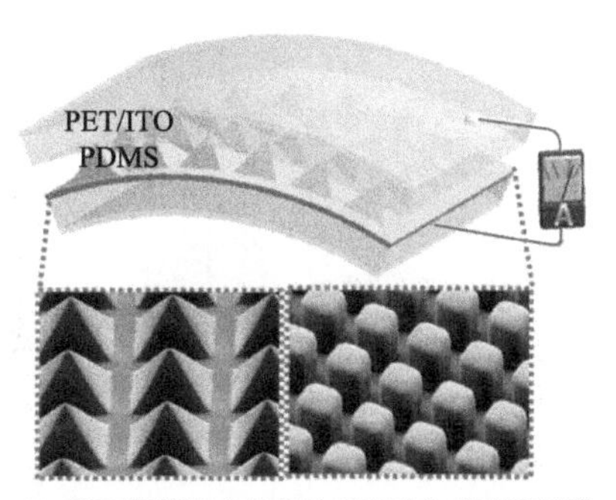

(b) 基于摩擦起电效应的自驱动传感器原理[44]

图 1.14　主动传感技术原理

摩擦式能量采集技术由于原理简单、易于制备且不受材料限制，被广泛用作不同功能的主动传感器。如图 1.14(b)所示，该传感器基于摩擦起电效应的自驱动传感器原理，采用 PET 与 ITO 层作为电极材料，PDMS 作为电介质材料，在摩擦层上制备倒金字塔形的微结构，以提升表面电荷密度[44]。在外力作用下，微结构相应地产生形变，造成摩擦发电机接触面积的变化，从而导致发电机输出电压的变化，可以成功反映外力的大小，即使是轻如鸿毛这样的微小压力变化也可以被探测到。除了压力、滑动等力学相关的物理量，采用特定的摩擦材料，摩擦发电机还可以探测如离子浓度等化学参数。关于主动传感技术的内容将在本书的第7章进行阐述。

1.5.2 自驱动智能微系统概述

随着微电子技术的发展，在电子设备不断小型化的过程中，其功耗也在降低。另外，随着能量采集技术的进步和完善，能量采集器的效率在不断提升。这一趋势为实现自驱动系统提供了可能。

以能量采集器为核心，以特定功能的电子设备为落脚点，辅之以能量存储模块或无线发射模块及特定的电路，形成无需外部能量供给，可稳定、持续工作的电子系统及自驱动智能微系统。

图1.15为一个自驱动智能微系统的示意图，主要包括能量采集器、能量存储器和特定功能的电子元件[45]。简单而言，能量采集器可以从周围环境中采集能量并将其存储在电池或者超级电容器中，当电子设备处于工作状态时，能量存储器的能量将为功能器件提供能量，整体形成了一套无需外部电源供给、可持续稳定工作的电子系统。关于自驱动智能微系统的内容将在本书的第8章进行介绍。

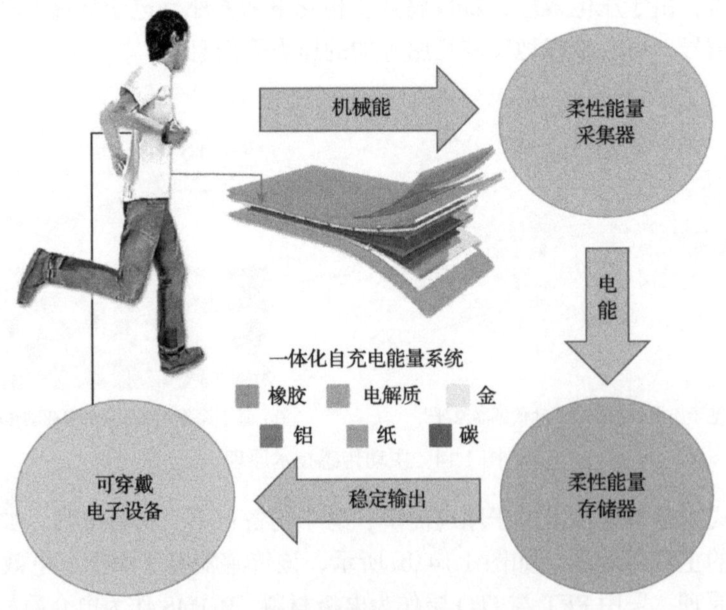

图1.15　自驱动智能微系统的示意图[45]

1.6 本章小结

随着电子设备的小型化和分散化，能量供给的方式也从大型宏观的发电厂逐步向小型化、微型化、个体化、分布式的微型能量采集器转变。本章首先介绍了不同形式的能量采集技术的原理，并针对能量丰富、存在形式最为多样化的机械能展开了深入讨论，介绍了电磁式、压电式、静电式和摩擦式等多种机械能采集技术的原理及各自的特点；然后在能量采集器的基础上，分别介绍了多种复合式能量采集模块和包含能量存储器件在内的自供电模块，完善了能量采集器的功能，实现了能量采集器到自充电单元模块的提升；最后介绍了基于能量采集技术的主动传感器和自驱动智能微系统，展现了该研究领域的前景与潜力。

本书共8章，主要内容如下：

第1章对微型能量采集技术进行全面综述，首先介绍太阳能、热能、生物化学能、机械能等不同能量源转换成电能的采集技术，接着介绍采集机械能的多种能量采集器，然后介绍复合能量采集技术和能量存储技术，最后介绍主动传感技术原理和自驱动智能微系统的相关研究成果。

第2～4章针对电磁式、压电式、摩擦式等多种能量采集器，从工作原理、模拟分析、结构设计、加工方法及性能表征等方面对每种能量采集技术进行详细阐述和分析。

第5章从三维结构的加工技术入手介绍为提升输出性能而发展的电磁式、压电式、摩擦式等不同原理的三维能量采集器，以及工作在液态环境下的三维能量采集器。

第6章从多种原理复合的角度出发介绍电磁-摩擦、压电-摩擦以及光伏-摩擦等复合发电机及其结构优化设计、性能分析与提升。

第7章介绍主动传感技术，包括基于振幅、比例、频率、开关模式、比较模式等多种不同工作模式的主动传感器的设计、制造、测试及其应用。

第8章重点讨论自驱动智能微系统，对三个核心模块，即能量模块、感知模块、响应模块等的功能与性能进行详细阐述，并给出能够长期稳定应用的电子皮肤、人工智能等方面的应用实例，探讨其未来的巨大发展与应用潜力。

参考文献

[1] Wang Z L. Entropy theory of distributed energy for internet of things. Nano Energy, 2019, 58: 669-672.

[2] Vullers R J M, van Schaijk R, Doms I, et al. Micropower energy harvesting. Solid-State Electronics, 2009, 53(7): 684-693.

[3] Bhatnagar V, Owende P. Energy harvesting for assistive and mobile applications. Energy Science & Engineering, 2015, 3 (3) : 153-173.

[4] Geisz J F, France R M, Schulte K L, et al. Six-junction Ⅲ–Ⅴ solar cells with 47.1% conversion efficiency under 143 Suns concentration. Nature Energy, 2020, 5 (4) : 326-335.

[5] Yang Y, Guo W, Pradel K C, et al. Pyroelectric nanogenerators for harvesting thermoelectric energy. Nano Letters, 2012, 12 (6) : 2833-2838.

[6] Dodds P E, Staffell I, Hawkes A D, et al. Hydrogen and fuel cell technologies for heating: A review. International Journal of Hdrogen Energy, 2015, 40 (5) : 2065-2083.

[7] Rapoport B I, Kedzierski J T, Sarpeshkar R. A glucose fuel cell for implantable brain-machine interfaces. PloS One, 2012, 7 (6) : e38436.

[8] Jeerapan I, Sempionatto J R, Pavinatto A, et al. Stretchable biofuel cells as wearable textile-based self-powered sensors. Journal of Materials Chemistry A, 2016, 4 (47) : 18342-18353.

[9] Wang A C, Wu C, Pisignano D, et al. Polymer nanogenerators: Opportunities and challenges for large-scale applications. Journal of Applied Polymer Science, 2018, 135 (24) : 45674.

[10] Williams C B, Shearwood C, Harradine M A, et al. Development of an electromagnetic micro-generator. IEE Proceedings—Circuits, Devices and Systems, 2001, 148 (6) : 337-342.

[11] Ching N N H, Wong H Y, Li W J, et al. A laser-micromachined multi-modal resonating power transducer for wireless sensing systems. Sensors and Actuators A: Physical, 2002, 97: 685-690.

[12] Beeby S P, Torah R N, Tudor M J, et al. A micro electromagnetic generator for vibration energy harvesting. Journal of Micromechanics and Microengineering, 2007, 17 (7) : 1257.

[13] Dallago E, Marchesi M, Venchi G. Analytical model of a vibrating electromagnetic harvester considering nonlinear effects. IEEE Transactions on Power Electronics, 2010, 25 (8) : 1989-1997.

[14] Sari I, Balkan T, Külah H. An electromagnetic micro power generator for low-frequency environmental vibrations based on the frequency upconversion technique. Journal of Microelectromechanical Systems, 2009, 19 (1) : 14-27.

[15] Uluşan H, Yaşar O, Zorlu Ö, et al. Optimized electromagnetic harvester with a non-magnetic inertial mass. Procedia Engineering, 2015, 120: 337-340.

[16] Priya S, Song H C, Zhou Y, et al. A review on piezoelectric energy harvesting: Materials, methods, and circuits. Energy Harvesting and Systems, 2019, 4 (1) : 3-39.

[17] Suzuki Y. Electret based vibration energy harvester for sensor network//The 18th International Conference on Solid-State Sensors, Actuators and Microsystems, Anchorage, 2015: 43-46.

[18] Wang Y, Song Y, Xia Y. Electrochemical capacitors: Mechanism, materials, systems, characterization and applications. Chemical Society Reviews, 2016, 45: 5925-5950.

[19] Suzuki Y. Recent progress in MEMS electret generator for energy harvesting. IEEJ Transactions on Electrical and Electronic Engineering, 2011, 6(2): 101-111.

[20] Chiu Y, Lee Y C. Flat and robust out-of-plane vibrational electret energy harvester. Journal of Micromechanics and Microengineering, 2012, 23(1): 015012.

[21] Sakane Y, Suzuki Y, Kasagi N. The development of a high-performance perfluorinated polymer electret and its application to micro power generation. Journal of Micromechanics and Microengineering, 2008, 18(10): 104011.

[22] Lo H, Tai Y C. Parylene-HT-based electret rotor generator//The 21st IEEE International Conference on Micro Electro Mechanical Systems, Tucson, 2008: 984-987.

[23] Lo H, Whang R, Tai Y C. A simple micro electret power generator//The 20th IEEE International Conference on Micro Electro Mechanical Systems, Hyogo, 2007: 859-862.

[24] Edamoto M, Suzuki Y, Kasagi N, et al. Low-resonant-frequency micro electret generator for energy harvesting application//The 22nd IEEE International Conference on Micro Electro Mechanical Systems, Sorrento, 2009: 1059-1062.

[25] Naruse Y, Matsubara N, Mabuchi K, et al. Electrostatic micro power generation from low-frequency vibration such as human motion. Journal of Micromechanics and Microengineering, 2009, 19(9): 094002.

[26] Altena G, Renaud M, Elfrink R, et al. Design improvements for an electret-based MEMS vibrational electrostatic energy harvester. Journal of Physics: Conference Series, 2013, 476(1): 012078.

[27] Boland J S, Messenger J D M, Lo K W, et al. Arrayed liquid rotor electret power generator systems//The 18th IEEE International Conference on Micro Electro Mechanical Systems, Miami, 2005: 618-621.

[28] Fan F R, Tian Z Q, Wang Z L. Flexible triboelectric generator. Nano Energy, 2012, 1(2): 328-334.

[29] Wang Z L, Chen J, Lin L. Progress in triboelectric nanogenerators as a new energy technology and self-powered sensors. Energy & Environmental Science, 2015, 8(8): 2250-2282.

[30] Siria A, Poncharal P, Biance A L, et al. Giant osmotic energy conversion measured in a single transmembrane boron nitride nanotube. Nature, 2013, 494(7438): 455-458.

[31] Feng J, Graf M, Liu K, et al. Single-layer MoS_2 nanopores as nanopower generators. Nature, 2016, 536(7615): 197-200.

[32] Yin J, Li X, Yu J, et al. Generating electricity by moving a droplet of ionic liquid along graphene. Nature Nanotechnology, 2014, 9(5): 378-383.

[33] Xue G, Xu Y, Ding T, et al. Water-evaporation-induced electricity with nanostructured carbon materials. Nature Nanotechnology, 2017, 12(4): 317-321.

[34] Quan T, Wang X, Wang Z L, et al. Hybridized electromagnetic-triboelectric nanogenerator for a self-powered electronic watch. ACS Nano, 2015, 9(12): 12301-12310.

[35] Jung W S, Kang M G, Moon H G, et al. High output piezo/triboelectric hybrid generator. Scientific Reports, 2015, 5(1): 1-6.

[36] Lee S, Bae S H, Lin L, et al. Flexible hybrid cell for simultaneously harvesting thermal and mechanical energies. Nano Energy, 2013, 2(5): 817-825.

[37] Lee D Y, Kim H, Li H M, et al. Hybrid energy harvester based on nanopillar solar cells and PVDF nanogenerator. Nanotechnology, 2013, 24(17): 175402.

[38] Yang Y, Zhang H, Zhu G, et al. Flexible hybrid energy cell for simultaneously harvesting thermal, mechanical, and solar energies. ACS Nano, 2013, 7(1): 785-790.

[39] Xue X, Wang S, Guo W, et al. Hybridizing energy conversion and storage in a mechanical-to-electrochemical process for self-charging power cell. Nano Letters, 2012, 12(9): 5048-5054.

[40] Yang Z, Deng J, Sun H, et al. Self-powered energy fiber: Energy conversion in the sheath and storage in the core. Advanced Materials, 2014, 26(41): 7038-7042.

[41] Pankratov D, Falkman P, Blum Z, et al. A hybrid electric power device for simultaneous generation and storage of electric energy. Energy & Environmental Science, 2014, 7(3): 989-993.

[42] Yu Z, Thomas J. Energy storing electrical cables: Integrating energy storage and electrical conduction. Advanced Materials, 2014, 26(25): 4279-4285.

[43] Lin L, Hu Y, Xu C, et al. Transparent flexible nanogenerator as self-powered sensor for transportation monitoring. Nano Energy, 2013, 2(1): 75-81.

[44] Fan F R, Lin L, Zhu G, et al. Transparent triboelectric nanogenerators and self-powered pressure sensors based on micropatterned plastic films. Nano Letters, 2012, 12(6): 3109-3114.

[45] Guo H, Yeh M H, Lai Y C, et al. All-in-one shape-adaptive self-charging power package for wearable electronics. ACS Nano, 2016, 10(11): 10580-10588.

第 2 章　电磁式能量采集器

基于法拉第电磁感应定律，即磁通量的变化可以在导体两端产生感应电动势，人们设计并制备出了电磁式能量采集器并将其广泛推广应用。采用相同的原理，将发电机的尺寸减小至毫米乃至微纳米量级，则构成了微型电磁式能量采集器，它可以广泛应用于微型系统之中。

2.1　电磁能量采集原理

电磁式能量采集器通过磁场的变化产生感应电压，感应电压的大小与永磁体、线圈的几何参数、相对运动状态密切相关。电磁式能量采集器主要由永磁体和金属线圈组成，当外界机械能使永磁体与金属线圈发生相对运动时，通过金属线圈的磁通量将会发生变化，此时在金属线圈中会产生感应电动势，由于金属线圈为具有一定电阻的导体，在感应电动势的作用下金属线圈中将产生电流，电流的方向可根据楞次定律进行判断。电磁式能量采集器的工作原理如图 2.1 所示。当外界机械能使永磁体的 N 极靠近金属线圈时，通过金属线圈的磁通量增加，线圈中产生的感应电流趋向于抵消磁通量的增加；当外界机械能使永磁体的 N 极远离金属线圈时，通过金属线圈的磁通量减小，线圈中产生的感应电流趋向于抵消磁通量的减小。当外界机械能使永磁体与金属线圈发生周期性的相对运动时，在金属线圈中会感应出周期性的交变电流。

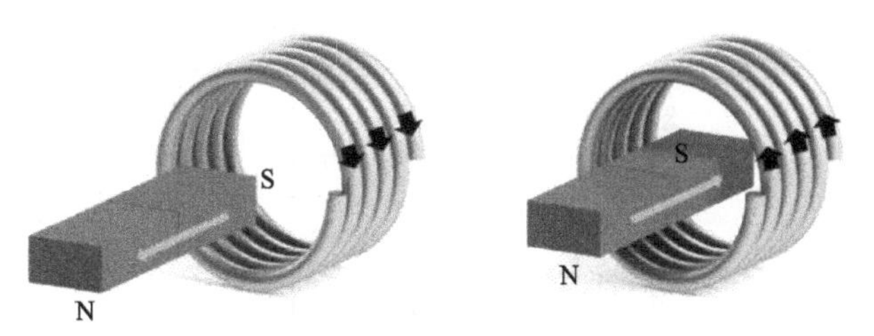

图 2.1　电磁式能量采集器的工作原理

对于电磁式能量采集器，电流的大小与磁感应强度的变化率、金属线圈的内阻密切相关。通过合理设计永磁体与金属线圈的相对位置、优化永磁体和金属线圈的结构，可以提升器件的输出性能，实现机械能的有效采集。

2.2 电磁式能量采集器的工作模式

根据磁铁与金属线圈的相对运动方式，电磁式能量采集器可分为面外工作模式与面内工作模式两种，如图 2.2 所示[1]。对于面外工作模式，永磁体和金属线圈发生竖直方向的相对运动，二者距离越远，通过金属线圈的磁通量越少；对于面内工作模式，永磁体和金属线圈发生水平方向的相对运动，金属线圈会切割永磁体边缘的磁感线产生感应电压。

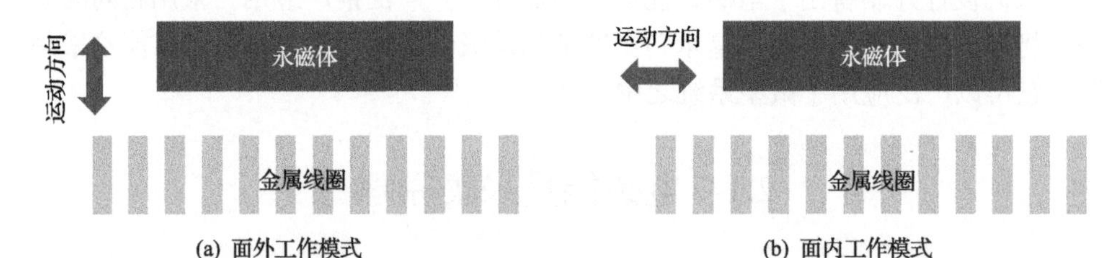

图 2.2 面外工作模式与面内工作模式示意图[1]

对于传统的面外工作模式的圆柱形永磁体，其磁感应强度分布可表示为

$$B(d)=\frac{B_{\mathrm{r}}}{2}\left[\frac{H+d}{\sqrt{R^2+(H+d)^2}}-\frac{d}{\sqrt{R^2+d^2}}\right] \tag{2.1}$$

式中，B 为磁感应强度；d 为金属线圈与永磁体的距离；B_{r} 为由材料自身决定的剩余磁通密度；H 为永磁体的高度；R 为圆柱形永磁体的半径。

根据 CoNiMnP 永磁体的电学参数，可绘制出面外工作模式的磁感应强度及其变化率随位置的变化曲线，如图 2.3 所示[2]。磁感应强度最大变化率小于 0.01T/mm。

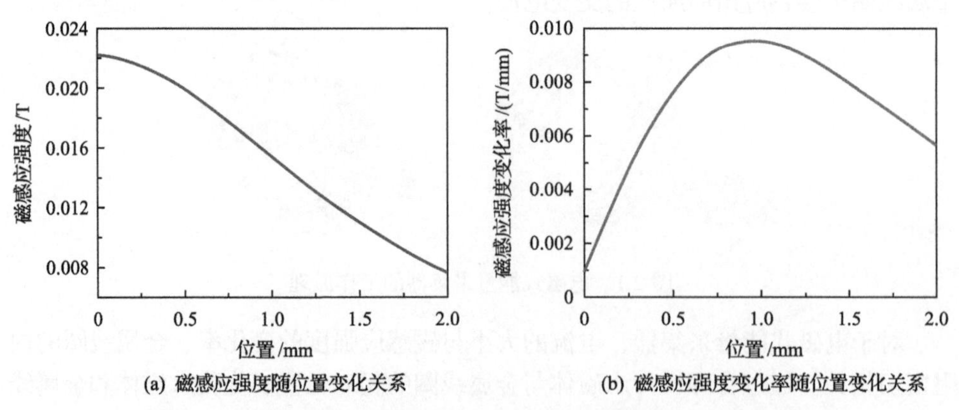

图 2.3 面外工作模式的磁感应强度及其变化率随位置的变化关系

面外工作模式所利用的是线圈与永磁体之间距离的变化会造成通过金属线圈的磁感应强度的变化，从而产生感应电压。由于这种工作模式无法产生较大的磁感应强度变化率，采用面外工作模式的能量采集器的输出电压也较小。相比之下，面内工作模式利用永磁体与金属线圈的水平相对运动，由于磁感应强度在永磁体边缘较大，且在边缘以外的区域迅速减小，因此可以提供较大的磁感应强度变化率。

下面通过二维模型的有限元仿真对两种工作模式的输出进行对比。在模型中，器件的尺寸等各种参数均保持一致，通过对永磁体施加不同方向的运动来实现面外工作模式与面内工作模式。面外工作模式与面内工作模式的输出性能比较如图 2.4 所示，当永磁体沿 y 轴运动时(即面外工作模式)，所产生的最大感应电压为 59.5nV。当永磁体沿 x 轴运动时(即面内工作模式)，所产生的最大感应电压为 23.5μV，约是面外工作模式的 400 倍。

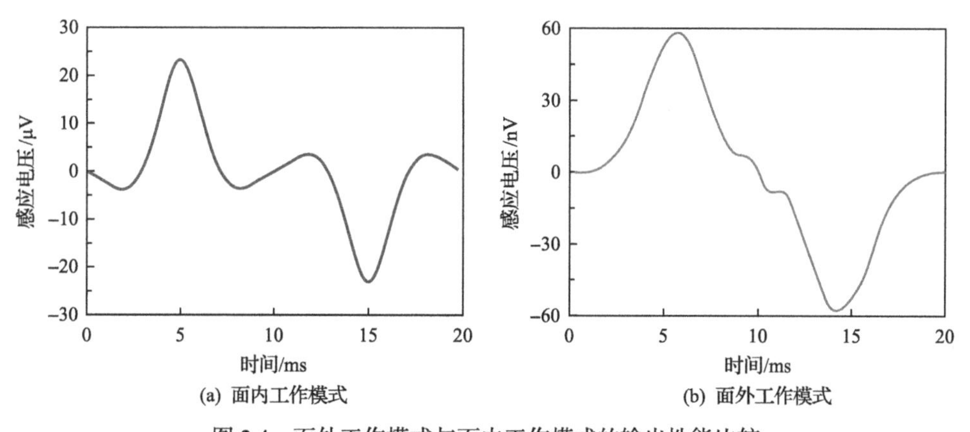

(a) 面内工作模式　(b) 面外工作模式

图 2.4 面外工作模式与面内工作模式的输出性能比较

此外，振动的幅度会显著影响面内工作模式电磁式能量采集器的输出性能。如图 2.5(a)所示，在保证振动频率为 50Hz 的情况下，将振幅(A)由 50μm 增加至 350μm，产生的感应电压峰值可相应地由 3.7μV 增加到 23.5μV。感应电压峰值随振幅的变化曲线如图 2.5(b)所示。

在面内工作模式下，随振幅增大的感应电压可归因于大振幅下永磁体更快的运动速度。但是，对于面外工作模式，增加永磁体的振幅不可避免地会增大永磁体与线圈的原始间距。由于磁感应强度会随着距离的增大而减小，增加振幅并不能提升面外工作模式电磁式能量采集器的输出。

采用相同的仿真参数，面外工作模式的有限元仿真结果如图 2.5(c)所示。当振幅为 15μm 时，面外工作模式所产生的感应电压峰值为 61.4nV。当振幅增大为

100μm 时，由于磁感应强度的下降，感应电压峰值降低为 22.6nV。由于速度与磁通量随振幅的变化趋势相反，二者的协同作用会产生复杂的变化趋势。例如，当振幅进一步增大到 350μm 时，所产生的感应电压峰值变为 59.5nV。

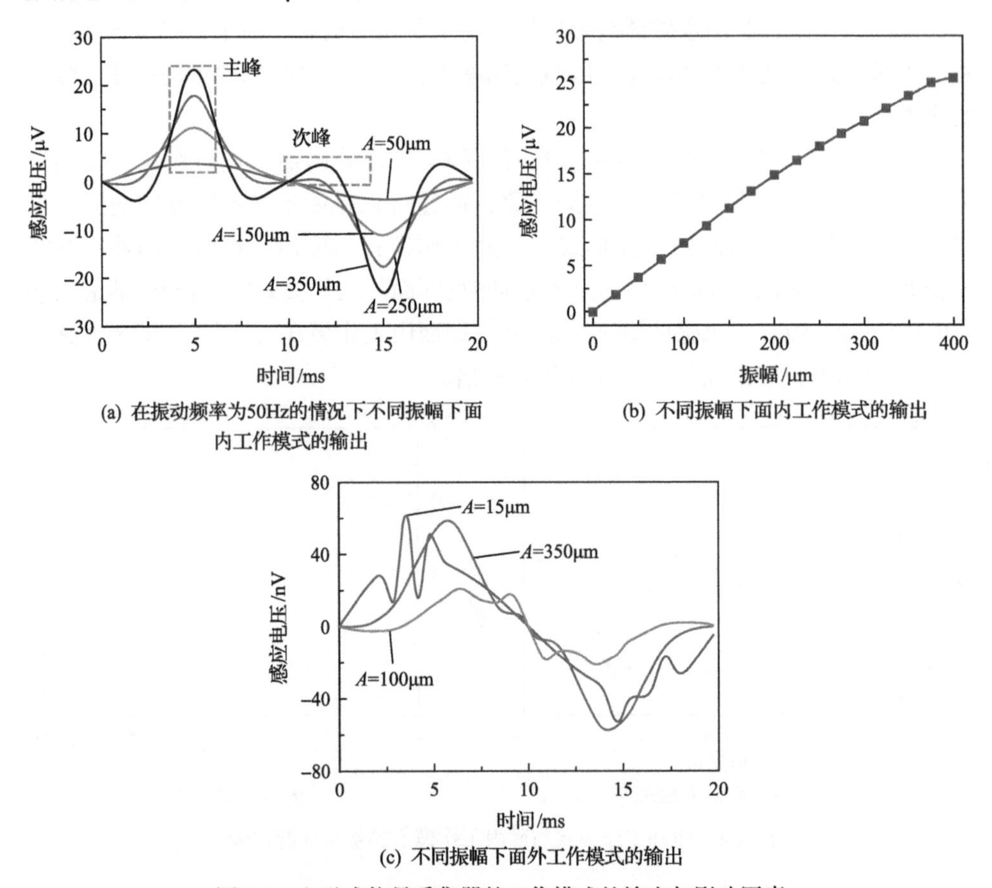

(a) 在振动频率为50Hz的情况下不同振幅下面内工作模式的输出

(b) 不同振幅下面内工作模式的输出

(c) 不同振幅下面外工作模式的输出

图 2.5　电磁式能量采集器的工作模式的输出与影响因素

2.3　电磁式能量采集器的结构设计与优化

微型电磁式能量采集器的结构主要与磁铁的形状有关，常见的有环形、圆形阵列和矩形阵列等。通过合理的结构优化设计，可以使微型电磁式能量采集器在工作时能够有效地利用磁感应强度变化较大的区域，从而实现性能提升[3]。

1. 微环形阵列磁铁结构

如图 2.6 所示，微环形阵列电磁式能量采集器的结构主要有三部分，包括金属铜线圈、铜振动板和磁铁合金。单层金属铜线圈固定于衬底上，振动梁支撑中心的振动板，使得振动板与衬底间存在一定的间距，在外加振动时，振动板可以上下运动。环形磁铁位于振动板的中心，周围均匀分布有六个楔形磁铁来提供均匀的磁场。为了提高输出，金属线圈紧密围绕在振动结构的四周，和线圈有一定的间距。在外界振动的作用下，振动梁和磁铁上下振动，导致线圈区域的磁场变化，从而得到感应电动势输出。

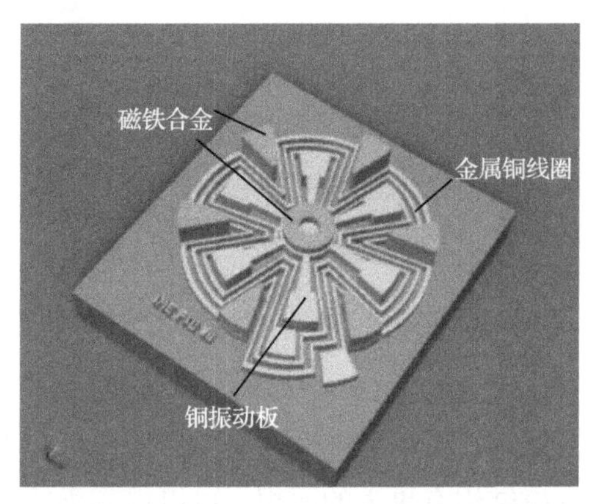

图 2.6　微环形阵列电磁式能量采集器的结构示意图

2. 微圆形阵列磁铁结构

磁铁阵列的分布对磁场性能有较大的影响，为了提高电磁式能量采集器的磁场强度，在微环形阵列磁铁的基础上进行改进，将中心区域的磁铁进行阵列化设计，提出了微圆形阵列磁铁结构。

微圆形阵列电磁式能量采集器的结构如图 2.7 所示，包括金属铜线圈、振动板和集成微磁铁。圆形的磁铁阵列位于振动板的中心位置，呈对称分布。振动梁采用蛇形弯折梁取代直梁作为振动板的支撑结构，振动板与衬底有一定的间距。线圈仍是围绕在振动模块的周围，这样可以获得较大的磁通量变化，从而提升输出功率。

与微环形阵列电磁式能量采集器相比，微圆形阵列磁铁结构设计具有以下优点：

(1) 由于中心区域的面积更大，微圆形阵列能量采集器的磁铁区域面积增加，磁铁的体积和质量也得到提高，一方面可以提升磁场强度，另一方面可以增加振动模块的质量，从而提高输出能量。

(2) 采用了磁铁阵列的设计，圆形阵列均匀分布在振动板上。采用磁铁阵列的好处是可以在加工过程中避免制备大面积的磁铁薄膜，用阵列降低磁铁薄膜的应力，避免了磁材料的脱落。另外，由于磁铁的边界效应，磁力线将会聚集在圆柱的边沿。通过阵列的方式可以有效改善区域内磁力线的分布情况，提高区域的平均磁感应强度。

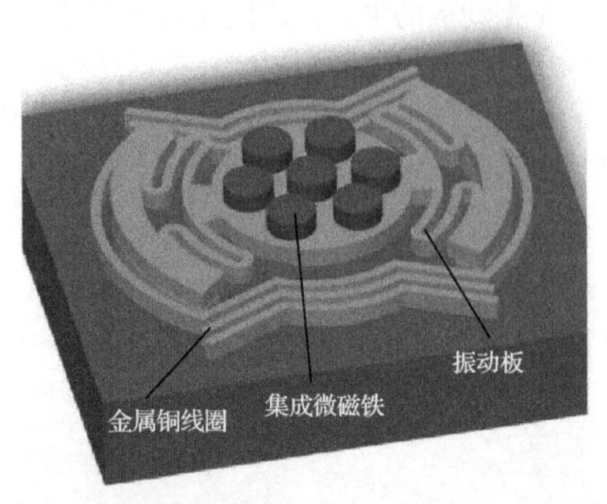

图 2.7 微圆形阵列电磁式能量采集器的结构示意图

(3) 微圆形阵列能量采集器采用了蛇形弯梁，能够降低器件的谐振频率，在振动时产生更大的形变，提高线圈中的磁场变化率，从而提高能量采集器的输出。

同时，振动梁的支撑结构有更大的面积，可以提高梁的抗冲击能力，保证可动结构和衬底有较好的结合，不易在振动时从基片上脱落。

3. 微矩形阵列磁铁结构

电磁式能量采集器如何在低频下提升输出功率是一个需要解决的问题。电磁式能量采集器产生的感应电动势与磁场的变化率有关，若能够在设计上实现运动磁场变化率的提升，则可以在较小的振动频率下得到较大的感应电动势。因此，这里采用阵列方式设计频率提升结构。基于前两种结构的经验，采用磁铁阵列和线圈阵列的方式，来提升单位时间内的磁场变化率。在一个振动周期内，提升了磁力线和线圈切割的次数，等效于提升了有效采集频率，将低频振动转化为高频的磁力线切割，从而有效地提升感应电动势。微矩形阵列磁铁结构比较适合在低频振动的环境中采集能量，将低频转化为高频，可以输出较大的电压。

微矩形阵列磁铁结构正是基于频率提升技术而设计的，其主体部件和前面两种能量采集器基本一致，包括线圈和振动模块，但是进一步进行了阵列化设计。图 2.8 为微矩形阵列电磁式能量采集器的结构示意图。

电感线圈固定于衬底，采用阵列式平行线条，位于振动板的正下方。振动梁由两侧的支撑柱支撑，和线圈存在一定的间距。采用了四个折叠式振动梁可以实现水平和垂直方向的振动。磁铁阵列也是平行矩形阵列，固定于振动板上，和振动板一起振动。

图 2.8　微矩形阵列电磁式能量采集器的结构示意图

这种阵列化结构起到升频的作用，具体的工作原理如下：利用磁体和线圈阵列的位置关系，使得在能量采集器水平振动的一个周期内，每个线圈都能够多次持续地和磁铁阵列的磁力线进行切割，由于磁铁的阵列式分布，其表面区域内的磁感应强度分布也会出现阵列式的特点，两者之间的等效相互作用频率就会加快，这样就相当于将振动频率提升了 N 倍(N 为磁铁的个数)。

另外，线圈在磁铁的下方，线圈内的磁通量也会随着磁铁的上下振动而变化，因此在电感线圈上会产生感应电动势。所以能量采集器还可以在垂直方向上进行能量的转化，得到输出能量。这种工作模式可以采集水平和垂直多个方向上的振动能量，拓宽了能量采集器的应用环境。

在微矩形阵列电磁式能量采集器的设计中，线圈和磁铁的尺寸是重要参数，它们会影响振动频率，从而影响感应电动势的大小。

这三种能量采集器的结构都是采用固定线圈、振动板和磁铁振动的结构。微圆形阵列电磁式能量采集器采用了圆形磁铁阵列的方式提升输出电压。而微矩形电磁式能量采集器采用了平行条状磁铁和平行线圈来进行振动频率的提升，提高输出效率。而且微矩形阵列电磁式能量采集器的线圈阵列位于磁铁阵列的正下方，可以进一步提高感应电动势。

2.4　电磁式能量采集器的制备工艺

电磁式能量采集器使用微机械加工技术集成制备，采用表面微加工工艺，主要包括电镀 CoNiMnP 磁性阵列、厚胶光刻、电镀铜结构等工艺，以实现集成化加工。

2.4.1　硬磁材料的电镀工艺

在众多的磁性材料中，铁磁材料，如铁、镍等金属，具有较高的相对磁导率，适用于制备微型传感器和驱动器。铁磁材料又分为硬磁材料和软磁材料两种。硬磁材料的相对磁导率较小，在外加磁场撤去后，仍能保持一定的磁化。硬磁材料能够存储较多的能量，适合用于执行器、能量采集器等器件。软磁材料的相对磁导率较高，只有当外加磁场存在时，内部才表现出一定的磁化。因此，在电磁式能量采集器中主要应用的是硬磁材料[4]。

常见的磁性材料加工方法包括丝网印刷、溅射和电镀等。其中，丝网印刷通常用于厚度大于 100μm 的薄膜加工；溅射工艺得到的薄膜质量较好，但厚度一般低于 10μm，而且成本较高；相比之下，电镀技术具有成本低廉、装置简单、易于图形化和集成化等优点，而且薄膜厚度可以通过光刻胶掩模的高度来控制，是较为理想的能够与微机电系统(micro-electro-mechanical system，MEMS)器件进行集成化加工的方法。因此，本节重点介绍以电镀技术作为硬磁材料的制备方法。

常用的硬磁材料主要是 CoNiMnP 合金，其属于钴镍系铁磁体，具有较好的磁性和较高的磁能积，并且机械性能较好。CoNiMnP 合金的电镀装置如图 2.9 所示[5]。使用钴块作为电镀阳极，用于平衡溶液中的钴离子浓度，阴极使用待镀基片，仿照电镀铜线圈的步骤，使用光刻胶作为电镀模具，从而避免磁性材料的腐蚀与图形化。由于磁性材料电镀的特殊性，下面从镀液、外加磁场和电流密度等方面对其进行有针对性的优化设计。

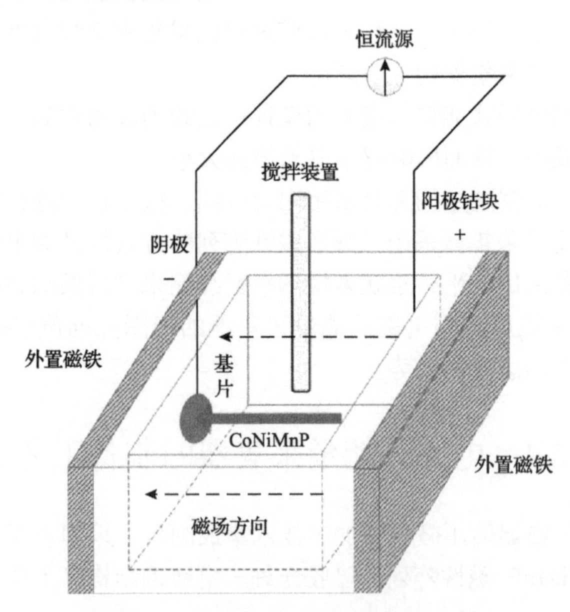

图 2.9　CoNiMnP 合金的电镀装置示意图

1. 镀液

为了实现合金层的淀积，不仅需要设计镀液中不同金属之间的配比，更需要考虑络合剂、光亮剂等添加剂的使用。络合剂可以使一种或两种金属的沉积电位变负，从而促使两种金属的沉积电位靠近或相等，从而达到共沉积的目的。添加剂具有选择性吸附作用，对金属离子的还原过程有影响，在合金电镀中越来越受到重视。此外，因为 pH 可以改变金属离子的化学结合状态，并对离子的组成和稳定性产生影响，pH 对于合金电镀也有重要的影响。CoNiMnP 合金的电镀液配方见表 2.1。

表 2.1　CoNiMnP 合金的电镀液配方

主要成分	配比/(g/L)	主要成分	配比/(g/L)
$CoCl_2 \cdot 6H_2O$	24	H_3BO_3	25
$NiCl_2 \cdot 6H_2O$	24	NaCl	24
$MnSO_4 \cdot H_2O$	3.4	$C_{12}H_{25}O_4NaS$	0.3
NaH_2PO_2	4.4	$C_7H_5NO_3S$	1.5

其中，$CoCl_2 \cdot 6H_2O$ 和 $NiCl_2 \cdot 6H_2O$ 为电镀液提供了主要的 Co^{2+}和 Ni^{2+}。CoNi 合金可以使磁体具有很好的矫顽力和剩磁。而 P 元素和金属 Mn 元素的添加可以使 CoNi 合金的络合加强，从而进一步增加磁体的矫顽力。硼酸(H_3BO_3)是一种弱酸，可以用作缓冲剂，用于调节和稳定电镀液的 pH。十二烷基硫酸钠($C_{12}H_{25}O_4NaS$)可以作为电镀液中的润湿剂，用于减小阴极和电镀液之间的表面张力，同时避免基片中孔洞的产生，有助于合金表面的平整化和致密化。此外，糖精($C_7H_5NO_3S$)作为添加剂，可以用于改善镀层表面形貌。

2. *外加磁场*

对于永磁材料的电镀，外加磁场的施加是特殊且重要的环节。如图 2.9 所示，借助两块 5000 高斯(Gs)的汝铁硼(NdFeB)永磁体施加外部磁场。两块磁铁相对而放，可以提供垂直于基片的强磁场。在磁性材料的淀积过程中，如果没有外加磁场的施加，磁体内部的磁畴杂乱分布，相互抵消，严重影响磁体的矫顽力等性质。相反，如果施加了固定方向的外部磁场，在电镀过程中，通过外部磁场的磁化作用，CoNiMnP 合金内部的磁畴将统一分布，从而增加磁体的矫顽力和各向异性，有助于永磁体对能量的积累和转化。

3. *电流密度*

在合金电镀中，电流密度的设置非常重要，这里采用脉冲电流的方法。脉冲电流是指在一定的周期内施加间断的外部正向电流。当施加正向电流时，合金镀层可以快速生长；当关断正向电流时，镀液中的金属离子可以补充并移动到阴极附近，从而避免镀层中孔洞的产生，有助于大电流密度的施加和电镀速率的提升。

可以参考的脉冲电流占空比为 66.7%，有效电流密度约为 0.008A/cm^2，电镀速率可以达到 8μm/h。电镀制备得到的 CoNiMnP 合金阵列如图 2.10 所示。可以看出，电镀制备的磁体表面平整致密，效果良好，且形状与预设相同，体现了厚胶光刻的图像转移作用。

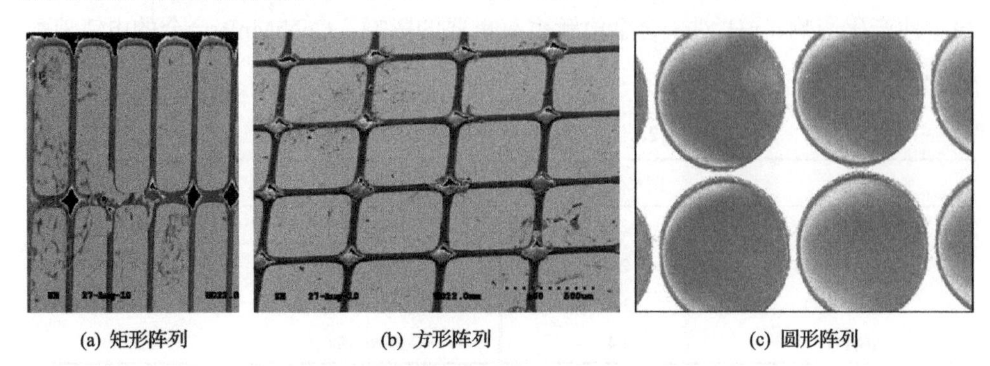

(a) 矩形阵列　　(b) 方形阵列　　(c) 圆形阵列

图 2.10　电镀制备的 CoNiMnP 合金阵列

2.4.2　能量采集器的制备工艺

微环形阵列电磁式能量采集器和微圆形阵列电磁式能量采集器的制备工艺都是采用表面加工技术，在硅片的表面进行多次光刻、刻蚀和电镀来得到最终器件。其制备工艺流程如图 2.11 所示，主要包括如下步骤：

(1)清洗 SiO_2 基片后溅射 300Å 钛和 3000Å 铜作为种子层，这里钛的作用是起到更好的黏附性，如图 2.11(a)所示。

(2)采用厚胶 AZ4620，甩胶约 10μm，光刻厚胶，形成线圈和振动梁支撑柱掩模，如图 2.11(b)所示。

(3)电镀铜工艺制备铜线圈，填平线圈掩模凹槽，溅射 3000Å 铜作为种子层，得到铜线圈的同时并为后续制备振动梁做好准备，如图 2.11(c)所示。

(4)甩 10μm 的厚胶 AZ4620 形成光刻掩模，如图 2.11(d)所示。

(5)光刻厚胶，形成振动梁掩模，得到振动梁的图形，如图 2.11(e)所示。

(6)然后，电镀 10μm 的铜形成振动梁，并与光刻胶掩模高度相同，保证器件光刻平面的平整度和均匀性，如图 2.11(f)所示。

(7)甩厚胶 AZ4620，厚度 10μm，形成光刻掩模，如图 2.11(g)所示。

(8)光刻 CoNiMnP 磁铁阵列掩模，得到磁铁阵列的图形，如图 2.11(h)所示。

(9)电镀 10μm CoNiMnP，形成器件中最重要的磁铁阵列，如图 2.11(i)所示。

(10)用丙酮浸泡去除光刻胶掩模和牺牲层，露出需要去除的衬底上留下的铜种子层和钛种子层，如图 2.11(j)所示。

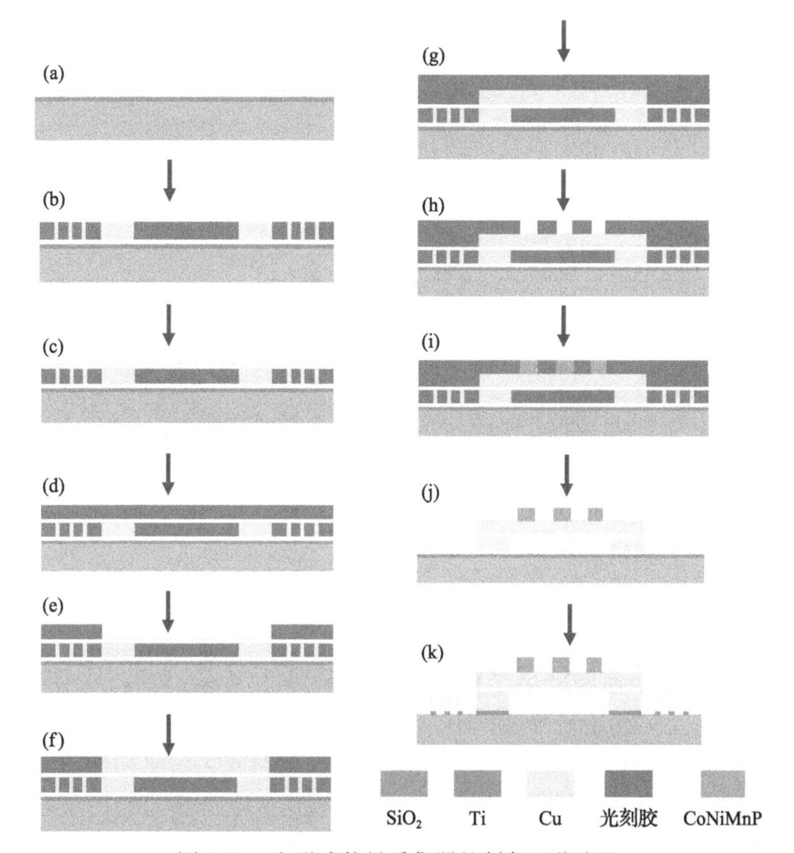

图 2.11　电磁式能量采集器的制备工艺流程

(11)腐蚀衬底的铜种子层和钛种子层，将结构完全释放得到最终的能量采集器，如图 2.11(k)所示。

通过以上步骤，可以加工出微环形阵列电磁式能量采集器和微圆形阵列电磁式能量采集器，唯一区别在于前者的磁铁是电镀的环形磁铁，而后者的磁铁是电镀的磁铁阵列。

微矩形阵列电磁式能量采集器的制备工艺和前两种基本一致，主要的区别是由于将线圈置于振动板的下方，在电镀线圈后加了几步工艺，将支撑柱结构高度提高，以为线圈和振动板间留出一定的运动空隙[6]。

通过以上的表面微机械的加工过程，铜线圈、振动板和微型磁铁都可以集成化加工，避免了传统磁铁高温工艺给互补金属氧化物半导体(complementary metal oxide semiconductor，CMOS)兼容加工技术带来的危害，实现了微磁铁的系统集成加工，整体加工工艺的难度低、稳定性高，得到的电磁式能量采集器的样品如图 2.12 所示。

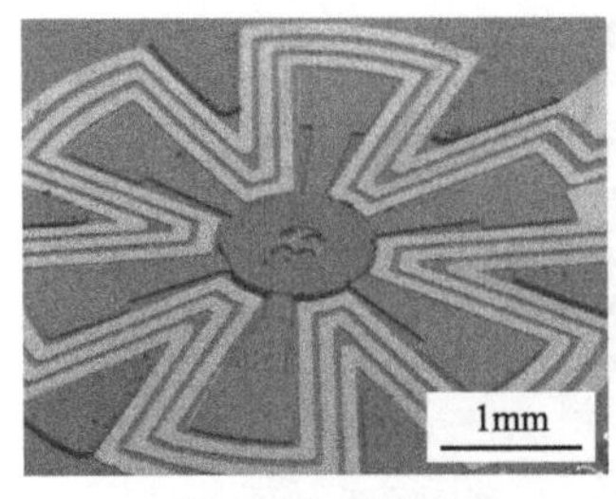

(a) 微环形阵列磁铁结构

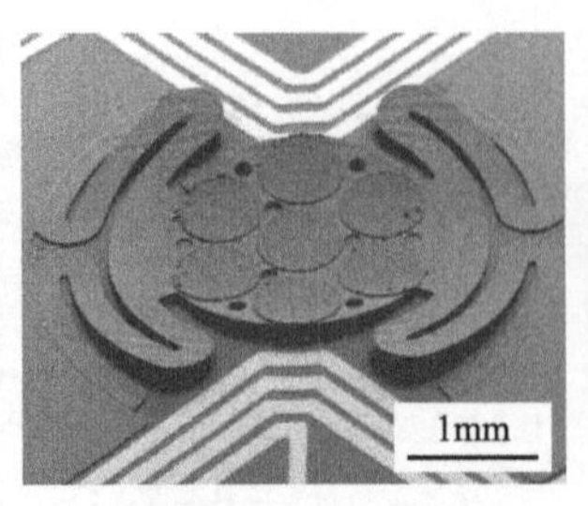

(b) 微圆形阵列磁铁结构

(c) 微矩形阵列磁铁结构

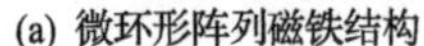

图 2.12　电磁式能量采集器的实物图

2.5　电磁式能量采集器性能测试与分析

微环形阵列、微圆形阵列和微矩形阵列三种电磁式能量采集器制备成功之后，对其进行性能测试。

1. 电磁式能量采集器的测试平台

电磁式能量采集器的测试平台主要包括振动台(东菱 E-025)、功率放大器(DEITY 1200)、动态信号分析仪(HP35670A)和加速度计等，如图 2.13 所示。动态信号分析仪输出的正弦电压信号，经过功率放大器放大后驱动振动台按照设定频率进行振动。电磁式能量采集器的输出信号被送入动态信号分析仪进行测试。加速度计可以测量系统的瞬时加速度并连接动态信号分析仪进行反馈控制，保证加速度值恒定。

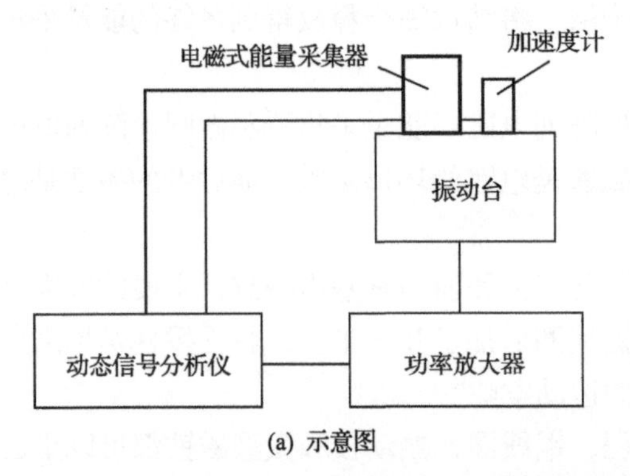

(a) 示意图

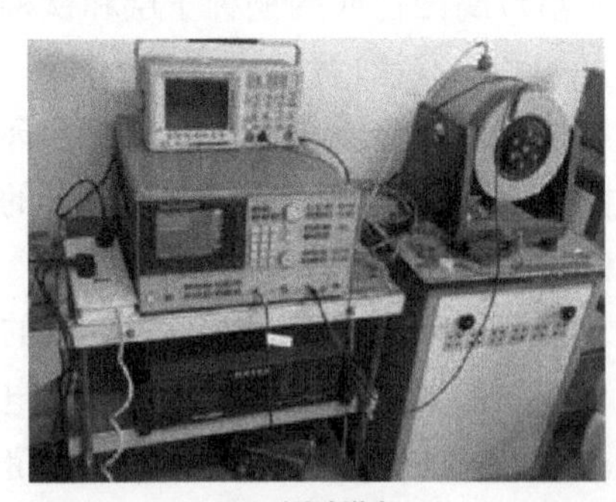

(b) 测试设备

图 2.13　电磁式能量采集器的测试平台

电磁式能量采集器在谐振的状态下有最大的输出峰值，因此为了得到最大的输出功率，必须使能量采集器工作在谐振状态，以获得最大振幅[7]。在测试时，采用扫频测试的方法，由动态信号分析仪控制振动台进行从低频到高频扫频振动，同时监控能量采集器的输出信号，从而获得最大的输出峰值和频率点。测试主要关注低频振动的能量采集，在测试中对低频区域进行了扫频测试。

在测试时，将动态信号分析仪设置为电压偏置模式，并设定频率扫描的方式为正弦扫描，然后设置扫描的起始频率和结束频率，通过电荷放大器来控制加速度的大小。输出结果为测量频率和输出电压幅值的关系。

2. 电磁式能量采集器不同结构的输出性能

采用上述测试方案，对三种不同结构的电磁式能量采集器进行测试，其输出性能如图 2.14 所示。

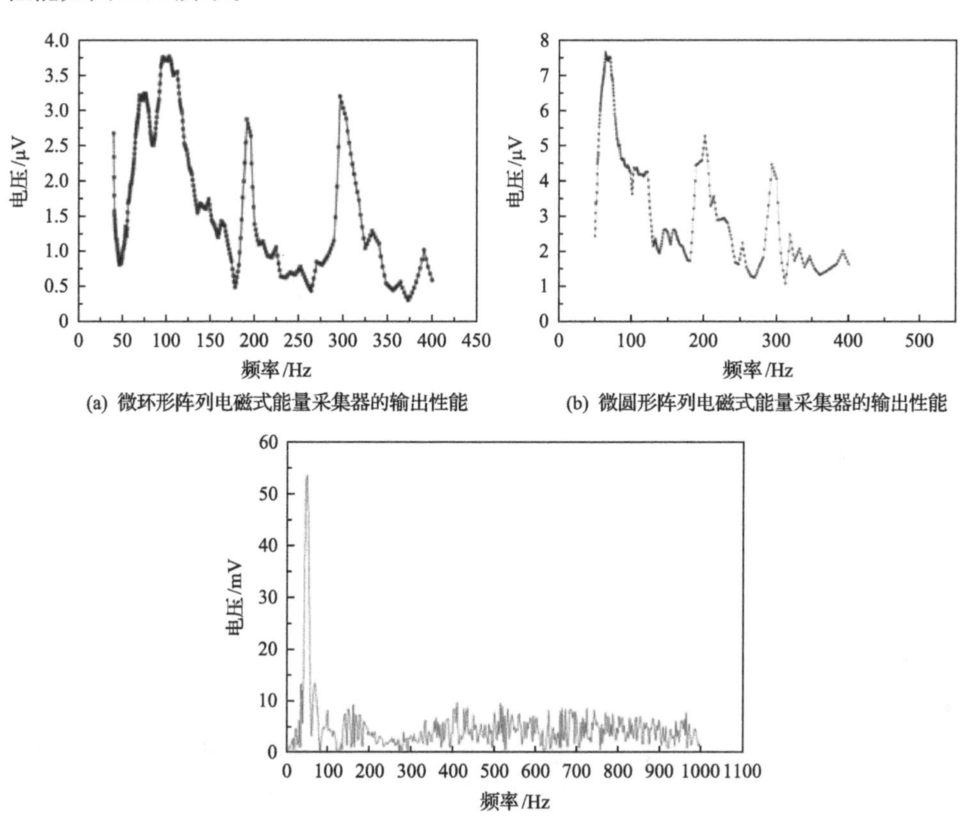

(a) 微环形阵列电磁式能量采集器的输出性能

(b) 微圆形阵列电磁式能量采集器的输出性能

(c) 微矩形阵列电磁式能量采集器的输出性能

图 2.14　电磁式能量采集器的输出性能

从图 2.14(a)可以看出，微环形阵列电磁式能量采集器在 102Hz 的频率下输出达到最大，峰值电压为 3.8μV，其最大输出电压的频率点较低，适合进行低频能量采集，但是输出电压较小，这与结构中的磁铁体积较小和直臂梁结构的影响有很大的关系。

从图 2.14(b)可以看出，微圆形阵列电磁式能量采集器在 64Hz 的频率下，其最大输出电压为 7.5μV。采用微圆形磁铁阵列后，磁场强度得到了提升，能够得到更大的输出电压。

从图 2.14(c)可以看出，微矩形阵列电磁式能量采集器的输出电压要大于前两种器件，最大输出电压为 54.4mV，而最大输出值所对应的频率更低。

三者比较可以看出，微环形阵列电磁式能量采集器的输出电压最小，而采用了磁铁阵列的微圆形阵列电磁式能量采集器的输出电压得到提升，最后微矩形阵列电磁式能量采集器由于采用了频率提升的磁铁和线圈阵列形式，输出电压最大。

2.6 本章小结

本章详细阐述了电磁式能量采集器的工作原理、结构设计以及优化方法，结合微环形阵列磁铁结构、微圆形阵列磁铁结构和微矩形阵列磁铁结构三种典型结构进行了理论分析和仿真分析，阐述了永磁体的电镀工艺，得到了电磁式能量采集器的制备工艺以及实物样品，给出了电磁式能量采集器的测试方案并对三种电磁式能量采集器进行了测试和分析，最后证明微矩形阵列电磁式能量采集器具有较高的输出电压。

参考文献

[1] 袁泉. 电磁式 MEMS 振动能量采集系统研究[博士学位论文]. 北京: 北京大学, 2012.

[2] Kulah H, Najafi K. An electromagnetic micro power generator for low-frequency environmental vibrations//The 17th IEEE International Conference on Micro Electro Mechanical Systems, Maastricht, 2004: 237-240.

[3] Yuan Q, Sun X, Fang D M, et al. Design and microfabrication of integrated magnetic MEMS energy harvester for low frequency application//The 16th International Solid-State Sensors, Actuators and Microsystems Conference, Beijing, 2011: 1855-1858.

[4] Zhang Q, Chen S J, Baumgartel L, et al. Microelectromagnetic energy harvester with integrated magnets//The 16th International Solid-State Sensors, Actuators and Microsystems Conference, Beijing, 2011: 1657-1660.

[5] Li Z, Sun X, Zheng Y, et al. Microstructure and magnetic properties of micro NiFe alloy arrays for MEMS application. Journal of Micromechanics and Microengineering, 2013, 23(8): 085013.

[6] 孙旭明. 基于柔性衬底的微电感及其在无线能量传输系统中的应用研究[博士学位论文]. 北京: 北京大学, 2012.

[7] Li X, Yuan Q, Yang T, et al. Magnetic energy coupling system based on micro-electro-mechanical system coils. Journal of Applied Physics, 2012, 111(7): 07E734.

第3章　压电式能量采集器

压电材料是一种特殊的电介质材料，其内部的晶格结构在几何方面不中心对称，因此在外加形变的情况下会产生极化现象[1]。从产生极化的两边引出外电路，压电材料内部形成的偶极矩可以作为内建电场驱动外电路的电子流动，从而形成电流。根据压电材料的特性，人们利用不同类型的压电材料、设计不同的结构，开发了不同的微型压电式能量采集器[2-4]。

3.1　压电能量采集原理

由于压电材料具有非对称的正负中心，在受到外力作用时沿着一定方向上发生形变，故其内部的正负中心会分离产生极化效应，从而产生电位差，在其两个相对的表面上产生正负相反的电荷。当外界力去掉后，电介质就会恢复原始不带电的状态，这种现象称为压电效应，如图 3.1 所示。

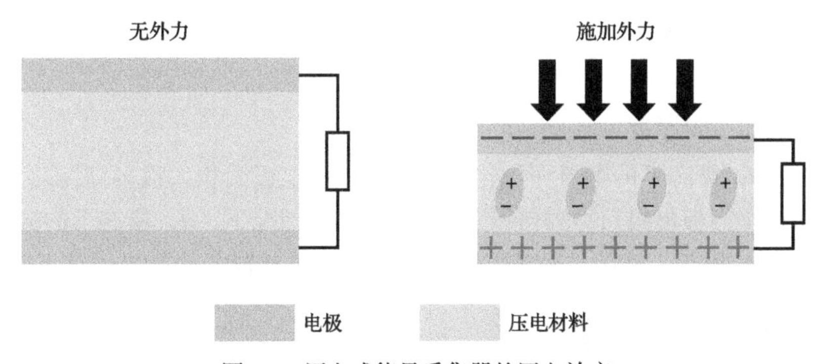

图 3.1　压电式能量采集器的压电效应

基于压电效应，在压电材料表面制备金属电极，则可以实现简单的压电式能量采集。当器件不受外力时，压电材料内部的正负电荷中心重合，极化强度为零，在这种情况下，上下电极的净电荷均为零。当器件受到外力时，压电材料内部的正负电荷中心分离，使得材料内部产生极化，极化的强度与方向取决于压电材料自身的性质和外力的大小。假设材料在受到外界压力时产生上表面为正、下表面为负的电势，则在此情况下上电极的正电荷会流向下电极以平衡材料内部产生的压电势。当外力周期性地施加在压电材料表面，或者外界机械作用使得压电材料产生周期性的形变时，根据压电效应，电荷会在器件的两电极直接发生往复流动，以实现压电式能量采集。

通常压电材料工作时有两种工作模态，即 d_{31} 模态与 d_{33} 模态，其中下标的第一个数字表示的是压电材料中产生电场的方向，也就是压电材料的极化方向；第二个数字则指的是施加力的方向。d_{31} 模态表示施加力的方向与压电材料的极化方向一致，d_{33} 模态则表示施加力的方向与压电材料的极化方向相垂直。针对不同的工作模态，需要设计不同的电极来收集电能。在不同的工作模态下，其输出表达式也不同。

当压电材料工作在 d_{33} 模态时，压电输出为

$$V_{33} = \sigma_{xx} g_{33} L \tag{3.1}$$

$$Q_{33} = -\sigma_{xx} d_{33} A_{\text{elec}(33)} \tag{3.2}$$

式中，$A_{\text{elec}(33)}$为电极的面积；d_{33} 为压电应变常数；g_{33} 为压电电压常数；L 为电极之间的间距；Q_{33} 为输出的电荷量；V_{33} 为输出电压；σ_{xx} 为应力。

当压电材料工作在 d_{31} 模态时，压电输出为

$$V_{31} = \sigma_{xx} g_{31} H \tag{3.3}$$

$$Q_{31} = -\sigma_{xx} d_{31} A_{\text{elec}(31)} \tag{3.4}$$

式中，H 为压电膜厚度。

但是，d_{31} 模态下的电极面积比 d_{33} 模态下的电极面积大很多(后者为叉指电极，前者为平行板电极)，这样使得在相同的外力情况下，d_{31} 模态下的输出电荷量要比 d_{33} 大很多。因此，大多数压电式能量采集器较多地选择使其工作在 d_{31} 模态下。

3.2 压 电 材 料

压电材料分为压电单晶体[5]、多晶体压电陶瓷[6]、高分子压电材料[7]及聚合物-压电陶瓷复合材料[8]四类。它们具有不同的制备工艺及应用特点，因此应用领域也各有不同。在这四类压电材料中，多晶体压电陶瓷占据有相当大的比重，也是目前应用最为广泛的压电材料。

1. 压电单晶体

压电单晶体一般包括石英、水溶性压电晶体。其中石英晶体性能稳定、机械强度高、绝缘性能好，但价格昂贵，压电系数比压电陶瓷低得多，因此一般仅用于标准仪器或要求较高的传感器中。石英晶体制作的谐振器具有极高的品质因数和极高的稳定性。

此外，水溶性压电晶体如酒石酸钾钠、酒石酸乙烯二铵、酒石酸二钾、硫酸钾等也是常见的单晶压电材料。将多晶体压电陶瓷（如钛酸铅）单晶化以提高材料的压电性能是目前压电材料的研究热点之一。

2. 多晶体压电陶瓷

多晶体压电陶瓷是指把氧化物混合，经高温烧结后，使其具有压电效应，可以实现机械能和电能相互转换的一类功能陶瓷材料。代表性的压电陶瓷有钛酸钡压电陶瓷（$BaTiO_3$，BT）、锆钛酸铅压电陶瓷（PZT）、铌酸盐压电陶瓷和铌镁酸铅压电陶瓷等。

BT具有高介电性，且不溶于水，可在较高温度下工作，压电性能强，可以用简单的陶瓷工艺制备，便于大批量生产。因此，钛酸钡广泛应用于制作声呐装置的振子和各种声学测量装置及滤波器。BT的谐频温度特性差，加入Pb和Ca后可以改进其温度特性。BT仅用于制作部分压电换能器。

PZT为钛酸铅（$PbTiO_3$）和锆酸铅（$PbZrO_3$）形成的固溶体，由于具有较强且稳定的压电性能、居里温度高、各向异性大、介电常数小等特性，是压电换能器的主要功能材料。在PZT中添加一种或两种其他微量元素（如铌、锑、锡、锰、钨等）还可以获得不同性能的PZT材料。PZT是目前压电式传感器中应用最为广泛的压电材料，大部分压电或电致伸缩器件中使用的材料都是含铅压电材料。

铅类化合物的毒性威胁人类健康、破坏生态环境，因此无铅压电陶瓷材料成为主要的研究热点[9,10]，但由于其压电性能偏低且不稳定，工艺复杂难以控制，极大地限制了其在器件中的应用，因此市场上无铅压电陶瓷材料占比极低。

3. 高分子压电材料

PVDF薄膜是一种有机高分子压电材料，它是一种柔软、质轻、高韧度的薄膜。其结构由微晶区分散于非晶区构成，非晶区的玻璃化转变温度决定了聚合物的机械性能，而微晶区的熔融温度决定了材料的使用上限温度。在一定温度和外电场作用下，晶体内部的偶极矩旋转定向，形成垂直于薄膜平面的碳-氟偶极矩固定结构，这种极化特点使得材料具有压电特性。

PVDF 薄膜的主要制备方法有匀胶法、小分子蒸发镀膜法及压膜法等[11,12]。不同的制备工艺和极化条件对 PVDF 薄膜的压电性能有较大的影响。PVDF 至少有五种不同的晶型，最常见的三种分别为 α 型、β 型和 γ 型。一般可以通过拉伸、热处理等方法实现晶向的转变。对于 PVDF 薄膜，β 型晶向的增加可以增强其压电性。

与压电陶瓷和压电晶体相比，PVDF 薄膜具有较高的强度和耐冲击性、良好的耐腐蚀、耐氧化、耐高温特性以及低介电常数和较好的柔性，并且具有对电压的高度敏感性、低声阻抗和机械阻抗、较高的介电击穿电压，尤其是其声阻抗与空气、水和生物组织接近，特别适用于制作液体、生物体以及气体等环境中的换能器；但同时也存在其自身压电参数小、所需极化电场高的缺点。

4. 聚合物-压电陶瓷复合材料

压电复合材料是由两相或多相材料复合而成的，通常为 PZT 和聚合物(PVDF 或环氧树脂)组成的复合材料。这类复合材料中的陶瓷相将电能和机械能相互转换，而聚合物基体则使应力在陶瓷与周围介质之间进行传递。这种材料兼有压电陶瓷和聚合物材料的优点，与传统的压电陶瓷或与压电晶体相比，它具有更好的柔顺性和机械加工性能，易于加工成型，且密度小、声速低。与压电聚合物相比，复合材料的压电常数和机电耦合系数较高，制备的器件灵敏度高。此外，压电复合材料与磁致伸缩材料组成的复合材料还具有磁电效应，其柔韧性良好，可制作极薄的组件，压电陶瓷的加入可以改善高分子压电材料压电常数小、所需极化电场高的缺点。

3.3　压电式能量采集器的典型结构与仿真分析

本节给出一个压电式能量采集器的结构设计和优化，主要包括两部分，即螺旋形的 PVDF 悬臂梁的设计和质量块分布优化。其中 PVDF 悬臂梁的设计包括压电悬臂梁的形状优化，如尺寸、圈数、间距等；质量块的分布对器件的谐振频率会产生影响，通过仿真进行优化[13]。

1. 压电式能量采集器结构设计

螺旋形 PVDF 悬臂梁压电式能量采集器的结构如图 3.2 所示。能量采集器由 PVDF 悬臂梁、梁上下表面的铜电极、上面的铜质量块和底部的硅质量块组成。

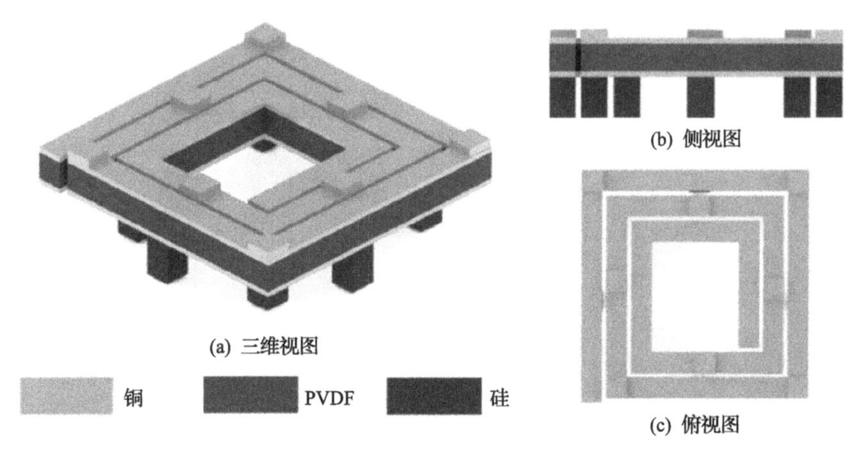

图 3.2　螺旋形 PVDF 悬臂梁压电式能量采集器的结构示意图

这种螺旋形 PVDF 悬臂梁增加了悬臂梁的长度，能够有效降低能量采集器的谐振频率，而且这种螺旋形的结构也拓宽了器件的工作频带。另外，悬臂梁上下两面的铜质量块与硅质量块的设计又进一步降低了能量采集器的谐振频率，同时提升了器件的输出功率。

2. 压电式能量采集器的仿真分析

使用 COMSOL 软件对压电式能量采集器进行仿真分析。COMSOL 软件以有限元为基础，通过求解偏微分方程或偏微分方程组来进行多物理场直接耦合的分析软件。它提供了多种可选择的模块如 AC/DC 模块、MEMS 模块等，同时其丰富而全面的材料库为仿真提供了极大的方便。

采用 COMSOL 软件对悬臂梁的不同形状、尺寸对器件谐振频率的影响进行仿真计算。图 3.3 为 COMSOL 仿真中采用的螺旋形 PVDF 悬臂梁的参数(宽度、间距和圈数)的变化及其影响。

1)螺旋形 PVDF 悬臂梁宽度对器件谐振频率的影响

如图 3.3(a)所示，随着悬臂梁宽度的增加，谐振频率会增大。因此，采用 MEMS 加工的微小器件对拾取低频的能量非常有利。

2)螺旋形 PVDF 悬臂梁的间距对器件谐振频率的影响

如图 3.3(b)所示，器件的谐振频率与器件的间距并不成正比关系，当悬臂梁的间距约为 200μm 时，器件的谐振频率达到最低。

3)圈数对器件谐振频率的影响

如图 3.3(c)所示，圈数越多，器件的谐振频率越低，两者成反比关系。这是因为随着圈数增加，悬臂梁的长度越来越长，从而导致谐振频率越来越低。

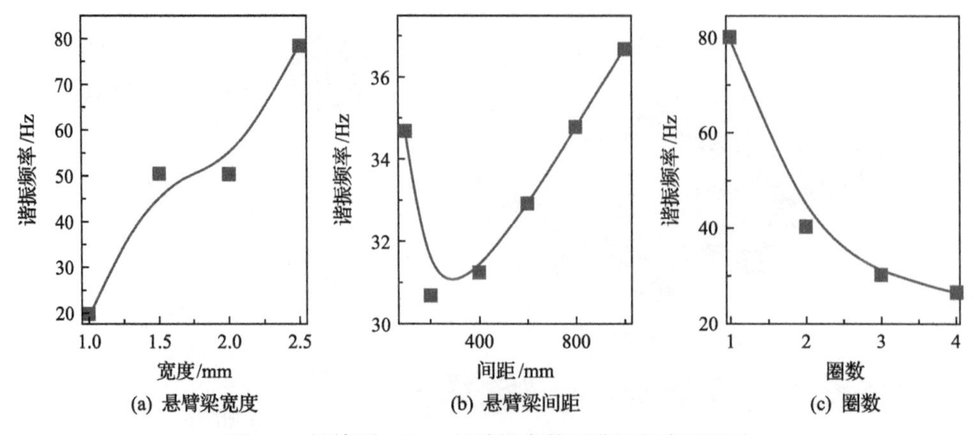

(a) 悬臂梁宽度　(b) 悬臂梁间距　(c) 圈数

图 3.3　螺旋形 PVDF 悬臂梁参数对谐振频率的影响

综上所述，经过软件的仿真分析，针对器件的谐振频率可以得到如下结论：

(1)器件的谐振频率随着螺旋形 PVDF 悬臂梁宽度单调增加。

(2)器件的谐振频率与螺旋形 PVDF 悬臂梁之间的间距无明确的正比或者反比关系，而且谐振频率在间距约为 200μm 时最低。

(3)螺旋的圈数越多，器件的谐振频率越低。

另外，螺旋形 PVDF 悬臂梁上的应力分布也是重要的结构设计因素。从图 3.4(a)可以看出，在螺旋形 PVDF 悬臂梁的拐角处应力比较大。因此，尝试增加拐角的宽度，这样可以明显降低拐角处的应力，但是也使得谐振频率提高，如图 3.4(b)所示。

此外，在悬臂梁上增加质量块也能够有效地进一步降低器件的谐振频率，而且质量块的位置分布是对器件的谐振频率和应力分布进行微调的好方法。

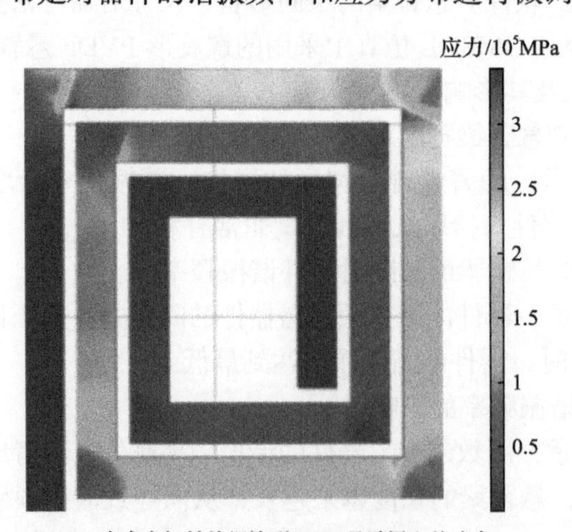

(a) 应力在初始的螺旋形PVDF悬臂梁上的分布

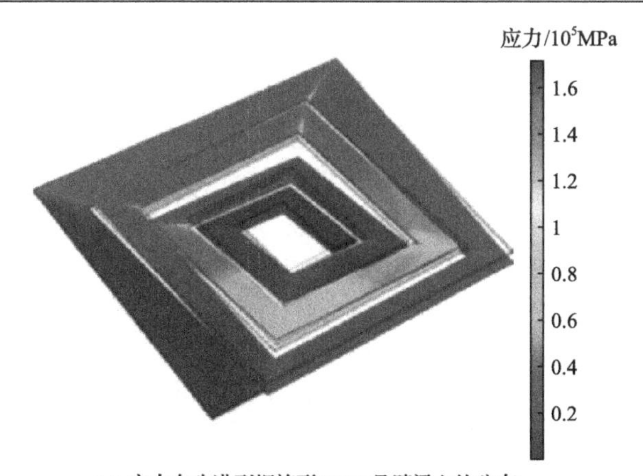

(b) 应力在改进型螺旋形PVDF悬臂梁上的分布

图 3.4　应力在螺旋形 PVDF 悬臂梁上的分布

3.4　压电式能量采集器的制备工艺

螺旋形 PVDF 悬臂梁压电式能量采集器由 PVDF 悬臂梁及其上下表面的质量块组成，其制备工艺流程(见图 3.5)为：

(1)备片以及低压力化学气相沉积(low pressure chemical vapor deposition，LPCVD)法制备氮化硅，如图 3.5(a)所示。选用 4in① N 型(100)晶向的双抛硅片，

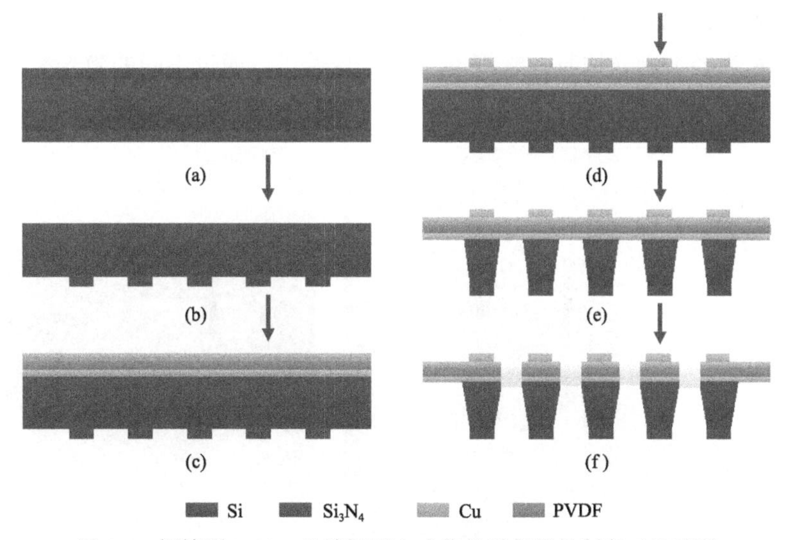

图 3.5　螺旋形 PVDF 悬臂梁压电式能量采集器的制备工艺流程

① 1in=2.54cm。

其厚度为(375±25)μm，电阻为2～4Ω。使用H_2SO_4：H_2O_2=4：1(体积比)的溶液在120℃下进行常规清洗，然后采用LPCVD法在硅片正面与背面淀积1000Å的Si_3N_4。LPCVD法淀积的Si_3N_4致密性比等离子体增强化学气相沉积(plasma enhanced chemical vapor deposition，PECVD)法淀积得更好，这对后期KOH腐蚀更有利。另外，为了减小应力，增大致密性，在淀积Si_3N_4之前需要先用高温在硅片表面生成一层3000Å厚的二氧化硅。

(2)图形化Si_3N_4，如图3.5(b)所示。使用反应离子刻蚀(reactive ion etching，RIE)法去除正面的Si_3N_4，并对背面的Si_3N_4进行图形化，用于做硅质量块的掩模。图形化是用光刻胶先定义图形，曝光显影后，再用RIE法刻蚀得到图形。其中为了得到正方形的质量块，对图形进行了凸角补偿。

(3)在PVDF薄膜上溅射Ti/Cu，并将PVDF薄膜贴附在硅片上，如图3.5(c)所示。将PVDF薄膜进行常规清洗后，溅射Ti、Cu厚度分别为30nm、300nm。由于PVDF薄膜是氟化物，表面能比较低，因此与金属的黏附性比较差。为了解决这个问题，采用氧等离子体轰击PVDF薄膜，这样一方面可以增加薄膜的表面能，另一方面也使得PVDF薄膜表面变得粗糙，从而使得金属能够更容易地黏附在PVDF薄膜表面。

(4)铜电镀，如图3.5(d)所示。有了种子层以后，直接采用电镀工艺，形成表面电极。

(5)刻蚀硅衬底形成PVDF悬浮薄膜，如图3.5(e)所示。

(6)图形化PVDF薄膜，如图3.5(f)所示。PVDF薄膜一般难以图形化，因此采用激光加工高温烧蚀出了螺旋形的悬臂梁。

图3.6为经过激光切割的螺旋形PVDF悬臂梁，通过不同的激光参数，就可以获得不同的悬臂梁间距。

(a) 激光切割的PVDF薄膜照片

(b) 激光切割的PVDF薄膜显微镜照片

图3.6　激光切割出螺旋形PVDF悬臂梁

综上所述，通过溅射、光刻、电镀、腐蚀等传统的 MEMS 加工工艺，可以成功地制备出设计好的螺旋形 PVDF 悬臂梁压电式能量采集器。

3.5　压电式能量采集器的性能测试与分析

在成功制备好螺旋形 PVDF 悬臂梁压电式能量采集器后，下一步工作就是对器件的性能进行测试。首先需要搭建好一个测试平台，再利用这个测试平台对器件的工作频率、输出特性、带负载能力等进行完整的测试。

3.5.1　压电式能量采集器的测试平台

为了能够更好地对器件的输出进行分析，搭建了一个完整的测试平台，如图 3.7 所示。测试平台由五部分组成：动态信号分析仪、功率放大器、振动台、加速度计和能量采集器。首先由动态信号分析仪输出信号，经过功率放大器放大信号后输出给振动台，使得振动台开始工作，而振动台的振动又驱使螺旋形压电式能量采集器开始工作，能量采集器的输出又被送回动态信号分析仪，从而在动态信号分析仪中读取能量采集器的输出。另外，利用银胶黏结导线，在悬臂梁的上下表面分别引出导线连接到动态信号分析仪。加速度计固定在振动台上用来检测振动台的振动情况。通过改变动态信号分析仪的输出，振动台的振幅以及频率会发生变化。利用加速度计可以监测振动台的加速度并通过调整动态信号分析仪的输出信号定量地改变振动台的振动加速度。动态信号分析仪在整个系统中既承担着驱使系统运行的任务，也承担着对能量采集器输出进行测试的工作。

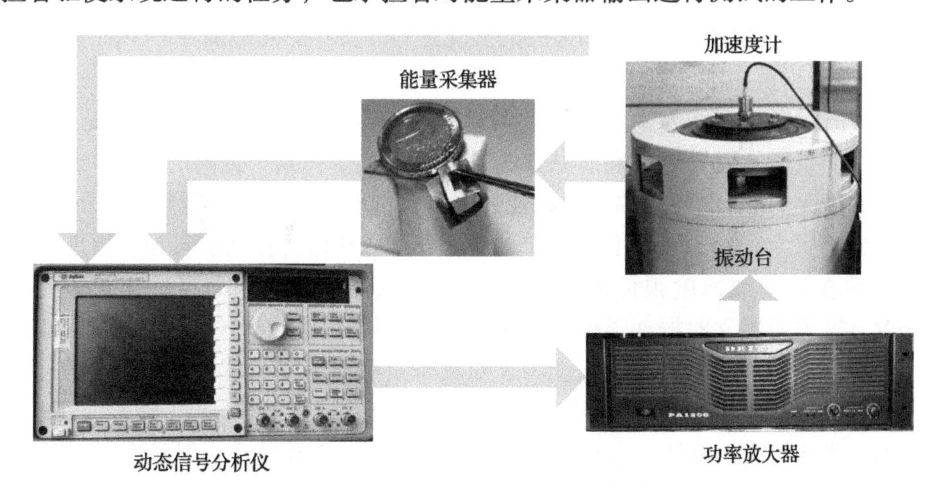

图 3.7　压电式能量采集器测试平台

3.5.2　压电式能量采集器的输出性能

为了确定能量采集器是否实现了低频/宽频的采集效果，需要对器件的工作频率进行完整的扫频测试。通过将振动台的振动频率从 1Hz 提高到 100Hz，得到了器件的频率响应测试结果，如图 3.8 所示。在扫频测试的同时，加速度计也被用来监测振动台的振动加速度。通过调整振动台的输入信号幅值，可以调整振动台的加速度。利用这种调制机制，可以测出不同加速度下器件的输出。此处的输出是使用 100MΩ 的探头测试出的结果，即外界负载电阻为 100MΩ。

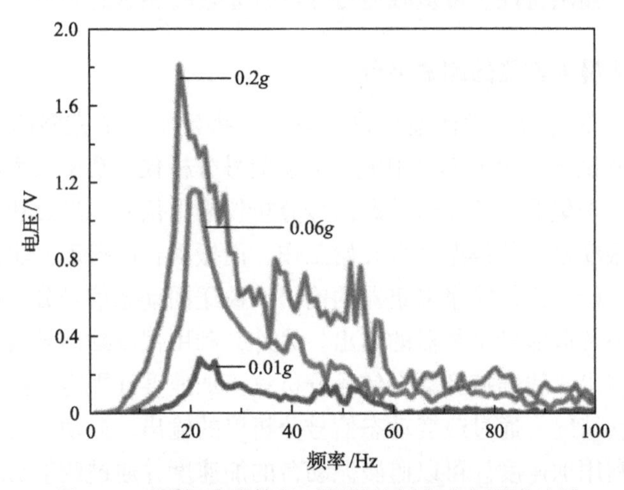

图 3.8　不同加速度情况下器件的频率响应测试结果

从图 3.8 中可以看出，随着振动加速度的增加，器件的输出得到了明显的提高。另外这里也对器件输出随加速度的变化进行了测试，可以看出在 0.2g 的加速度下(这里 g 指重力加速度)，器件的输出电压增加到了 1.8V 左右。

器件的谐振频率约为 20Hz，可以看到器件的输出并没有在振动频率提升后迅速下降，而且由于悬臂梁的高阶共振，器件输出电压在频率提高的过程中还出现了上升的情况。这个螺旋形的压电式能量采集器能够成功地实现低频能量的采集，另外在加速度为 0.2g 时，器件在 15～50Hz 可以成功地将振动能转换为电能。

器件在振动加速度很低的情况下(0.01g)依然有输出，而且输出可以达到 300mV。这说明器件对振动很敏感，也显示了器件在检测微小振动方面的潜力。

为了进一步了解器件的输出能力，对其带负载能力进行了测试，器件在不同负载电阻下的输出电压与电流都发生了变化。从图 3.9(a)可以看出，随着负载电阻的增加，器件的输出电压一直在增加，输出电流则一直在减小。但是由于 100MΩ 探头的限制，最大负载电阻只增加到了 100MΩ。由于 PVDF 薄膜是聚合物，其内阻较大，试验并未能在 100MΩ 大小的电阻以内测得器件的最佳匹配电阻。这一点也可以从图 3.9(b)所示的器件输出功率随负载电阻的变化中看出。

从图 3.9(b)可以看出，随着负载电阻的增加，输出功率一直在增加，在负载电阻为 100MΩ 时，输出功率达到 8.1nW。器件的体积为 1cm×1cm×100μm(即 $1\times10^{-4}cm^3$)，可以计算出压电式能量采集器的输出功率密度为 $0.81\mu W/cm^3$。通过提高负载电阻，或者增大振动加速度都可以进一步提高压电式能量采集器的输出功率密度。

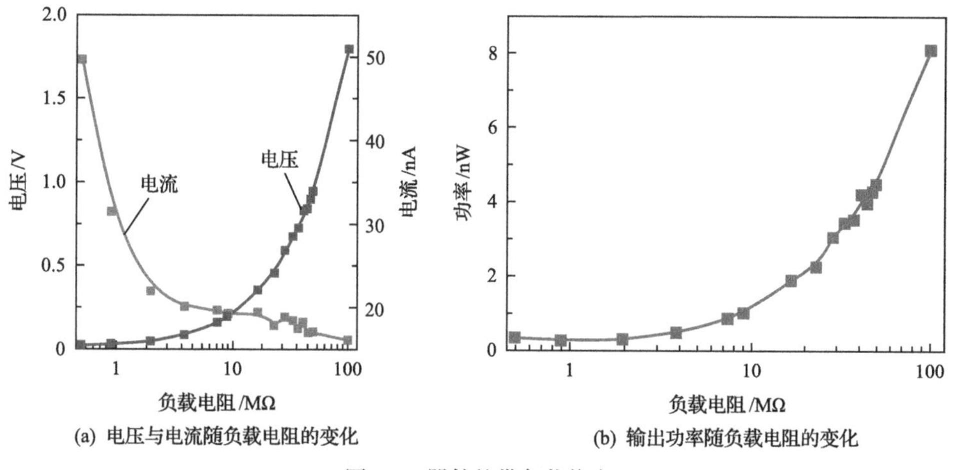

(a) 电压与电流随负载电阻的变化　(b) 输出功率随负载电阻的变化

图 3.9　器件的带负载能力

3.6 本 章 小 结

本章系统地介绍了压电式能量采集器，以螺旋形 PVDF 悬臂梁压电式能量采集器为具体实例，从结构设计角度出发，利用仿真计算分析了能量采集器的工作频率与输出，并且介绍了其制备工艺流程，详细说明了每一步的工艺参数等；进一步对螺旋形 PVDF 悬臂梁压电式能量采集器的试验测试进行了详细的讨论，包括测试平台的搭建、器件输出电流及电压、带负载能力等，并成功证实了器件低频宽频带的特性。

参 考 文 献

[1] Jaffe H, Berlincourt D A. Piezoelectric transducer materials. Proceedings of the IEEE, 1965, 53(10): 1372-1386.

[2] Wang X, Song J, Liu J, et al. Direct-current nanogenerator driven by ultrasonic waves. Science, 2007, 316(5821): 102-105.

[3] Tang L, Yang Y. A nonlinear piezoelectric energy harvester with magnetic oscillator. Applied Physics Letters, 2012, 101 (9): 094102.

[4] Han M, Wang H, Yang Y, et al. Three-dimensional piezoelectric polymer microsystems for vibrational energy harvesting, robotic interfaces and biomedical implants. Nature Electronics, 2019, 2 (1): 26-35.

[5] Park S E, Shrout T R. Characteristics of relaxor-based piezoelectric single crystals for ultrasonic transducers. IEEE Transactions on Ultrasonics, Ferroelectrics, and Frequency Control, 1997, 44 (5): 1140-1147.

[6] Olson T, Avellaneda M. Effective dielectric and elastic constants of piezoelectric polycrystals. Journal of Applied Physics, 1992, 71 (9): 4455-4464.

[7] Bloomfield P E. Production of ferroelectric oriented PVDF films. Journal of Plastic Film & Sheeting, 1988, 4 (2): 123-129.

[8] Li Z, Zhang D, Wu K. Cement-based 0-3 piezoelectric composites. Journal of the American Ceramic Society, 2002, 85 (2): 305-313.

[9] Maeder M D, Damjanovic D, Setter N. Lead free piezoelectric materials. Journal of Electroceramics, 2004, 13 (1-3): 385-392.

[10] Shi L, Wang R, Cao Y, et al. Fabrication of poly (vinylidene fluoride-co-hexafluropropylene) (PVDF-HFP) asymmetric microporous hollow fiber membranes. Journal of Membrane Science, 2007, 305 (1-2): 215-225.

[11] Li C, Wu P M, Lee S, et al. Flexible dome and bump shape piezoelectric tactile sensors using PVDF-TrFE copolymer. Journal of Microelectromechanical Systems, 2008, 17 (2): 334-341.

[12] Liu W, Han M D, Meng B, et al. Low frequency wide bandwidth MEMS energy harvester based on spiral-shaped PVDF cantilever. Science China Technological Sciences, 2014, 57 (6): 1068-1072.

[13] Dickinson E J F, Ekström H, Fontes E. COMSOL Multiphysics®: Finite element software for electrochemical analysis. A mini-review. Electrochemistry Communications, 2014, 40: 71-74.

第4章　摩擦发电机

物质由原子有序排列组合而成，其本身是电中性的，但是当两种物质在一起相互摩擦时，其原子结构不同且原子核对外层电子的束缚能力有一定的差异，从而会导致电子从一种物质迁移到另外一种物质，使得两种相互摩擦的物体表面带有等量的异种电荷，这种现象称为摩擦起电(electrification by friction)。这就是摩擦发电机的基本原理。摩擦发电机具有材料选择范围广泛、适用场景多、性能优异等优点，近年来发展十分迅猛。

4.1　摩擦发电原理

早在公元前，古希腊哲学家泰勒斯在研究天然磁石的磁性时发现用丝绸、法兰绒摩擦琥珀之后也有类似于磁石能吸引轻小物体的性质，这就是广为人知的摩擦起电现象，在日常生活中，毛皮和橡胶棒、丝绸和玻璃棒相互摩擦后，橡胶棒和玻璃棒都可以吸起微小的纸片等物体。

到18世纪中期，美国科学家本杰明·富兰克林经过分析和研究，认为有两种性质不同的电，称为正电和负电，得到电子的物体带负电，失去电子的物体带正电。摩擦起电是电子由一个物体转移到另一个物体的结果，使两个物体带上了等量的电荷，例如，用丝绸摩擦过的玻璃棒带的电荷称为正电荷，用毛皮摩擦过的橡胶棒带的电荷称为负电荷。任何两个物体摩擦，都可以起电，至于产生哪种电荷，是由材料自身得失电子的能力决定的，不同材料得失电子的能力排序称为摩擦序列。

4.1.1　材料的摩擦序列

表 4.1 中是常用的材料在摩擦过程中得失电子能力的排序，序号越小失电子能力越强，序号越大则得电子能力越强[1,2]。

当两种材料在摩擦序列中相对位置较近时，它们得失电子的能力就比较接近，所以在相互摩擦过程中，电荷的迁移将比较困难，摩擦表面产生的电荷量不多。与之相对，当两种材料在摩擦序列中相对位置距离较远时，它们得失电子的能力也就会相差很远，一种材料将会表现出极强的失电子能力，而另一种材料则具有

表 4.1 常见材料在摩擦过程得失电子能力排序

序号	材料	序号	材料	序号	材料
1	苯胺-甲醛树脂	17	苯乙烯-丙烯腈共聚物	33	聚丙烯腈
2	聚甲醛 1.3～1.4	18	苯乙烯-丁二烯共聚物	34	丙烯腈-氯乙烯
3	乙基纤维素	19	木材	35	聚双酚碳酸酯
4	聚酰胺 11	20	硬质橡胶	36	聚氯醚
5	聚酰胺 6-6	21	醋酸纤维，人造纤维	37	聚偏二氯乙烯
6	三聚氰胺	22	聚甲基丙烯酸甲酯	38	聚 2,6-二甲基聚苯醚
7	针织羊毛	23	聚乙烯醇	39	聚苯乙烯
8	编织蚕丝	24	涤纶	40	聚乙烯
9	聚乙二醇琥珀酸酯	25	聚异丁烯	41	聚丙烯
10	纤维素	26	聚氨酯软海绵	42	聚碳酸二苯丙烷
11	醋酸纤维素	27	聚对苯二甲酸	43	聚酰亚胺
12	聚己二酸乙二醇酯	28	聚乙烯醇缩丁醛	44	聚氯乙烯
13	聚邻苯二甲酸二烯丙酯	29	硬化甲醛酚	45	聚三氟氯乙烯
14	纤维素(人造)海绵	30	多氯丁二烯	46	聚四氟乙烯
15	编织棉	31	丁二烯-丙烯腈共聚物		
16	聚氨酯弹性体	32	天然橡胶		

很强的得电子能力。所以当上述差异性较大的两种材料相互摩擦时，很容易发生电荷迁移，从而在摩擦表面累积大量的电荷。因此，对于纳米发电机，采用摩擦序列中相对距离越远的两种材料，其产生的输出就越大。

4.1.2 摩擦发电机的工作原理

尽管早在 2600 年前人们已经观察并认识到了摩擦起电现象，但如何将摩擦过程中所产生的电荷有效地采集起来实现电能输出却一直没有实现。直到 2012 年，Fan 等[3]在两块薄膜材料背面制备了一层金属作为电荷采集和输出的电极，并将两块薄膜材料正面贴在一起，首次实现了摩擦发电机，其工作原理和过程如图 4.1 所示。

在初始状态下，两种摩擦材料层在摩擦之前均是电中性。

首先，当顶部的摩擦材料层在纵向外力作用下与底部的摩擦材料层相互摩擦后，在两层摩擦材料层的接触面就会产生等量异种电荷，如图 4.1(a)所示。

随后外部作用力被释放，顶部摩擦材料层在机械回复力作用下向上运动，在此过程中两层摩擦材料层之间的间隔逐渐增大，从而形成内电势，此时会在相应的金属电极上产生异种的自由电荷，如图 4.1(b)所示。

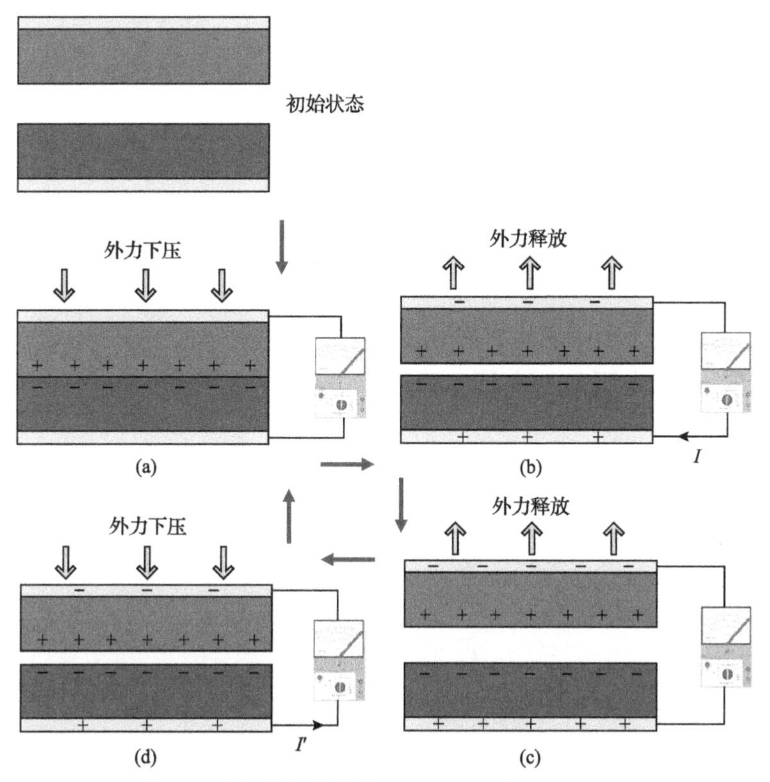

图 4.1　接触分离式摩擦发电机的工作原理和过程

随着摩擦材料层之间的间隔持续增大，金属电极板上所产生的感应电荷数量增加，当顶部摩擦材料层达到初始位置时，感应电荷数量达到最大值，如图 4.1(c)所示。

在此过程中，由于金属电极板上感应电荷量持续增多，在外电路中就会形成电流 I。然后外部作用力再次作用于顶部摩擦材料层，使其从初始位置向下运动并与底部摩擦材料层再次摩擦，此时金属电极板上的感应电荷数量将持续减少，在外电路中产生反向电流 I'，如图 4.1(d)所示。

可见，摩擦发电机一般由一对相互朝向的材料组成摩擦副，假设其两个摩擦层之间的距离为 x，当距离产生变化时，两电极之间产生的电势差可分为两部分，一部分来自极化的摩擦电荷，记为 $V_{oc}(x)$，另外一部分来自转移的电荷，记为$-Q/C(x)$，其中 Q 为电极之间转移的电荷量，$C(x)$为两电极之间的电容。根据电场叠加原理，总电势差可以记为

$$V = -\frac{Q}{C(x)} + V_{oc}(x) \tag{4.1}$$

式(4.1)为摩擦发电机的基础公式。在短路情况下，转移的电荷量 Q_{sc} 将完全覆盖因剩余极化电荷造成的电势差，所以摩擦发电机在短路情况下的电荷平衡方程可表示为

$$-\frac{1}{C(x)}Q_{sc} + V_{oc}(x) = 0 \tag{4.2}$$

$$Q_{sc}(x) = C(x)V_{oc}(x) \tag{4.3}$$

因此，摩擦发电机的等效电路图需包含两个基础元件，一个是内在电容 C，另一个是理想开路电压 V_{oc}，如图 4.2 所示[4]。

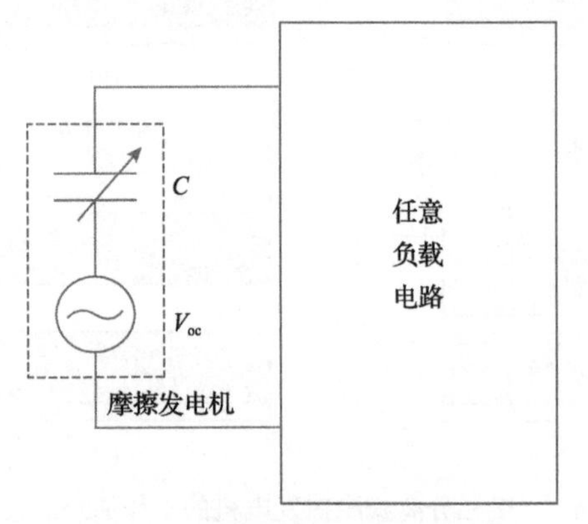

图 4.2　摩擦发电机等效电路[4]

Niu 等[5,6]在摩擦发电机领域做了大量开创性的工作，包括在纳米发电机的理论模型构建和分析，如基于输出电压-转移电量-间隔距离(即 V-Q-x)的等效物理模型，如图 4.3 所示。其理论计算公式为

$$V = -\frac{Q}{S\varepsilon_0}\left(\frac{d_1}{\varepsilon_{r1}} + \frac{d_2}{\varepsilon_{r2}} + x(t)\right) + \frac{\sigma x(t)}{\varepsilon_0} \tag{4.4}$$

针对横向摩擦工作模式，摩擦发电机的 V-Q-x 理论计算公式为

$$V = -\frac{1}{\omega\varepsilon_0(l-x)}\left(\frac{d_1}{\varepsilon_{r1}} + \frac{d_2}{\varepsilon_{r2}}\right)Q + \frac{\sigma x}{\varepsilon_0(l-x)}\left(\frac{d_1}{\varepsilon_{r1}} + \frac{d_2}{\varepsilon_{r2}}\right) \tag{4.5}$$

上述基于等效物理模型推导得到的理论计算公式对摩擦发电机的发展具有重要意义，为摩擦发电机的后续发展奠定了一定的理论基础，为进一步优化设计得

到高性能摩擦发电机提供了理论支撑。

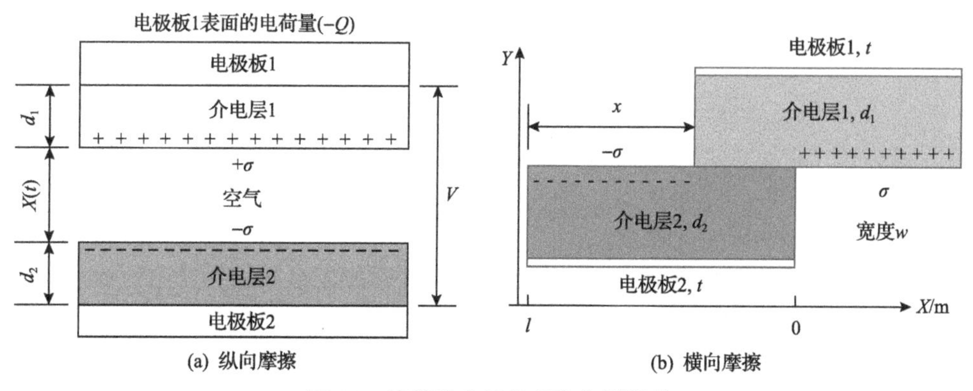

图 4.3　摩擦发电机的理论分析模型

综上所述，摩擦发电机的工作原理主要基于两个过程：摩擦起电和静电感应。摩擦起电的作用是使两个极性不同的材料在接触分离过程形成电荷的转移，从而在两种材料的表面留下等量的异种电荷。静电感应的作用则是使摩擦带电的材料在相对分离时产生内电场，在内电场的作用下导体电极上感应出电荷，或者说引起导体的极化，使导体原本杂乱分布的电荷有规则地分离开来，从而使该电极与参考电极间形成电势差，驱动电子的定向移动，形成电流。

摩擦发电机常见的工作模式有四种，即接触分离式(纵向摩擦)[5]、滑动式(横向摩擦)[6-8]、单电极式[9-11]和自由滑动式[12]，后续分别介绍这四种工作模式的摩擦发电机。

4.2　接触分离式摩擦发电机

接触分离式是摩擦发电机最常见的工作模式。本节将重点介绍一些具有代表性的基于接触分离式的摩擦发电机的结构设计、制备工艺以及性能测试和分析。

4.2.1　三明治结构

双层结构是接触分离式摩擦发电机的基本结构，它具有两层摩擦材料层，单次外力作用下产生一次输出(包括正负两个峰)。图 4.4 所示的三明治结构则可以在单次外力作用下产生两次摩擦过程，实现输出性能的大幅提升，具体结构包含三层摩擦材料，即顶部和底部的 PDMS 微纳复合薄膜，以及中间金属铝薄片，其中 PDMS 薄膜背面均设计有 PET/ITO 透明导电薄膜，并通过金属导线连接，共同作为一个电极，利用金属导线从中间的铝薄片单独引出一个端口作为另一个电极。

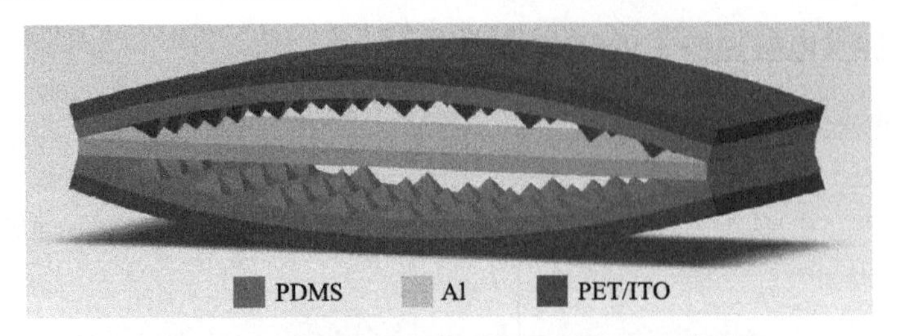

图 4.4　三明治结构摩擦发电机的结构示意图

以双层结构为基础单元，对这种三明治结构摩擦发电机进行理论分析，构建器件的理论分析模型，如图 4.5 所示。

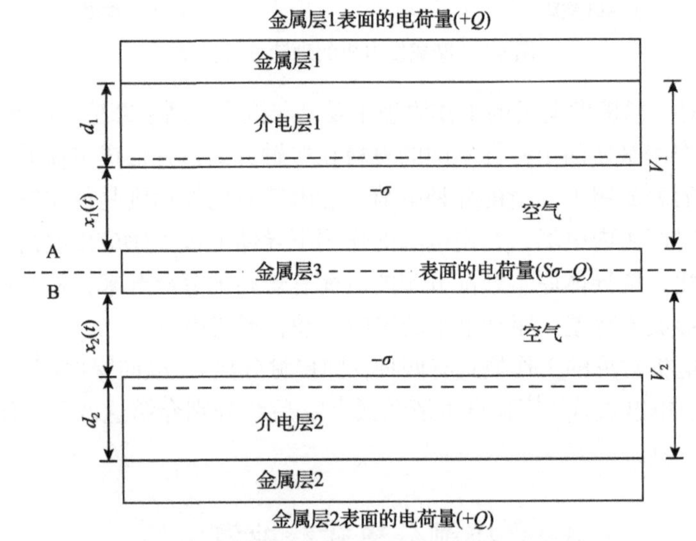

图 4.5　三明治结构摩擦发电机的理论分析模型

摩擦发电机可以分解为对称的两个部分，即 A 和 B 两个双层结构摩擦发电机的基本单元，为进一步简化理论计算步骤，这里只对其中的 A 单元进行解析。B 单元具有相同的计算过程。

在 A 单元结构中，介电层厚度为 d_1，相对介电常数为 ε_{d1}。两个摩擦材料层（即金属层 3 和介电层 1）之间的间隙设定为 $x_1(t)$，即空气层厚度为 $x_1(t)$。那么在外力的作用下，两层摩擦材料层相互摩擦，并在表面产生异种摩擦电荷，其表面电荷面密度为 σ。而在两层摩擦材料层分离过程中，金属层 1 的表面电荷将开始转移，其感应电荷量设定为 Q。而对于金属层 3，它既作为摩擦材料层，又作为电极层，所以其表面电荷量由两部分组成，即摩擦电荷量（$S\sigma$）和转移电荷量（Q）。

因此，对于 A 单元的理论计算，本质上就是求解金属层 1 和金属层 3 之间的

电势差 V_1。而 V_1 则是由介电层 1 和空气层的共同体的内部电场所决定的，需要分别求解这两部分电场。

介电层的内部电场为

$$E_1 = -\frac{Q}{S\varepsilon_0\varepsilon_{d1}} \tag{4.6}$$

空气层的内部电场为

$$E_a = -\frac{\frac{-Q}{S}+\sigma}{\varepsilon_0} \tag{4.7}$$

电势差 V_1 的计算公式为

$$V_1 = E_1 d_1 + E_a x_1(t) \tag{4.8}$$

将式(4.6)和式(4.7)代入式(4.8)，得到电势差 V_1 的计算公式：

$$V_1 = \frac{-Q}{S\varepsilon_0}\left(\frac{d_1}{\varepsilon_{d1}} + x_1(t)\right) + \frac{\sigma x_1(t)}{\varepsilon_0} \tag{4.9}$$

同理得到 B 单元电势差 V_2 的计算公式：

$$V_2 = \frac{-Q}{S\varepsilon_0}\left(\frac{d_2}{\varepsilon_{d2}} + x_2(t)\right) + \frac{\sigma x_2(t)}{\varepsilon_0} \tag{4.10}$$

将 A 单元和 B 单元作为整体进行考虑时，可以得到三层结构的摩擦发电机输出电压($V=V_1+V_2$)的理论计算公式：

$$V = \frac{-Q}{S\varepsilon_0}\left(\frac{d_1}{\varepsilon_{d1}} + \frac{d_2}{\varepsilon_{d2}} + x_1(t) + x_2(t)\right) + \frac{\sigma(x_1(t)+x_2(t))}{\varepsilon_0} \tag{4.11}$$

4.2.2　接触分离式摩擦发电机的制备工艺

图 4.6 为三明治结构摩擦发电机的制备工艺和扫描电镜照片。从图 4.6(b)可以看出，三层摩擦材料层的结构，两层 PDMS 正面的微纳复合结构面向中间铝薄片放置，其背面是 PET/ITO 透明电极。

器件各材料层的具体尺寸参数为：PET/ITO 层厚度为 125μm，金属铝层厚度为 20μm，PDMS 薄膜厚度为 450μm。其中 PET/ITO 层与 PDMS 薄膜之间利用分

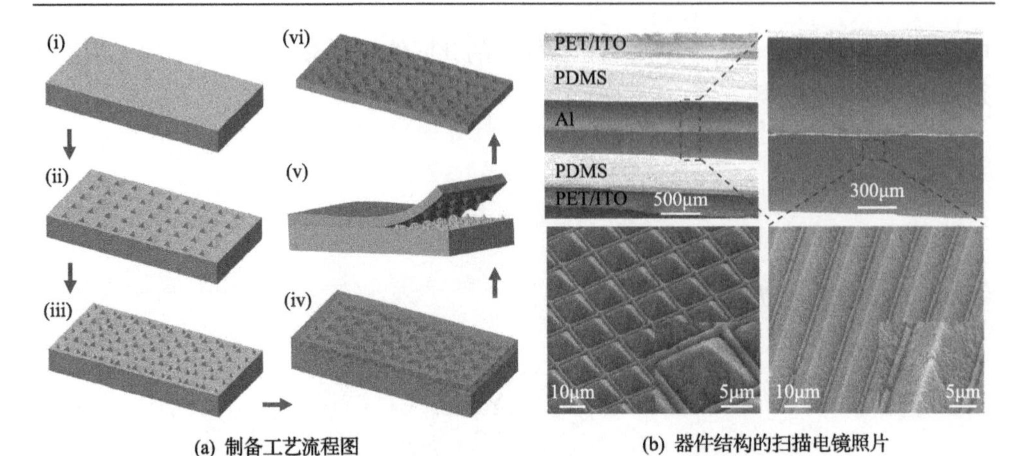

(a) 制备工艺流程图　　(b) 器件结构的扫描电镜照片

图 4.6　三明治结构摩擦发电机的制备工艺流程和扫描电镜照片

子间作用力自然贴合，并在 80℃条件下烘烤加固；而上下两层 PET/ITO-PDMS 结构与中间金属铝层，采用弹性胶带在两端进行固定。整个器件尺寸为 2cm×4cm，拱形结构初始间隙约为 1.4cm。

4.2.3　接触分离式摩擦发电机的性能与应用

为测试三明治结构摩擦发电机的电学性能，需要一个能够提供可控周期性外力作用的振动测试平台，如图 4.7 所示。

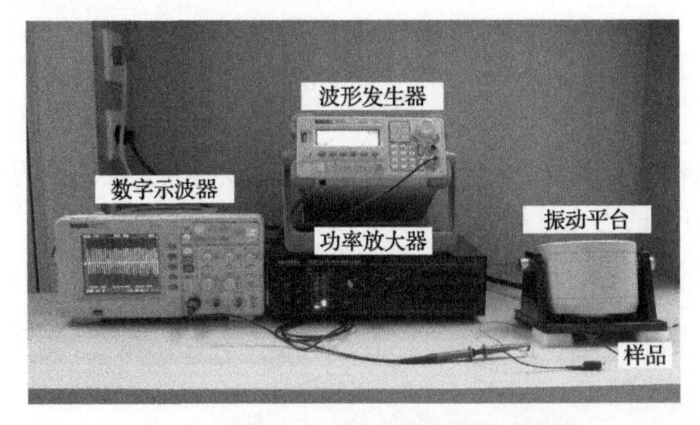

图 4.7　摩擦发电机的电学性能测试系统

首先采用波形发生器产生一定频率和幅值的正弦波，然后将此正弦波送入功率放大器进行信号放大，最后放大的正弦波信号被输送到振动平台，从而产生稳定可靠的周期性外力作用于摩擦发电机。而摩擦发电机的两根电极引线通过 100MΩ 探头接入数字示波器，可以实时检测摩擦发电机的电能输出信号。这里选用 RIGOL DG1022 波形发生器、SINOCERA YE5871A 功率放大器、SINOCERA 振动平台以及 RIGOL DS1102E 数字示波器。

采用金字塔形微纳复合结构，三明治结构摩擦发电机的输出性能达到了最优化，可以测得其输出电压和电流分别达到了 465V 和 107.5μA，输出电压和电流波形如图 4.8 所示。计算得到其峰值电流面密度达到 $13.4mA/cm^2$，而峰值功率密度达到 $53.4mW/cm^3$。

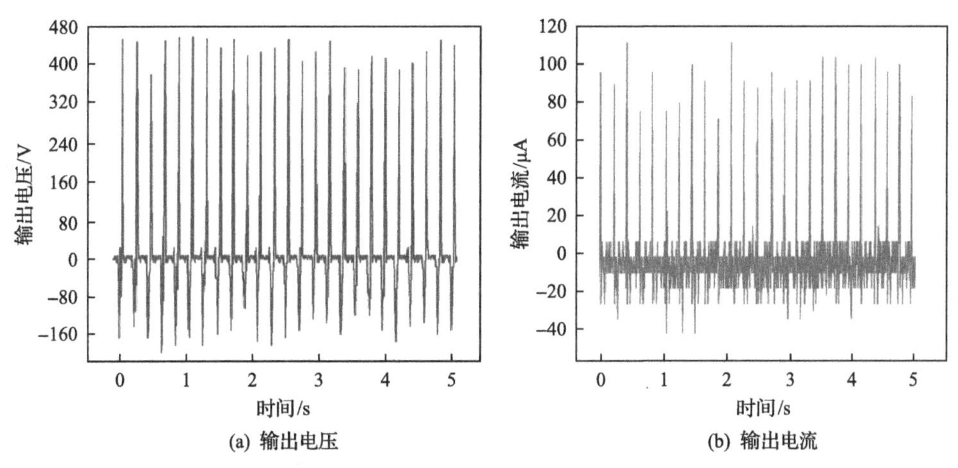

(a) 输出电压　(b) 输出电流

图 4.8　三明治结构摩擦发电机的输出波形(外力频率为 5Hz)

三明治结构摩擦发电机的输出具有明显的频率响应特性，即在不同频率周期性外力作用下器件的电学输出性能会发生变化。这里选取表面为纳米筛孔的 PDMS 薄膜作为摩擦材料层，周期性外力的频率从 1Hz 逐渐增大到 10Hz，测试结果如图 4.9 所示。当外部作用力的频率从 1Hz 逐步增大至 5Hz 时，器件输出电压从 120V 增大到 320V。这是由于随频率增大，外电路电荷流动并达到平衡状态所需要的时间缩短，器件输出增大。随着外部作用力的频率从 5Hz 继续增大至 7Hz，器件的输出电压保持恒定不变，均值约为 320V。但是当周期性外力的频率增大至 10Hz 时，器件输出电压却减小到 210V，这是由三明治结构摩擦发电机在高频外力作用下的欠释放状态所引起的。

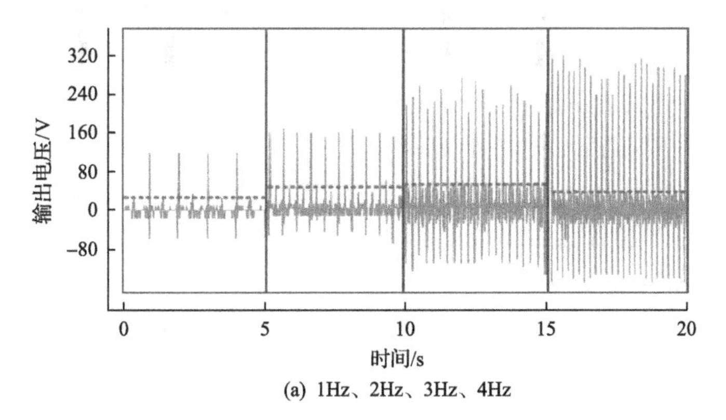

(a) 1Hz、2Hz、3Hz、4Hz

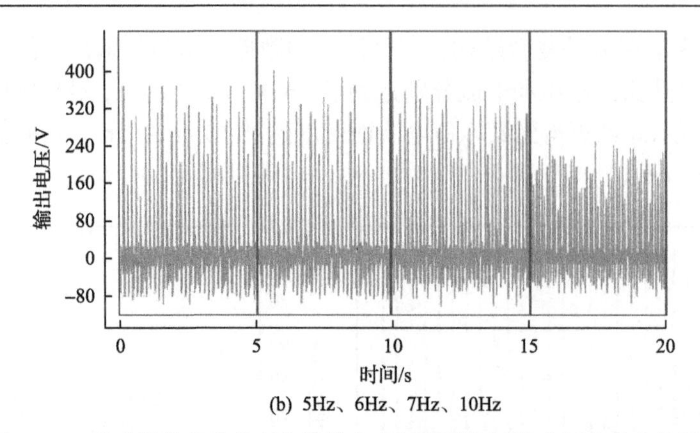

(b) 5Hz、6Hz、7Hz、10Hz

图 4.9 三明治结构摩擦发电机的输出电压随周期性外力频率的变化趋势

欠释放状态是指摩擦发电机在高频外力作用下，由于相邻两次外力作用的时间间隔过短，摩擦材料层无法在机械回复力的作用下回到初始位置所引起的电荷未完全释放状态。假设相邻两次外力作用的周期为 ΔT_f，而摩擦材料层在机械回复力作用下回到初始位置的时间为 Δt_r，则欠释放状态出现的条件为

$$\Delta T_\mathrm{f} < \Delta t_\mathrm{r} \tag{4.12}$$

假设周期性外力的频率为 f，可得

$$f = \frac{1}{\Delta T_\mathrm{f}} > \frac{1}{\Delta t_\mathrm{r}} \tag{4.13}$$

因此，当周期性外力的频率满足式(4.13)时，摩擦发电机就会处于欠释放状态，同时引起“倍频”电信号(即单次输入所得到的第二个输出)出现类似的变化趋势，如图 4.9(a)中虚线标注部分。而此倍频电信号的输出电压峰值出现在外部作用力的频率为 3Hz 时，幅值为 62V。

这种三明治结构的摩擦发电机具有优异的电能输出特性，其输出可以直接用于驱动微型电子器件，而无须任何外接整流或储能电路。图 4.10 展示了利用这种三明治结构摩擦发电机直接驱动 5 个并联发光二极管(light emitting diode，LED)灯的照片。当用手掌拍击三明治结构摩擦发电机时，所产生的电能直接输送给 LED 灯，在 465V 高电压下，5 个并联的 LED 灯被同时点亮。虽然摩擦发电机的输出电压非常高，但其电流为微安级，且输出电信号为脉冲信号，因此并不会对 LED 灯造成损坏。图 4.10(a)为未点亮的 LED 灯状态，图 4.10(b)和(c)分别为单次输入两次输出所得到的电能信号中弱峰和强峰输出点亮 LED 灯时的状态。

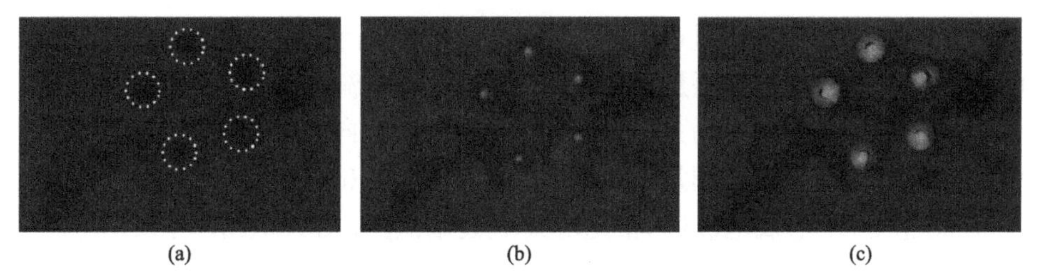

图 4.10　三明治结构摩擦发电机直接驱动 5 个并联的 LED 灯

4.3　滑动式摩擦发电机

在平面上的滑动摩擦(也称为横向摩擦)是常见的摩擦形式之一，具有非常广泛的应用场景。

1. 滑动式摩擦发电机的工作原理

图 4.11 为滑动式摩擦发电机的工作原理。

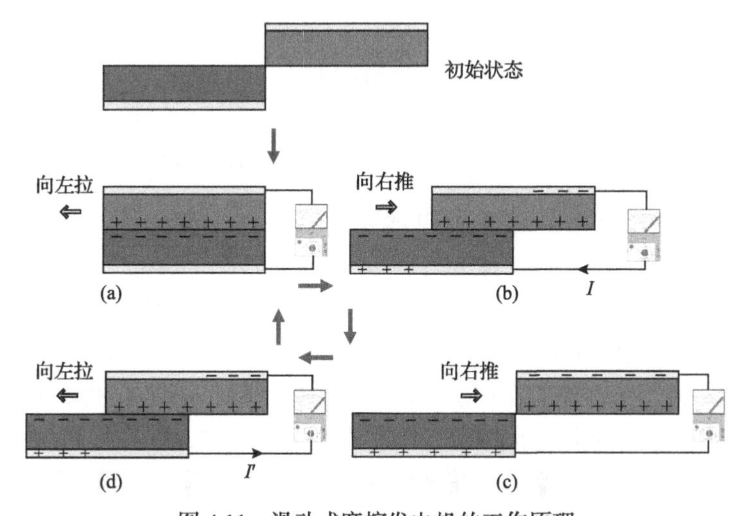

图 4.11　滑动式摩擦发电机的工作原理

在横向外力作用下，顶部摩擦材料层从左向右运动，并与底部摩擦材料层相互摩擦，从而在两层摩擦材料层接触表面产生等量异种电荷，如图 4.11(a)所示。

随后顶部摩擦材料层在向右的外力作用下，与底部摩擦材料层逐渐分离，此时分离区域的表面摩擦净电荷会产生内电势，从而在金属电极板上感应出自由电荷，如图 4.11(b)所示。

随着顶部摩擦材料层持续向右运动，并最终完全与底部摩擦材料层分离时，金属电极板上的感应电荷量达到峰值，如图 4.11(c)所示。在此过程中，由于金属电极上的感应电荷量持续增加，在外电路中会产生电流 I。

然后在相反外部作用力条件下，顶部摩擦材料层向左运动，再次与底部摩擦材料层逐渐摩擦，并最终回复到初始位置，如图 4.11(d)所示。

在此过程中，金属电极板上的感应电荷逐渐减少，在外电路产生反向电流 I'。

2. 滑动式摩擦发电机的结构设计

一种单层滑动式摩擦发电机的结构示意图如图 4.12 所示。利用 PI 薄膜作为衬底，在其两边附着的铜电极呈现叉指结构，在这个结构中铜电极不仅起着电极的作用，同时也作为一种摩擦材料用来产生摩擦表面电荷。

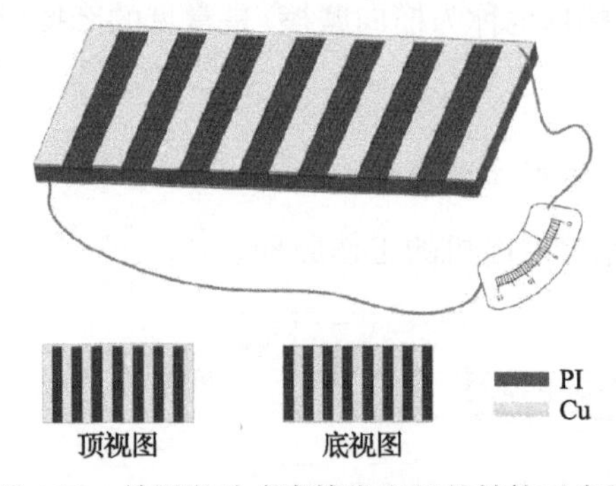

图 4.12　单层滑动式摩擦发电机的结构示意图

这个设计中主要的摩擦材料是 PI 薄膜，它是一种广泛应用在航空、航天、微电子、纳米、液晶、分离膜、激光等领域的有机高分子材料，主要由二元酐和二元胺合成。PI 最突出的特点是可耐高温达到 400℃以上，因此不需要加入阻燃剂就可以阻燃，可以在−200～300℃范围内使用；此外，PI 具有良好的机械延展性和拉伸强度，常用作器件的保护层来减少环境的影响，用作缓冲层以减少应力，用作黏合层来提高金属层之间的黏合；在微电子器件中，因为其化学性质稳定，主要用作介电层之间的绝缘层。在这个滑动式摩擦发电机中，PI 薄膜表面上有一层纳米结构，主要用来增加摩擦的表面积，从而进一步提高表面电荷，从而提升发电机的输出。

3. 滑动式摩擦发电机的制备工艺

这种单层滑动式摩擦发电机部分采用柔性印刷电路板的制作工艺，包括 PI 基板和铜箔等。按照导电铜箔的层数，柔性电路板可以划分为单层板、双面板、双层板等，其制备工艺流程如图 4.13(a)所示。

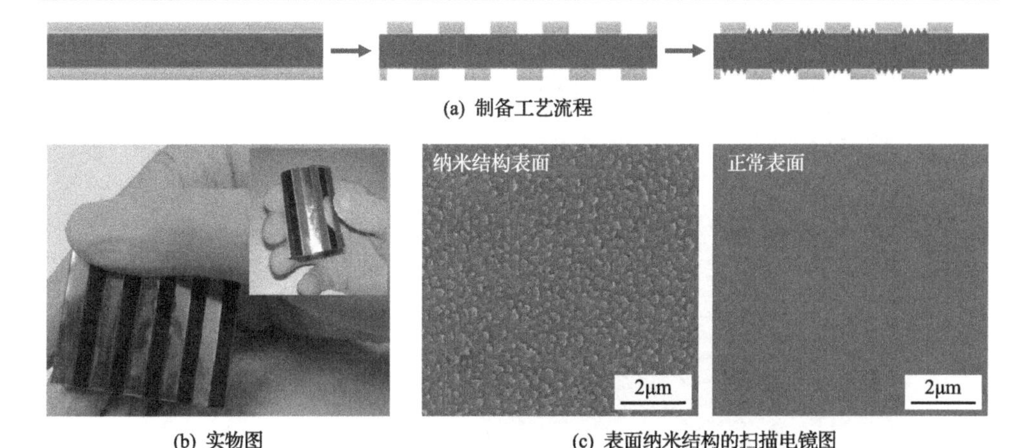

(a) 制备工艺流程

(b) 实物图　(c) 表面纳米结构的扫描电镜图

图 4.13　单层滑动式摩擦发电机

滑动式摩擦发电机的具体制备过程如下：

(1) 准备一块挠性覆铜板，这是一种在市场上比较容易买到的基料，铜箔黏结在 PI 等挠性绝缘材料的单面或者双面，具有薄、轻、可挠性等优点，而且其电能性、耐热性都非常优异。这里选用的挠性覆铜板上 PI 薄膜厚 25μm，两边铜箔厚 18μm。

(2) 图形化铜电极，并利用 $FeCl_3$ 溶液在其上下表面腐蚀出叉指电极。

(3) 利用等离子体刻蚀机产生氧等离子体轰击 PI 薄膜表面形成纳米结构，以提升表面电荷密度，其中，刻蚀机中通入的氧气流量为 10mL/min，上极板功率为 400W，下极板功率为 100W。

图 4.13(b) 和 (c) 分别为制备成功的单层滑动式摩擦发电机的实物图及其表面纳米结构的扫描电镜图，可以看出发电机的材质柔韧性较强、尺寸灵活。

4. 滑动式摩擦发电机的性能与应用

这种滑动式摩擦发电机采集环境中横向摩擦的机械能，其测试如图 4.14(a) 所示，将一个摩擦发电机贴附在鼠标下面，将另一个摩擦发电机置于一个鼠标垫上，当鼠标在鼠标垫上运动时，发电机就可以成功地将机械能转换为电能。利用产生的电能将一个液晶显示器 (liquid crystal display，LCD) 屏幕成功点亮，并且随着鼠标的运动，LCD 屏幕可以长期保持点亮，如图 4.14(b) 所示。另外，随着鼠标的移动，20 个以上的白色 LED 灯被点亮，如图 4.14(c) 所示。这样的输出有潜力为电子器件持续稳定地供能。

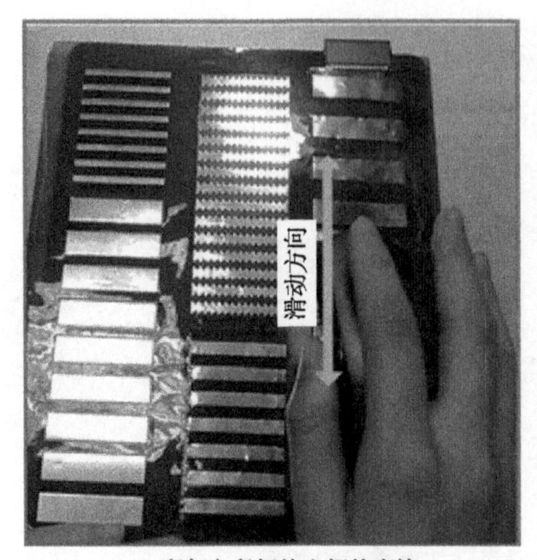

(b) 点亮LCD屏幕

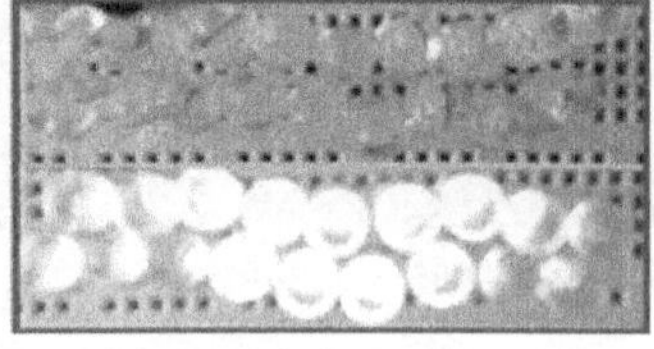

(a) 鼠标与鼠标垫之间的摩擦　　(c) 点亮LED灯

图 4.14　滑动式摩擦发电机的输出测试

4.4　单电极式摩擦发电机

无论是接触分离式摩擦发电机还是滑动式摩擦发电机，都需要一对摩擦副以及与之相对应的两个感应电极和实现摩擦分离的额外空间，这在一定程度上限制了典型摩擦发电机在触屏类电子器件上的应用，因此 Meng 等[13]提出了单电极式摩擦发电机。

4.4.1　单电极式摩擦发电机的工作原理

单电极式摩擦发电机的工作原理如图 4.15 所示。当手指等可动物体通过触摸、轻敲、滑动等方式与摩擦介质表面接触并分离时，即与摩擦介质构成摩擦副，并在此过程中产生摩擦电荷积累。当表面积累有摩擦电荷的可动物体与单电极式摩擦发电器件分离时，将在感应电极与接地的参考电极之间产生电势差，并随着可动物体的运动而变化，电荷在摩擦电荷产生的变化电场的驱动下，从一个电极转移到另一个电极以达到静电平衡。而当可动物体再次向固定摩擦表面靠近时，则将产生相反方向的电荷转移。在往复的接触分离过程中，电荷将经由外部负载电路不断在感应电极和参考地之间来回流动形成电流，从而将可动物体运动的机械能转化为电能输出。

一般来说，可动物体的表面在摩擦起电的过程中相对摩擦介质表面表现出失去电子的情况，反之亦然。

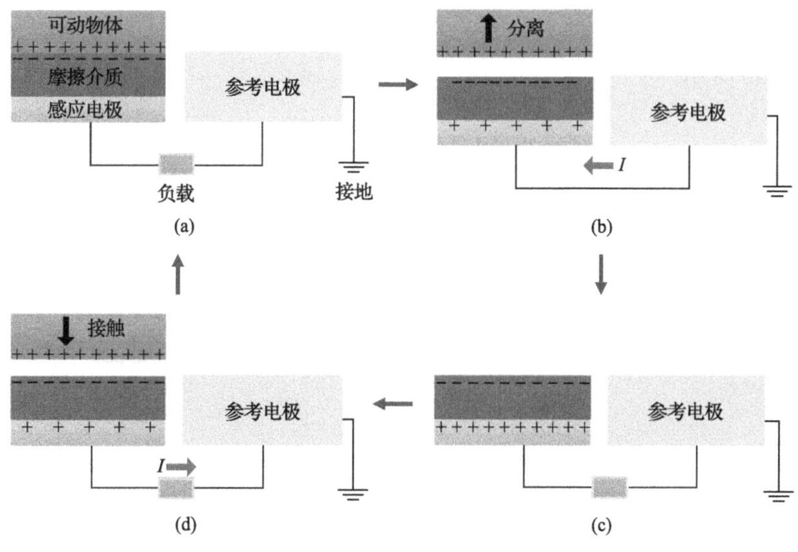

图4.15　单电极式摩擦发电机的工作原理

4.4.2　单电极式摩擦发电机的结构设计

如图4.16所示，单电极式摩擦发电机采用相对简单的开放式器件结构，仅具有单个固定的摩擦表面及感应电极。在厚度为125μm的PET基底上，具有金字塔形微米结构阵列的PDMS薄膜作为器件的摩擦表面层，与之对应的透明ITO感应电极则预先通过磁控溅射沉积在PET衬底背面。厚度为100μm的铜箔用作参考电极，通常将参考电极作接地处理，作为替代也可以使用尺寸相对较大的参考电极并将其视作等效地。当参考电极接地时，其位置对发电结构的输出并不构成影响，在实际应用过程中可以根据需要放置于不同位置。

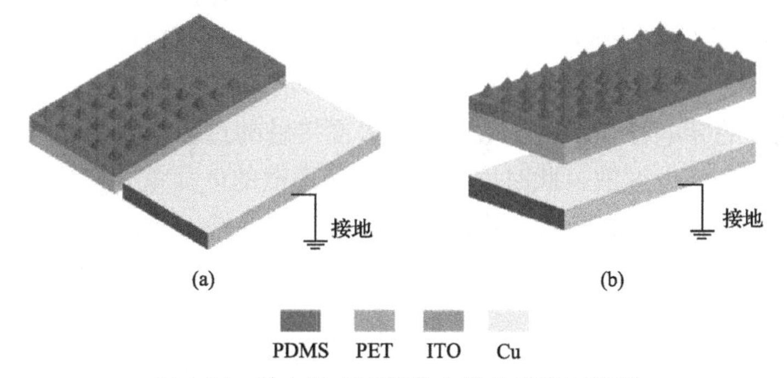

图4.16　单电极式摩擦发电机的结构示意图

当手指、手套、衣物等可动物体与PDMS摩擦表面发生接触时，可动部分即成为一个天然的摩擦表面，与固定的PDMS摩擦表面组成一对摩擦副。考虑到人体本身的电导特性，引入人体的静电模型构建单电极式摩擦发电机的理论模型，如图 4.17(a) 所示[14]。

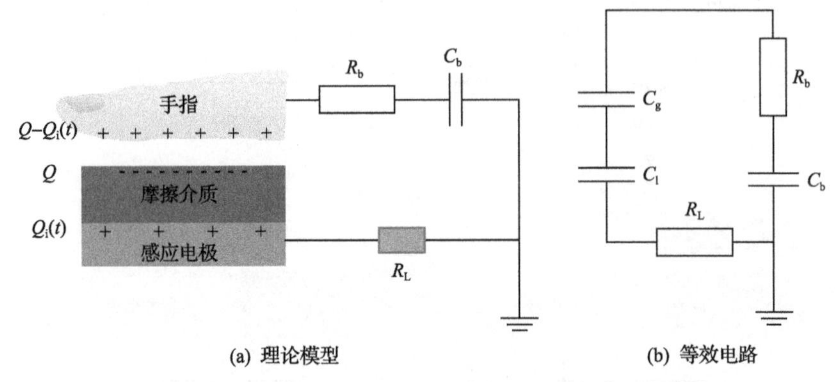

(a) 理论模型　(b) 等效电路

图 4.17　单电极式摩擦发电机的理论模型及等效电路[14]

由于摩擦表面的横向尺寸远大于其厚度，当手指表面与摩擦表面之间的间隙保持在一个较小的范围内变化时，可以近似将两个接触表面和感应电极认为是无限大的平面。假定表面摩擦电荷密度是均匀的，则手指表面与摩擦表面之间的电容、摩擦表面与电极之间的电容可以利用平板电容来等效，从而得到如图 4.17(b) 所示的器件的等效工作电路。

根据基尔霍夫定律，得到整个电路的瞬态方程，即

$$\frac{Q-Q_i(t)}{C_g(t)}=\frac{Q_i(t)}{C_b}+\frac{Q_i(t)}{C_1}+(R_b+R_L)\frac{dQ_i(t)}{dt} \tag{4.14}$$

式中，C_b 为人体对地的等效电容；$C_g(t)$ 为手指表面与摩擦表面之间的电容，随着手指的动作变化；C_1 为摩擦表面与感应电极之间的电容；R_b 为人体对地的等效电阻；R_L 为器件的外部负载电阻；Q 为摩擦表面上的电荷总量；$Q_i(t)$ 为感应电极上的电荷总量。

由于人体的导电特性，在手指与摩擦表面接触的过程中积累的电荷会通过身体快速向周围环境中逸散，此时需要将这部分逸散的电荷量 ΔQ 考虑进去。假定 ΔQ 是以很快的速度逸散掉的，并在随后的过程中保持不变，将电路的瞬态方程修正为

$$\frac{Q-Q_i(t)}{C_g(t)}=\frac{Q_i(t)-\Delta Q}{C_b}+\frac{Q_i(t)}{C_1}+(R_b+R_L)\frac{dQ_i(t)}{dt} \tag{4.15}$$

在开路状态下，没有电荷转移发生，感应电极上的电荷量 Q_i 为零，由此推导得到发电机的开路电压为

$$V_{\mathrm{oc}}=\frac{Q}{C_{\mathrm{g}}(t)}+\frac{\Delta Q}{C_{\mathrm{b}}} \tag{4.16}$$

在短路状态下，简单起见，不计入人体对地电阻 R_{b} 上的压降影响，由此得到短路电流为

$$I_{\mathrm{sc}}=\frac{(\Delta QC_1^2C_{\mathrm{b}}-QC_1^2C_{\mathrm{b}}-QC_{\mathrm{b}}^2C_1)\,\mathrm{d}C_{\mathrm{g}}(t)}{(C_{\mathrm{b}}C_1+C_1C_{\mathrm{g}}(t)+C_{\mathrm{b}}C_{\mathrm{g}}(t))^2} \tag{4.17}$$

稳态下的电路方程为

$$\frac{Q-Q_{\mathrm{i}}}{C_{\mathrm{g}}}=\frac{Q_{\mathrm{i}}-\Delta Q}{C_{\mathrm{b}}}+\frac{Q_{\mathrm{i}}}{C_1} \tag{4.18}$$

由稳态方程计算得到 Q_{i} 随两个接触面之间间隙变化而变化的方程为

$$Q_{\mathrm{i}}=\frac{QC_{\mathrm{b}}C_1+\Delta QC_1C_{\mathrm{g}}}{C_{\mathrm{b}}C_1+C_1C_{\mathrm{g}}+C_{\mathrm{b}}C_{\mathrm{g}}} \tag{4.19}$$

在一个完整周期内，转移的电荷总量 Q_{t} 由 Q_{i} 的两个极值之间的差值计算得到，即

$$Q_{\mathrm{t}}=2(Q_{\mathrm{imax}}-Q_{\mathrm{imin}})=2\left(Q-\frac{\Delta QC_1}{C_1+C_{\mathrm{b}}}\right) \tag{4.20}$$

综上所述，逸散电荷 ΔQ 的存在会在一定程度上削弱发电机的输出性能。

4.4.3　单电极式摩擦发电机的制备工艺

单电极式摩擦发电机可以在柔性透明基底上通过纳米压印、精密注塑成型等工艺实现规模化制备。图 4.18(a)为透明单电极式摩擦发电机的制备工艺流程。

首先，制备具有微纳复合结构的硅模板。在单面抛光的 4in 硅片(N100)正面通过 LPCVD 生长一层 3000Å 的 SiO_2 薄膜；通过光刻及氢氟酸缓冲腐蚀液的腐蚀对 SiO_2 薄膜进行图形化，开出方块阵列窗口；随后将基片置于浓度为 30%的氢氧化钾溶液中，在温度为 80℃下进行水浴，在硅基底上腐蚀得到倒金字塔形阵列；再用氢氟酸缓冲腐蚀液去除剩余的 SiO_2 薄膜，制备得到具有倒金字塔形结构阵列的硅模板。在硅模板上溅射有一层金属铬薄膜，以降低模板的表面能，从而利于将转印的 PDMS 薄膜从模板上剥离。

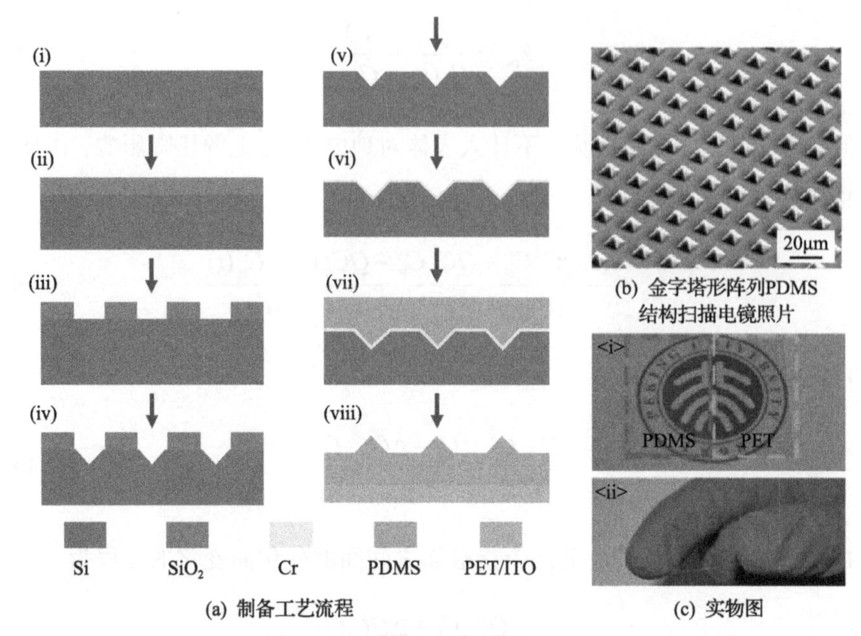

(a) 制备工艺流程　(b) 金字塔形阵列PDMS结构扫描电镜照片　(c) 实物图

图 4.18　透明单电极式摩擦发电机

其次，将硅模板上的微纳复合结构转移到 PDMS 上。将 PDMS 混合液（其中 PDMS 原液和交联剂的质量配比为 10∶1）在真空箱中进行静置以去除残余气泡后，涂覆在 Si 模板上，并使其自然流平；随后将模板放入烘箱中，在 90℃经过 30min 的热处理，使 PDMS 固化，得到具有微纳复合结构的 PDMS 薄膜，如图 4.18(b) 所示。

最后，将固化后的 PDMS 与 PET/ITO 基底压合，从硅模板上剥离，从而制备得到透明的单电极式摩擦发电机。图 4.18(c) 为透明单电极式摩擦发电机的实物图，其具有较高的透明度和良好的柔性。

4.4.4　单电极式摩擦发电机的性能与应用

通过用手指和佩戴含有聚乙烯(polyethylene，PE)手套的手指分别轻敲摩擦介质表面的激励方式对单电极式摩擦发电机进行测试。采用数字示波器（型号为 RIGOL DS1102E，使用的探头阻抗为 100MΩ//4.5pF）进行测量，通过阻值为 10kΩ 的采样电阻来测量发电机的短路电流；通过全波整流桥对电容值为 200nF 的电容器充电，并对半周期内的转移电荷量进行测量。在所有的测试中，发电机的参考电极均与数字示波器探头的接地端连接。

图 4.19 为分别在裸露的手指和佩戴 PE 手套的手指的轻敲激励下具备微米结构 PDMS 摩擦表面的单电极式摩擦发电机的输出电压及短路电流波形图。从图 4.19

中的输出电压波形可以看到，在两种激励下，具备微结构 PDMS 摩擦表面的器件均在接触的过程中产生正向的电压输出，而在分离的过程中产生负向的电压输出；PDMS 薄膜表面展现了得到电子带负电荷的趋势。

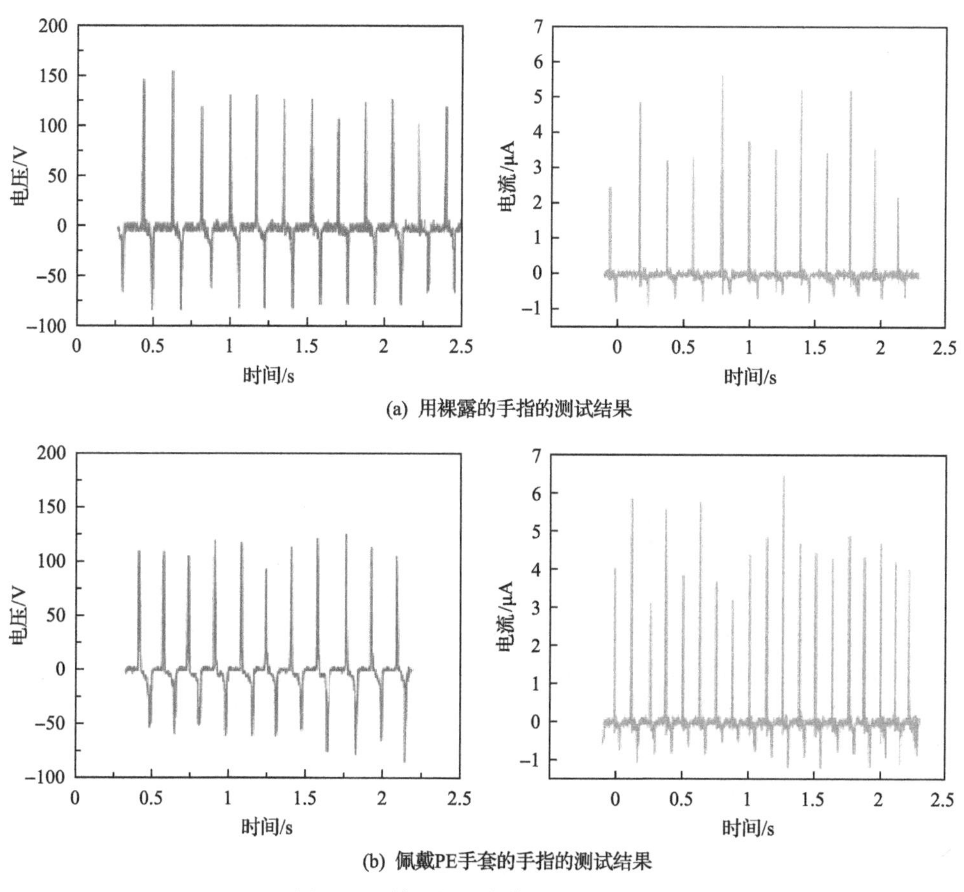

(a) 用裸露的手指的测试结果

(b) 佩戴PE手套的手指的测试结果

图 4.19　单电极式摩擦发电机的输出

相较于以往利用非分离式结构实现的透明摩擦发电器件[15]，这种透明单电极式摩擦发电机实现了输出能量密度上的极大提升，同时也因具有更薄的厚度使器件的透明度得到提升；提高了柔性透明发电器件的实用性，可成为柔性电子和移动设备的潜在能量来源。

4.5　自由滑动式摩擦发电机

除了前述三种摩擦发电机的工作模式，还有一种组合接触分离和横向滑动的称为自由滑动式的摩擦发电机。

1. 自由滑动式摩擦发电机的工作原理

自由滑动式摩擦发电机的工作原理如图 4.20 所示[16]。它主要包含两个电极和一个电介质，其中电极 1 和电极 2 位于同一平面。

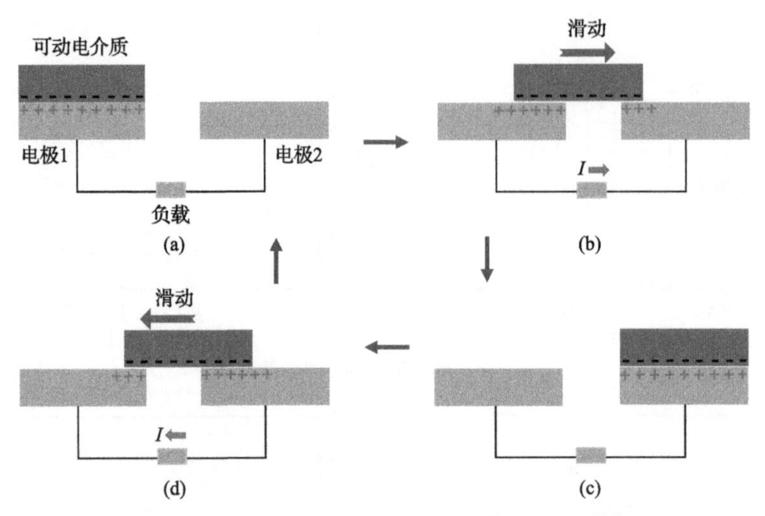

图 4.20　自由滑动式摩擦发电机的工作原理[16]

初始条件下，电介质和两个电极都不带电荷，当电介质移动接近电极 1 时，通过摩擦起电效应在其下表面产生静电荷，而随着电介质的水平移动，静电荷也在移动，进而改变器件周围的场强，使两个电极上的电势产生变化。通过探测电极上电势差的变化，可以探测电介质的移动情况。电介质材料移动导致与两个电极之间的电容值比例的变化，是自由滑动式摩擦式发电机的工作原理。

2. 自由滑动式摩擦发电机的结构设计

可拉伸自由滑动式摩擦发电机由柔性的栅格化金属电极和有特殊三维设计、且具有两个突起的可拉伸弹性体组成，其结构示意图如图 4.21 所示。拉伸之前，把上下两个部分的一端固定，下部具有栅格的柔性电极贴附在衬底上。水平拉伸弹性体的另一端使其在柔性栅格电极上方滑动。每经过一个电极栅格，突起处会

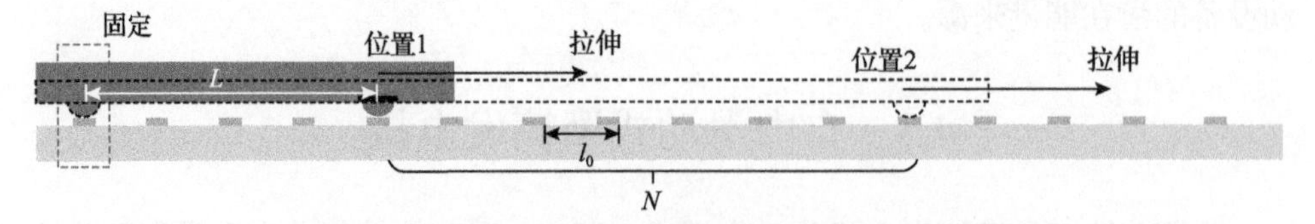

图 4.21　可拉伸自由滑动式摩擦发电机的结构示意图

与电极材料发生接触分离而产生一个周期的摩擦电信号。该摩擦电信号由突起处内部的三维导电网络电极传递到外电路中用来作为传感信号。

3. 自由滑动式摩擦发电机的制备工艺

自由滑动式摩擦发电机的结构示意图和实物图如图 4.22 所示。

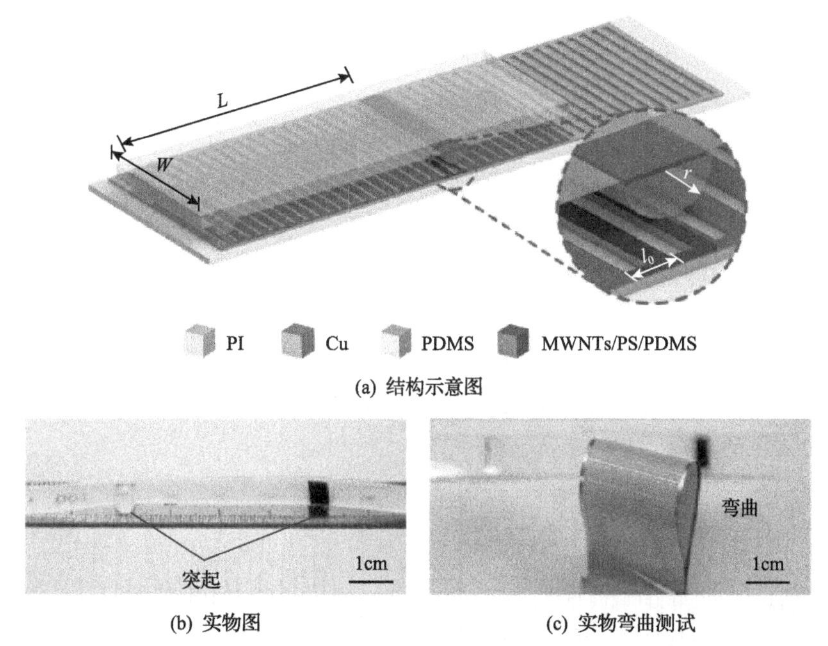

(a) 结构示意图

(b) 实物图　　(c) 实物弯曲测试

图 4.22　自由滑动式摩擦发电机的结构示意图与实物图

首先是下部的柔性栅格电极部分的加工，其是在 PI 薄膜表面生长铜薄膜，再利用氯化铁溶液去除部分铜薄膜而获得的，可以被大程度弯曲而不改变其导电性能。

其次是具有两个突起的可拉伸弹性体的加工，其可拉伸部分的突出结构利用三维打印的铝制磨具倒模获得，这里需要说明的是，MWNTs/PS/PDMS(MWNTs 指多壁碳纳米管，PS 指聚苯乙烯(Polystyrene))三维导电网络是镶嵌在突出结构内部的，如图 4.22(a)中放大图部分所示。具体的加工方法是：首先在母版中凹陷结构(突出结构的反结构)中加入少量的液态 PDMS，加热固化，之后制备 MWNTs/PS/PDMS 三维导电网络，最后在整个母版表面加上液态 PDMS，固化切割后完成可拉伸部分的制备。

自由滑动式摩擦发电机的实物样品如图 4.22(b)所示，从图 4.22(c)可以看出，这种摩擦发电机具有良好的柔性。

4. 自由滑动式摩擦发电机的性能与应用

自由滑动式摩擦发电机的输出与栅格的周期有关，即输出信号具有周期性特征。图 4.23(a)和(b)是在不同拉伸情况下器件的周期性输出信号。

根据几何关系

$$L\varepsilon = Nl_0 \tag{4.21}$$

可以得到

$$\varepsilon = \frac{l_0}{L}N \tag{4.22}$$

式中，L 为可拉伸部分两个突出的间距；ε 为弹性体的拉伸应变；N 为信号的周期数；l_0 为栅格电极的周期长度。

图 4.23(c)就是 ε 与 N 之间的线性变化关系。因而可以通过读取 N 的数值获得拉伸的应变大小。图 4.23(d)为利用拉伸和释放过程中的电信号周期获得移动位置的过程。

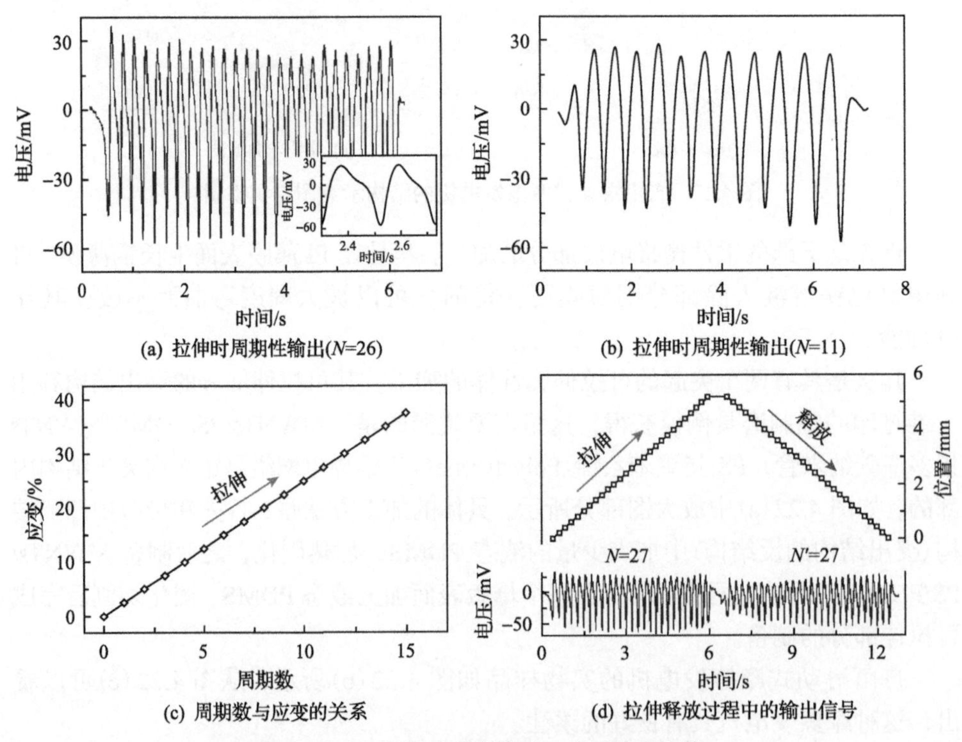

图 4.23　自由滑动式摩擦发电机的输出性能

因此，自由滑动式摩擦发电机的输出与结构设计和外加激励信号有密切的关系，可以用来做高灵敏度的主动传感器。

4.6　无电极式摩擦发电机

无电极式摩擦发电机是针对人体行走的环境条件，以大地为参考电极的一种特殊单电极式摩擦发电机。

4.6.1　以大地为参考电极的工作原理

在行走过程中，脚部产生的能量最大，同时人的鞋底会不停地与地面之间进行摩擦，从而产生静电，采集这些能量不需要任何的外部器件与强加的形变。然而，采用传统的摩擦发电机有着相当大的内阻，一般高达几兆欧姆到几十兆欧姆，根据最简单的人体阻抗模型[17]，人体的电阻通常在 1～2kΩ，这远远小于摩擦发电机的匹配阻抗，所以人体可视为一个良导体，如果将人体通过负载与地电极连接可构成一个单电极式的摩擦发电机，其工作原理可分解成如图 4.24 所示的过程。

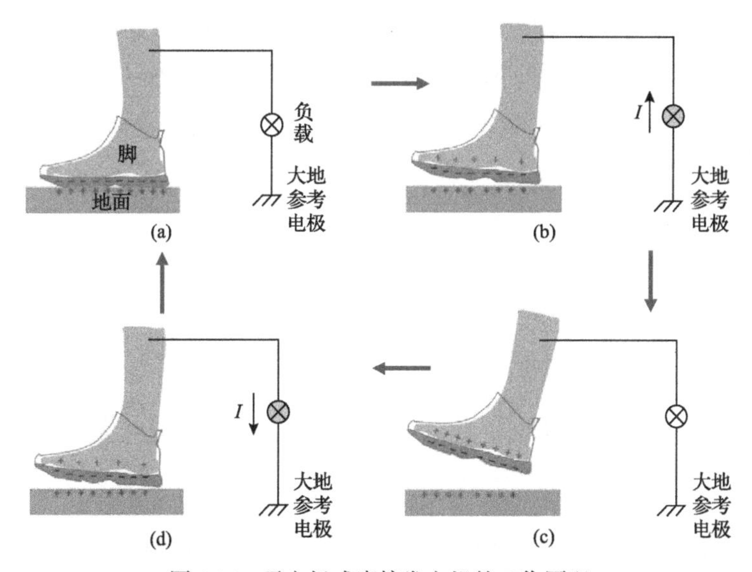

图 4.24　无电极式摩擦发电机的工作原理

当人站在某一处时(见图 4.24(a))，由于人鞋底与地面不是同一种材料，对电荷的束缚能力也会有所差异，两种材料表面会产生电荷的分离，从而在两种材料表面留下等量的异种电荷(如人鞋底对电荷的束缚能力更强，从而带负电荷)。但此时在接触面处，两种电荷紧密接触，故并不会有电场的产生，而地面与人鞋底均为绝缘材料，产生的静电荷也不会迅速流走或被中和。

当人行走时鞋底会慢慢离开地面（见图 4.24(b)），此时由于摩擦带电的两种材料产生了分离，会在其间产生一个内电场，方向大致由人鞋底指向地面，这个电场使人体与地产生相应的电势差，从而驱动外电路的电子由人体定向流向大地，产生一个由大地流向人体的电流。

当脚离地的高度达到最大值时（见图 4.24(c)），此时鞋底与地的内电势在人体产生的电荷也达到最大值。

随后鞋底与地的距离开始逐渐减小（见图 4.24(d)），导致鞋底与地面间的内电势开始逐渐减小，这会在人体与地面形成一个相反的电势差，从而电子从外电路定向流向人体，形成一个与之前电流方向相反的信号峰，而在人行走一步的过程就得到一个交变的电流信号。

因此，当人不断在地面上行走的过程中，就形成了连续的交流电流的输出。

此外，人在其他运动与周围物体接触时也会产生摩擦，与前面介绍的原理类似，这样的摩擦也会产生电荷的转移从而产生电流信号。例如，穿衣服时，衣服与人体摩擦会产生电荷的转移（见图 4.25(a)），从而使人体与地之间产生电势差，电势差可以驱动电子的周期流动形成交变电流。当人坐下或站起时，椅子、沙发会与人的衣服摩擦产生电荷的转移（见图 4.25(b)），同样也可以产生周期的交流电信号。

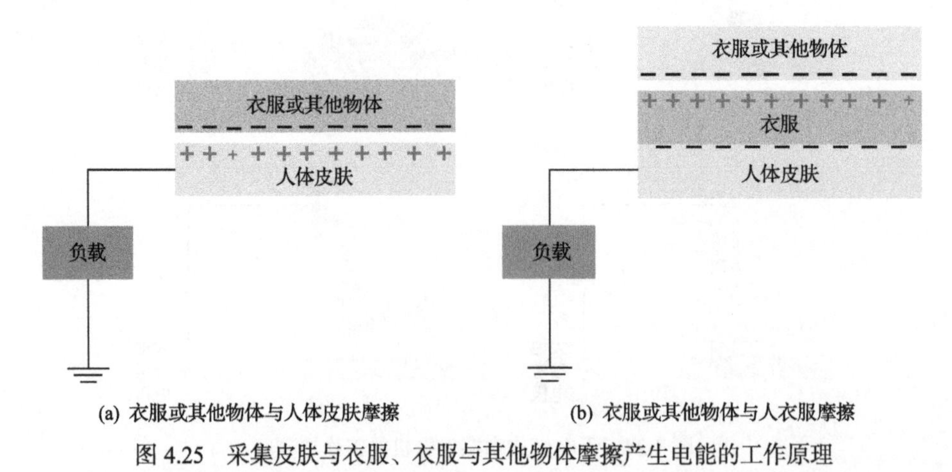

图 4.25　采集皮肤与衣服、衣服与其他物体摩擦产生电能的工作原理

4.6.2　以大地为参考电极的结构设计

根据无电极式摩擦发电机的工作原理，人体通过负载与地电极连接可构成一个

单电极式摩擦发电机，其结构设计如图 4.26 所示。大地可由等效参考电极替代，当人走动时，在地面与鞋底摩擦产生的电荷驱动下，即有电荷在负载往返运动，形成电流，从而完成机械能到电能的转换过程。

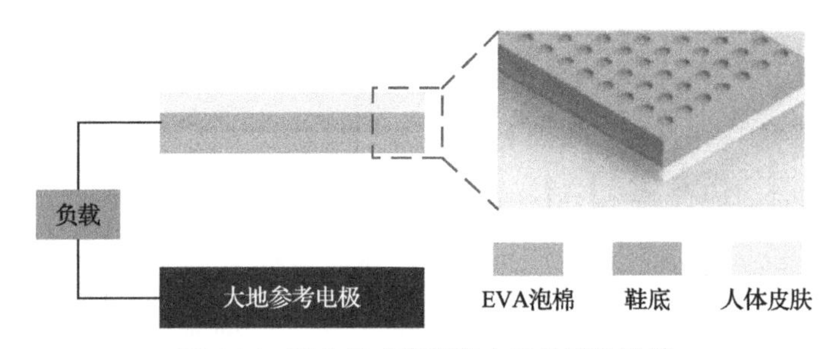

图 4.26　无电极式摩擦发电机的结构设计

EVA. 乙烯-乙酸乙烯共聚物

4.6.3　以大地为参考电极的性能与应用

基于人体运动的摩擦发电机的输出性能测试电路示意图如图 4.27 所示，采用 100MΩ 探头来测量人行走在大理石地面上的输出电压，效果相当于发电机的输出阻抗为 100MΩ，其等效电路如图 4.27(a)所示。而输出电流的测量则通过在人体电极与地电极并联一个 100kΩ 电阻，再用一个普通 1MΩ 探头测量，效果相当于发电机的负载阻抗为 99.9kΩ，其等效电路如图 4.27(b)所示。

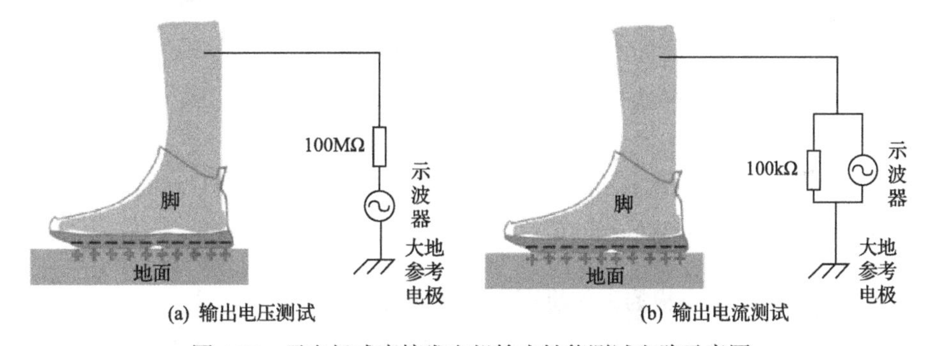

图 4.27　无电极式摩擦发电机输出性能测试电路示意图

图 4.28 为利用上述测试方法所得到的基于人体运动的摩擦发电机的输出信号，其最大输出电压的峰峰值约为 754V，而从单周期输出电压放大图可以看出，其输出电压的脉宽也相对较宽，单周期内有效输出电压时间长达 0.5s。而最大输出电流的平均值约为 12.3μA，电流输出波形脉宽也较宽，单周期内有效输出电流时间接近 0.4s。

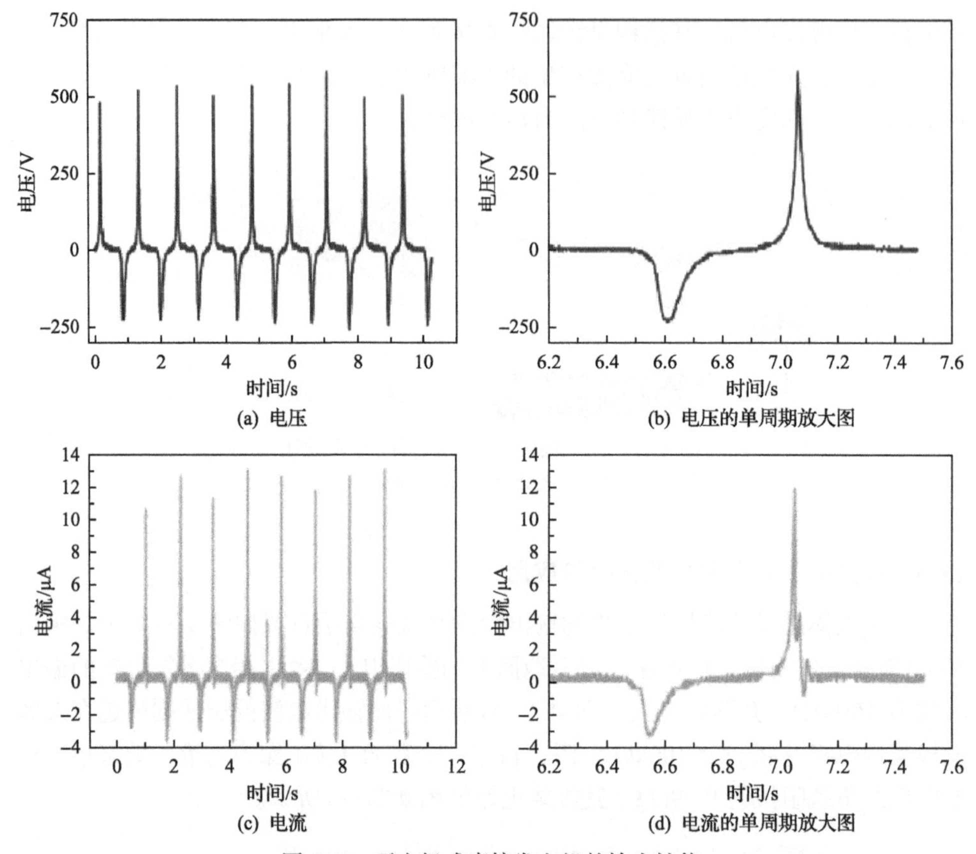

(a) 电压　　(b) 电压的单周期放大图

(c) 电流　　(d) 电流的单周期放大图

图 4.28　无电极式摩擦发电机的输出性能

需要指出的是，虽然这里测试的输出电极贴在人脚上，但以人体作为良导体，实际输出可以从人体的任意部位获得，如手上、胳膊上、腿上，甚至人体内环境。利用这一特性，可以大大提高基于人体运动的摩擦发电机用于对低功耗移动设备、可穿戴设备甚至植入式生物医疗设备提供电能的可能性。

4.6.4　以导体为参考电极的工作机理和结构设计

无电极式摩擦发电机本质上是一种单电极的摩擦发电机，需要与大地相连构成回路，这在实际应用中并不方便。下面介绍一种适用于可移动条件下，用另一个可随身携带导体替代大地作为参考电极，构成无电极式摩擦发电机，其工作原理如图 4.29 所示。

如图 4.29(a)所示，由于摩擦极性的不同，人鞋底与地面分别带上等量异种电荷。在具体测试中，鞋底带负电荷，地面带正电荷。与采用地电极作为参考电极不同，在图 4.29(b)～(d)中，当人脚离开地面时，由于两种电荷的分离，使其对人体产生一个电场。在该电场作用下，电荷产生了分离，在靠近人鞋底的脚底感

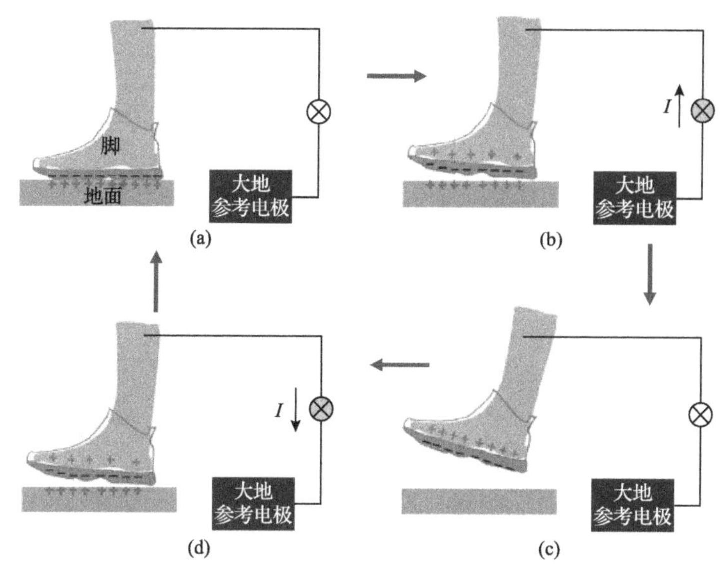

图 4.29　以导体为参考电极的无电极式摩擦发电机的工作原理

应出正电荷，而在其他部位感应出负电荷。这会导致人体电势低于连在人体上导体的电势，形成一个电势差，从而驱动电子从人体定向流向导体，形成一个从导体流向人体的电流信号。而随着人脚达到最高处，两种电荷的距离也达到最大，由此产生的静电场在人体感应出的电荷达到最多。随着人脚的下落，两种电荷的距离开始缩小，由此产生的静电场开始减弱，其在人体上感应出的电荷也开始减少，这会导致人体电势高于导体电势，从而形成一个从人体流向导体的电流信号。

以导体为参考电极的无电极式摩擦发电机的电路模型如图 4.30(a)所示。由于摩擦层(即鞋底材料)的横向尺寸远大于厚度，接触表面可视为无限大平面。由此得到的器件等效电路如图 4.30(b)所示。

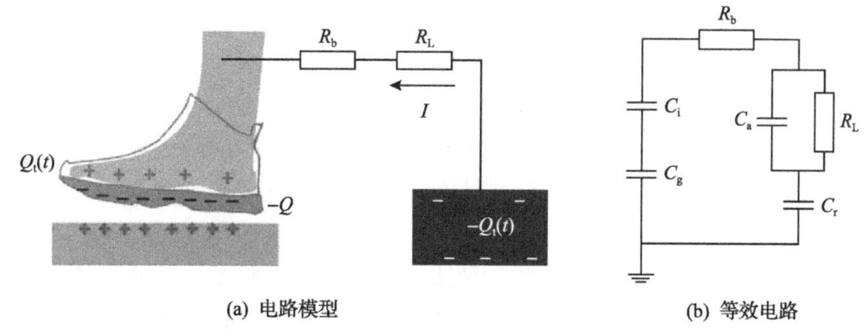

图 4.30　以导体为参考电极的无电极式摩擦发电机的电路模型及等效电路

C_a. 参考电极和人体间的电容；C_g. 摩擦层与地面间的电容；C_i. 人体与摩擦层的电容；C_r. 参考电极和大地间的电容；R_b. 人体电阻；R_L. 负载电阻

根据基尔霍夫定律，电路的瞬态方程为

$$\frac{Q-Q_{\mathrm{t}}(t)}{C_{\mathrm{g}}(t)}=\frac{Q_{\mathrm{t}}(t)}{C_{\mathrm{r}}}+\frac{Q_{\mathrm{t}}(t)}{C_{\mathrm{i}}}+\left(R_{\mathrm{b}}+\frac{R_{\mathrm{L}}}{1+\mathrm{j}\omega C_{\mathrm{a}}R_{\mathrm{L}}}\right)\frac{\mathrm{d}Q_{\mathrm{t}}(t)}{\mathrm{d}t} \tag{4.23}$$

式中，Q 为鞋底摩擦层表面的电荷；$Q_{\mathrm{t}}(t)$ 为电路中转移的电荷量；ω 为电流信号的频率；j 为虚数单位。

当达到静电平衡时，$Q_{\mathrm{t}}(t)$ 将为一个常量，因此在这两个状态下 Q_{t} 定义为

$$Q_{\mathrm{t}}=\frac{QC_{\mathrm{r}}C_{\mathrm{i}}}{C_{\mathrm{r}}C_{\mathrm{i}}+C_{\mathrm{g}}C_{\mathrm{r}}+C_{\mathrm{g}}C_{\mathrm{r}}} \tag{4.24}$$

同时，单周期转移电荷量 Q_{t} 为

$$Q_{\mathrm{t}}=2(Q_{\mathrm{tmax}}-Q_{\mathrm{tmin}})=\frac{2QC_{\mathrm{r}}C_{\mathrm{i}}}{C_{\mathrm{r}}C_{\mathrm{i}}+C_{\mathrm{gmax}}C_{\mathrm{r}}+C_{\mathrm{gmin}}C_{\mathrm{r}}} \tag{4.25}$$

式中，C_{gmax} 和 C_{gmin} 分别为摩擦层与地面间最大和最小电容；Q_{tmax} 和 Q_{tmin} 分别为最大和最小单周期电荷转移量。

由此得到，当其他参数固定时，Q_{t} 正比于 C_{r}。由于 Q_{t} 是电流的积分，因此该器件的输出性能也会随着 C_{r} 的增加而增加。地电极相比参考电极可视为无限大，参考电极与地之间的距离可以忽略不计，因此 C_{r} 主要参考电极的尺寸及形状影响，一个大的导体会拥有较大的 C_{r}，从而无电极式摩擦发电机获得更好的输出性能。

4.6.5　以导体为参考电极的性能与应用

以导体为参考电极的核心是参考电极的选取及如何排除地电极对测试的干扰。在以地电极为参考电极的结构中，DSO-X 2014A 示波器被用作测试设备。而这种示波器内部与大地相连，无法用来测试使用导体做参考电极的输出。所以，改用一台 Siglent Shs800 手持隔离示波器来测试导体为参考电极时的输出性能，这种示波器通过锂电池供电，本身不与大地相连，可以起到隔离大地电极的作用，直接与该示波器相连的方式无其他导体存在，称为悬浮的参考电极。参考电极的选取及测试示意图如图 4.31 所示。

使用导体做参考电极的核心在于导体与人体形成电势差，因此导体的作用类似于一个电荷泵——在静电场作用下驱动电荷在人体与导体间流动。为验证理论推导结果，选取了三个不同尺寸的导体，即隔离示波器本身、一个 210 匝线圈和另一个人来作为参考电极，分别称为悬浮、线圈和人体。

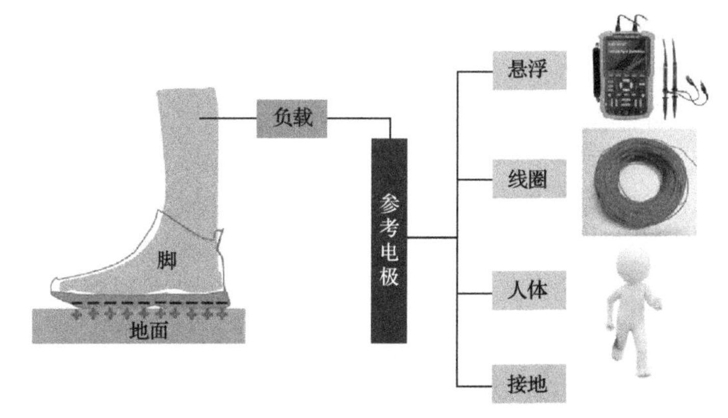

图 4.31　参考电极的选取及测试示意图

以线圈作为参考电极为例测试了器件的输出性能。当人在地板上走动时，其输出性能如图 4.32 所示。可以看出，其输出电压的峰值稳定在 250V 左右，输出电流的峰值在 3.4μA 左右，单步走动引起外电路转移的电荷量约为 145nC。

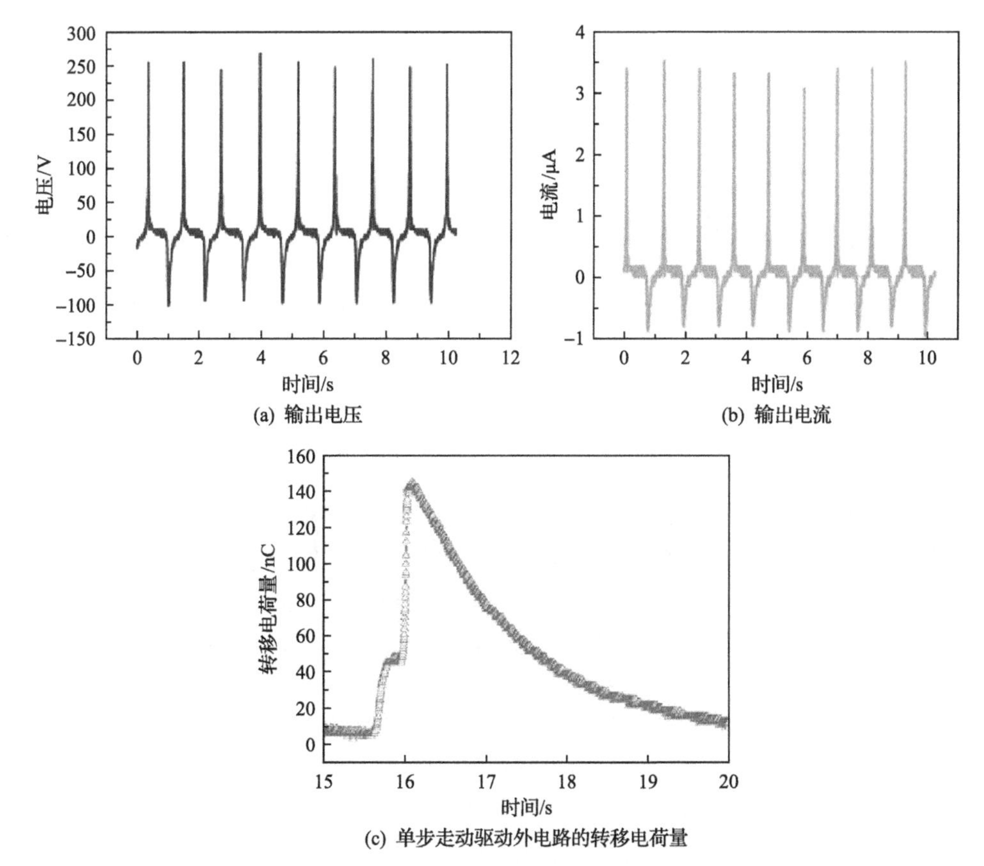

图 4.32　以线圈为参考电极的无电极式摩擦发电机的输出性能

此外还对三种导体与大地为参考电极无电极式摩擦发电机的输出性能做了多次测试，并对其输出性能进行了对比，如图 4.33 所示。可以看出，当参考电极为悬浮、线圈、人体和接地时，其输出电压的峰值分别约为 229V、254V、666V 和 810V，而电流也随着三种导体尺寸的增加而增加，单步行走与多步行走取平均值驱动外电路转移的电荷量也呈现了比较一致的趋势。值得注意的是，当以人体作为参考电极时，其输出已经可以与大地做电极时相比拟。而另外两个导体作为参考电极时相比直接以大地为参考电极虽然其输出还较小，但已经比较可观。

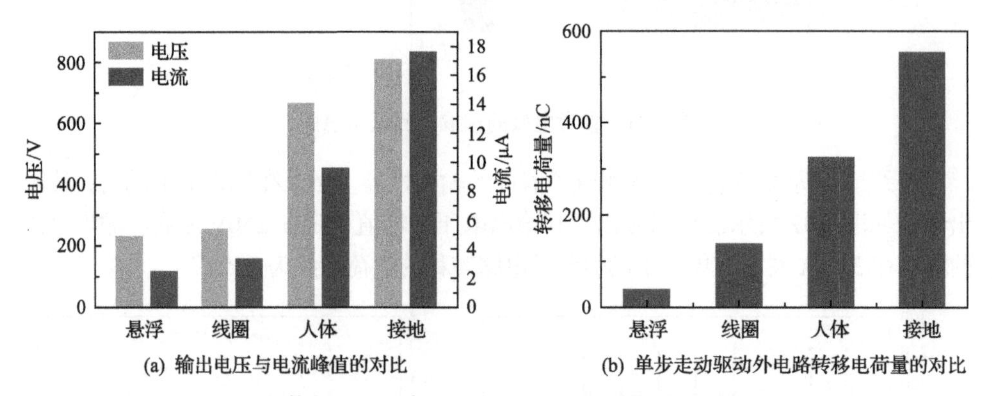

(a) 输出电压与电流峰值的对比　　(b) 单步走动驱动外电路转移电荷量的对比

图 4.33　以三种导体与大地为参考电极的无电极式摩擦发电机的输出性能对比

4.7　摩擦发电机的性能优化

提升摩擦发电机的输出性能是决定其能否大规模应用的关键性问题，下面将从增加表面接触面积、改变表面材料得失电子的能力、提升表面电荷密度三个方面介绍近年来在提高摩擦发电机输出性能方面的研究工作。

4.7.1　增加表面接触面积

在摩擦材料表面加工出微纳结构是增加表面接触面积从而提高摩擦发电机输出性能的常用方法[15,18-26]，但微结构在提升摩擦发电机输出中起到的作用，以及如何评价和设计适合摩擦发电机的微结构值得重点关注研究。

2013 年，Zhang 等[24]提出摩擦发电机的输出性能与表面粗糙度相关，并详细对比了基于多种不同微纳结构的摩擦发电机的输出性能，如图 4.34(a)所示。通过对比得出：带有金字塔的微纳米复合结构的摩擦发电机输出性能最好，其输出电压和电流相比平面 PDMS 薄膜分别提升了 100%和 157%；其次是只有金字塔的结构，而沟槽状结构相比金字塔结构性能更差一些。带有沟槽和纳米尺度的多尺度结构材料相比平面 PDMS 薄膜的输出电压和电流分别提升了 61.4%和 118%，意味着带有金字塔结构的摩擦发电机能够获得更高的表面电荷密度。与之相比，仅有纳米尺度结构增强效果相对不明显，因此他们认为微米尺度结构对发电机性能提升更加明显。

2015 年，Chun 等[18]提出了一种薄膜覆盖的微柱结构，并将其用于提升摩擦发电机的输出性能。如图 4.34(b)所示，通过对比平面 PDMS 薄膜、表面带有微柱阵列 PDMS 薄膜和 PDMS 薄膜覆盖微柱阵列薄膜在与玻璃接触时的表面积，发现平面 PDMS 有效接触面积最小，与平面玻璃衬底仅有 18.7%的面积接触，带有微柱阵列的 PDMS 薄膜的有效接触面积为 45.4%，而覆盖微柱阵列薄膜的有效接触面积高达 71.3%。他们进一步测试了三种材料的表面黏附能，发现 PDMS 薄膜覆盖微柱阵列薄膜的黏附能最大而且其输出性能相比前两者均明显提高，输出电压为 22.2V，电流密度为 15.5μA/cm^2，峰值功率密度为 344μW/cm^2。

2017 年，Lee 等[19]研究了外界压力变化对摩擦发电机输出性能的影响，如图 4.34(c)所示。研究结果表明，表面带有微纳结构的薄膜在外力作用下，微纳结构的形变程度对摩擦发电机的输出性能有直接影响。虽然微纳结构能够带来表面积的增加，但只有当所提供的接触压力大于一定的阈值，达到完全接触的条件，才能使表面的微纳结构带来的表面积放大对摩擦发电机输出有增强效果。在试验

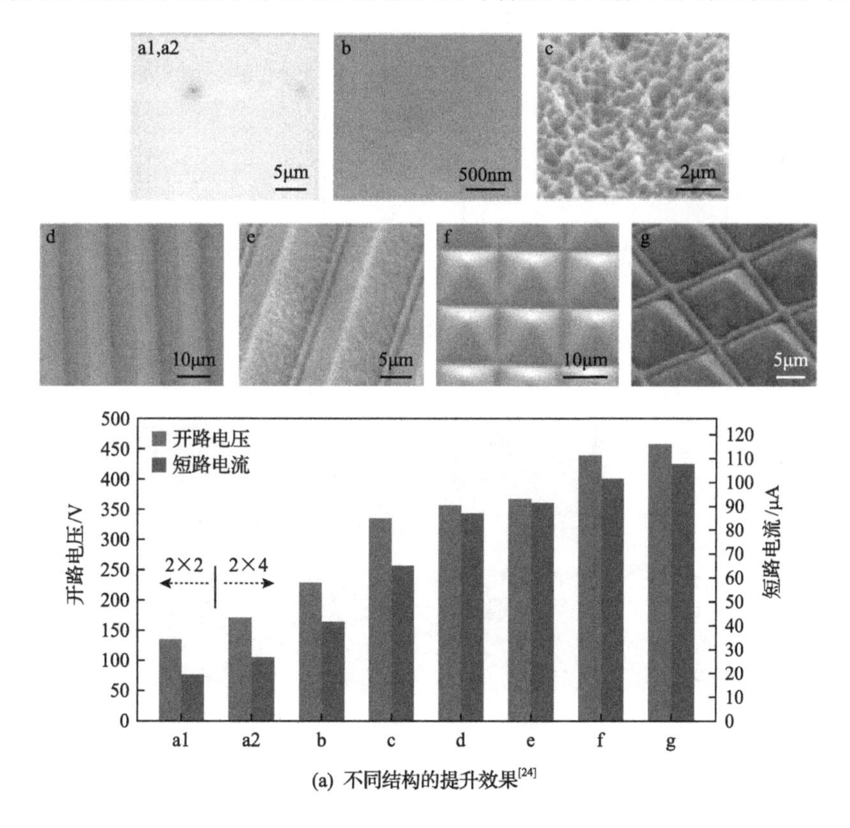

(a) 不同结构的提升效果[24]

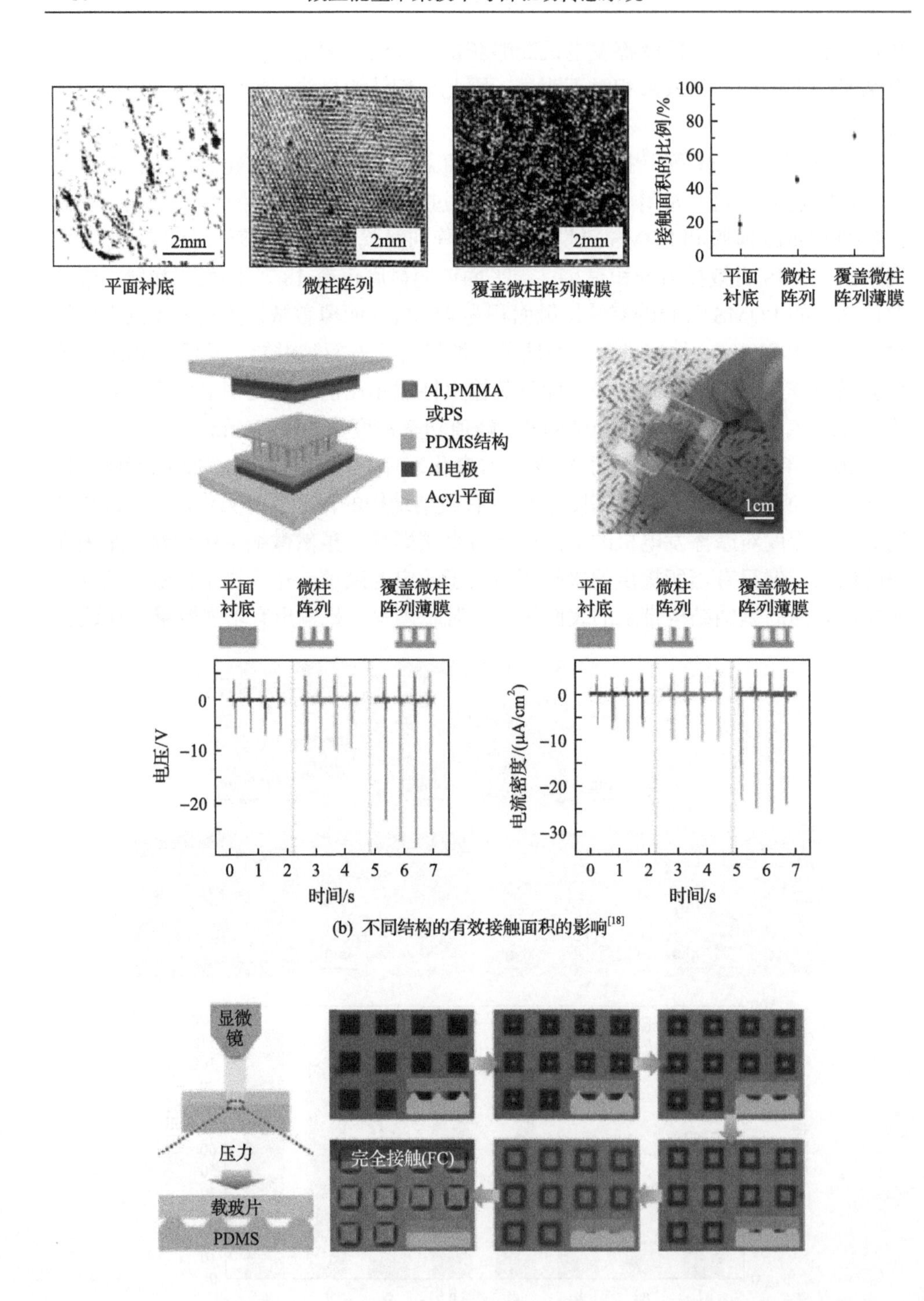

(b) 不同结构的有效接触面积的影响[18]

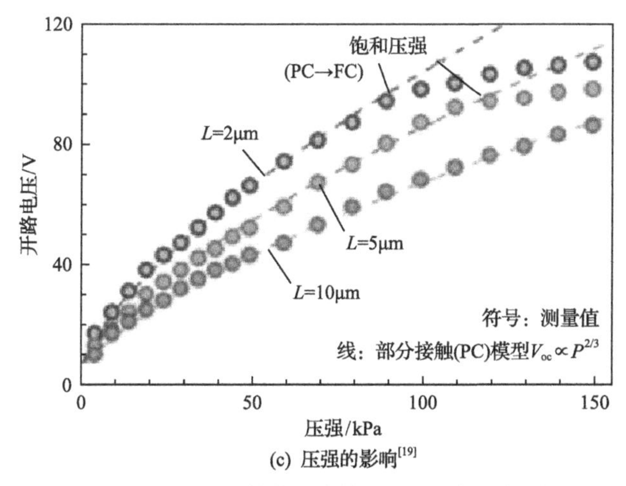

(c) 压强的影响[19]

图 4.34　表面微结构对摩擦发电机性能的提升

中不同尺寸的金字塔结构的输出电压均随所施加压力的增加而升高。对于特定结构，在压力大到足以让金字塔结构完全形变至完全接触时，输出电压达到饱和值，之后输出性能不再提升。对于不同尺寸结构，在同一压力下，尺寸越小的结构输出电压越高，饱和压力越小。

由此可见，表面微结构虽然可以增加表面粗糙度，从而增大表面积，但摩擦发电机的输出性能并不与材料的总面积相关，而是与特定压力作用下的实际有效接触面积相关。因此，根据使用环境，设计在特定压力下能够获得足够有效接触面积的微观结构，成为提高摩擦发电机输出性能的关键因素之一。

4.7.2　改变表面材料得失电子的能力

对现有材料进行改性，在现有材料表面淀积新的得失电子能力更强的材料，是另一种常用的提升摩擦发电机输出性能的方法[27-31]。

Zhang 等[32]提出一种基于单步氟碳等离子处理摩擦材料表面提升摩擦发电机输出性能的方法，如图 4.35(a)所示。通过电感耦合等离子体设备，使用 C_4F_8 气体对带有微纳米多层次结构的 PDMS 薄膜进行处理，从而在 PDMS 薄膜表面淀积氟碳聚合物。同时还对比了不同处理周期对摩擦发电机输出的影响，摩擦发电机的输出电压从 0 个周期到 8 个周期呈现增长趋势，8 个周期处理的器件输出电压为 265V。而更多的处理周期会导致摩擦发电机的输出性能下降，究其原因，是因为长时间的氟碳聚合物的淀积使得表面变得平滑，导致得失电子能力降低，从而引起性能下降。为解释氟碳聚合物淀积对摩擦发电机性能提升的原因，采用密度泛函理论计算了 PDMS 和氟碳聚合物的电离能，计算结果是 PDMS 和氟碳聚合物的电离能分别为 8.98eV 和 12.31eV。较高的电离能使氟碳聚合物有更强的电子束缚能力，从而对应更高的输出性能。

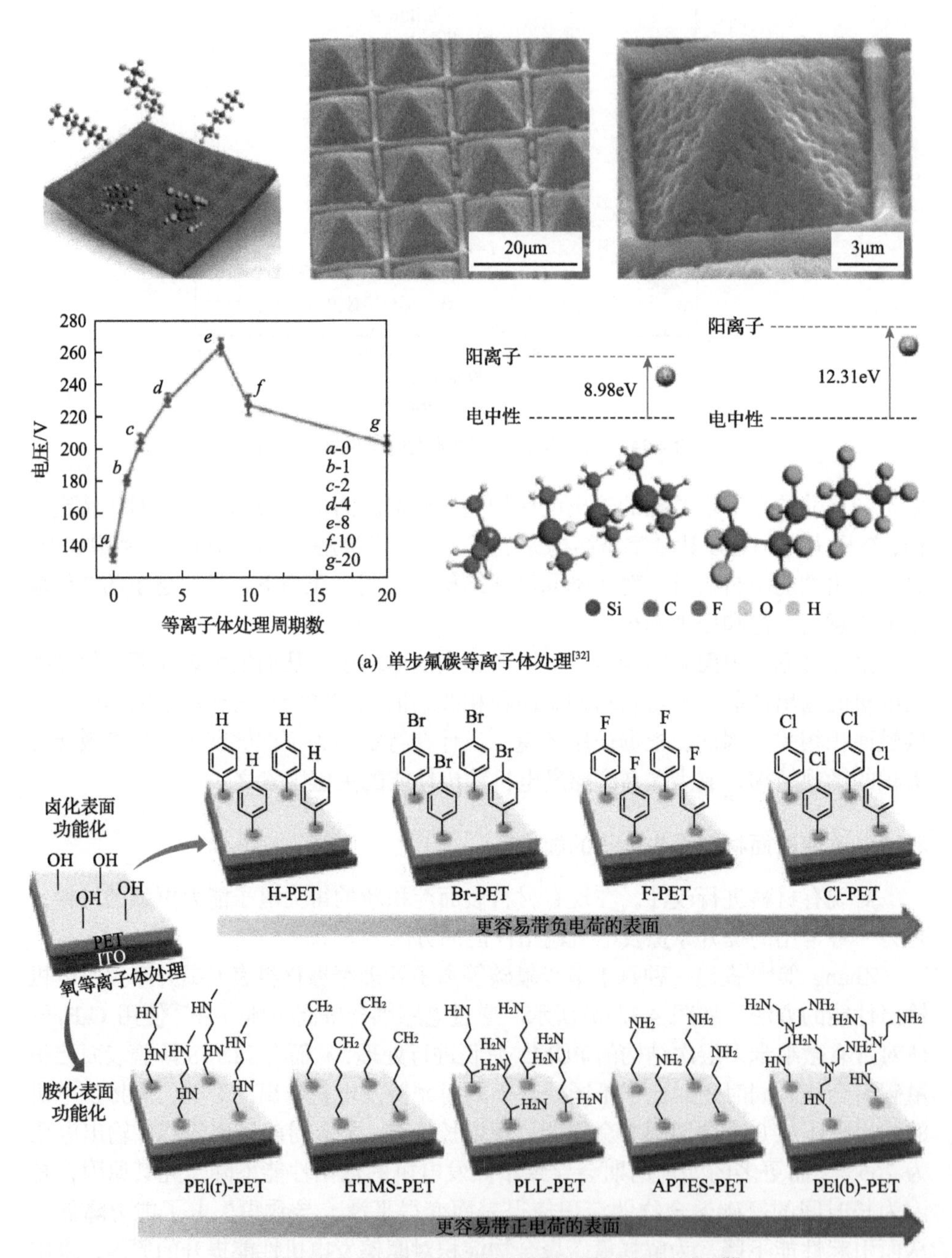

(a) 单步氟碳等离子体处理[32]

(b) 通过表面极化改变同种摩擦材料在摩擦序列的位置的示意图[33]

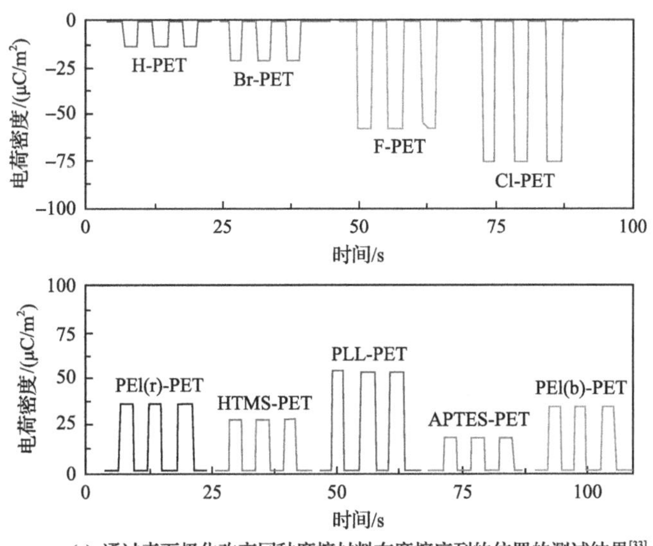

(c) 通过表面极化改变同种摩擦材料在摩擦序列的位置的测试结果[33]

图 4.35　材料淀积对摩擦发电机性能的提升

2017 年，Shin 等[33]提出通过表面极化改变同种摩擦材料在摩擦序列的位置的方法，如图 4.35(b)、(c)所示。他们选择 PET 为统一的摩擦材料，首先使用氧等离子体处理，使其带亲水—OH 键；然后使用卤素元素对其进行了芳基硅烷功能化，以增强其带电子的能力，从而在摩擦接触时，使其容易带负电。对应地，使用几个胺化分子使其表面容易失去电子，从而在摩擦接触时，使其容易带正电。而通过改变处理时采用的卤素元素种类或氨基种类，可以实现对其输出能力的调控。以卤素元素为例，从 H 到 Cl，带电能力依次增强。通过选择不同的氨基键，也可改变其带正电的能力。测得的材料表面能与其易得失电子顺序一致，表面能最低为氯化 PET，其表面能为–102mV。从测得的输出性能来看，氯化 PET 的摩擦发电机表面密度最高，为 76C/m^2。

材料淀积可从本质上改变接触表面的性质，使其得失电子能力变得更强，从而达到更高的表面电荷密度，它是提升摩擦发电机输出性能的主要方法。另外，也可将某一种材料进行改性，利用单一材料构成摩擦发电机。

4.7.3　提升表面电荷密度

近年来研究者采用多种方法来提升摩擦发电机的表面电荷密度。

2014 年，Wang 等[34]研发出向摩擦表面注入离子电荷以提升表面电荷密度的方法，如图 4.36(a)所示。

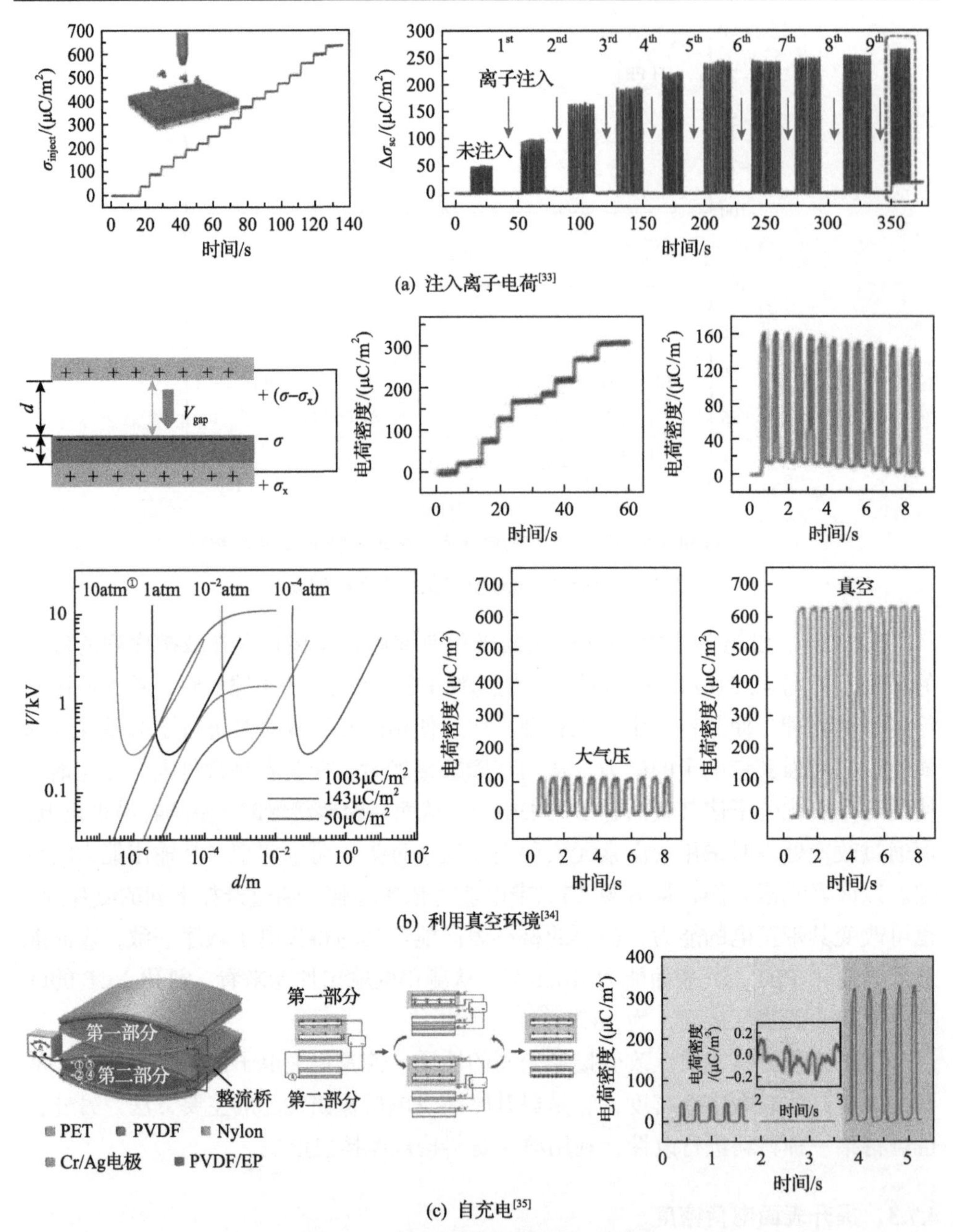

(a) 注入离子电荷[33]

(b) 利用真空环境[34]

(c) 自充电[35]

图 4.36　提高表面电荷密度的方法

他们使用一个离子电离枪电离空气，并向材料表面注入离子电荷，通过控制注入离子的次数，可直接控制摩擦材料的表面电荷密度，最终使其达到理想状态。

① $1atm=1.013\times10^5Pa$。

未注入时，摩擦发电机的表面电荷密度仅为 50μC/m^2 左右，这代表使用氟化乙烯丙烯共聚物(Fluorinated ethylene propylene，FEP)作为摩擦材料的标准表面电荷密度。通过注入离子电荷，其表面电荷密度逐渐增加，在 9 次注入后达到饱和值，最大表面电荷密度达到 240μC/m^2。他们分析认为，表面电荷密度达到饱和的原因是特定厚度的聚合物材料在表面电荷密度达到一定值后会发生空气击穿，对于使用的厚度为 50μm 的聚全氟乙丙烯材料，其在标准大气压下最大理论电荷密度为 241.05μC/m^2，与其试验结果比较接近。注入的电荷在注入初期随着时间的增长会有所衰减，随后逐渐稳定，160 天后测到的表面电荷密度仍然维持在 200μC/m^2 左右。

2017 年，Wang 等[35]王中林又提出一种在真空下达到高表面电荷密度的方法，如图 4.36(b)所示。他们分析了限制摩擦发电机在空气中表面电荷密度的原因，为避免空气击穿，摩擦发电机的电压需要小于空气击穿电压，通过降低空气气压则可使空气击穿电压增高，从而可以达到更高的表面电荷密度。将摩擦发电机置于真空环境中，其表面电荷密度从 120μC/m^2 提高到 660μC/m^2，同时输出电压从 20V 提高到 100V，最大输出功率密度从 0.75W/m^2 提高到 16W/m^2。进一步，他们在摩擦材料和底部电极间加入一层铁电材料，利用铁电材料置于电场后的残余电极化现象，当摩擦发电机表面电荷和底部电极形成电场时，在铁电材料中引起的残余极化，再次提高摩擦发电机的表面电荷密度到 1003μC/m^2。上述工作有效提高了摩擦发电机表面电荷密度，但真空的工作环境限制了其实用价值。

2018 年，Cheng 等[36]提出一种自充电的方法，用于提升摩擦发电机表面电荷密度，如图 4.36(c)所示。由于空气击穿的存在，基于摩擦发电机的现有结构很难在空气中达到很高的表面电荷密度，他们将摩擦发电机的输出单元改为两个电容耦合的方式。输出单元上下层分别包括两层电极，上下两层电极之间通过 PVDF 薄膜进行隔离，两层电极的最内侧电极表面同样采用 PVDF 薄膜进行保护。然后使用一个常规摩擦发电机通过整流桥对该输出单元的内部电极充电，此时内部电极构成一个平板电容，由于表面有 PVDF 薄膜的保护，等效于提高了平板电容间的相对介电常数，因此达到空气击穿所需电压大大提高，使得内部电极能够存储的电荷密度明显增加。使用该方法，他们获得了最高 490μC/m^2 的表面电荷密度。

综上所述，现有提高摩擦发电机表面电荷密度的方法主要有三种：

(1)在摩擦发电机的表面加工微纳结构提高其实际接触面积。

(2)在摩擦发电机的表面淀积得失电子能力强的材料提升摩擦发电机对电荷的束缚能力。

(3)改变摩擦发电机的工作环境或者结构使其不受空气击穿的限制。改变摩擦发电机的工作环境的方法将工作环境要求变得更加苛刻，限制其实用价值。改变摩擦发电机的结构的方法则使其基本结构变得异常复杂，失去了摩擦发电机结构简单的优势。

表面加工微纳结构和淀积材料的方法从本质上改变了摩擦发电机在接触分离过程中能够获取的最大表面电荷密度。

4.8 本章小结

本章详细阐述了摩擦发电机的工作原理，从工作流程、结构设计、制备工艺、性能测试和应用实例等方面介绍了接触分离式、滑动式、单电极式、自由滑动式四种常见的摩擦发电机工作模式，又特别介绍了针对人体运动能量采集的无电极式摩擦发电机，以及在表面加工微纳结构增加表面接触面积、改变表面材料得失电子的能力强的材料提升摩擦发电机对电荷的束缚能力以及提升表面电荷密度等三种提高摩擦发电机性能的方法。

参考文献

[1] Wang S, Lin L, Wang Z L. Nanoscale triboelectric-effect-enabled energy conversion for sustainably powering portable electronics. Nano Letters, 2012, 12(12): 6339-6346.

[2] Diaz A F, Felix-Navarro R M. A semi-quantitative tribo-electric series for polymeric materials: The influence of chemical structure and properties. Journal of Electrostatics, 2004, 62(4): 277-290.

[3] Fan F R, Tian Z Q, Wang Z L. Flexible triboelectric generator. Nano Energy, 2012, 1(2): 328-334.

[4] van Lenthe E, Baerends E J. Optimized slater-type basis sets for the elements 1-118. Journal of Computational Chemistry, 2003, 24(9): 1142-1156.

[5] Niu S, Wang S, Lin L, et al. Theoretical study of contact-mode triboelectric nanogenerators as an effective power source. Energy & Environmental Science, 2013, 6(12): 3576-3583.

[6] Niu S, Liu Y, Wang S, et al. Theory of sliding-mode triboelectric nanogenerators. Advanced Materials, 2013, 25(43): 6184-6193.

[7] Wang Z L. Triboelectric nanogenerators as new energy technology for self-powered systems and as active mechanical and chemical sensors. ACS Nano, 2013, 7(11): 9533-9557.

[8] Zhang C, Tang W, Han C, et al. Theoretical comparison, equivalent transformation, and conjunction operations of electromagnetic induction generator and triboelectric nanogenerator for harvesting mechanical energy. Advanced Materials, 2014, 26(22): 3580-3591.

[9] Zhong J, Zhong Q, Fan F, et al. Finger typing driven triboelectric nanogenerator and its use for instantaneously lighting up LEDs. Nano Energy, 2013, 2(4): 491-497.

[10] Lenthe E, Baerends E J, Snijders J G. Relativistic regular two-component Hamiltonians. The Journal of Chemical Physics, 1993, 99(6): 4597-4610.

[11] Lee C, Yang W, Parr R G. Development of the Colle-Salvetti correlation-energy formula into a functional of the electron density. Physical Review B, 1988, 37(2): 785.

[12] Kuptsov A H, Zhizhin G N. Handbook of Fourier Transform Raman and Infrared Spectra of Polymers. Amsterdam: Elsevier, 1998.

[13] Meng B, Tang W, Too Z H, Zhang X H, et al. A transparent single-friction-surface triboelectric generator and self-powered touch sensor. Energy & Environmental Science, 2013, 6(11), 3235-3240.

[14] Kelly M A, Servais G E, Pfaffenbach T V. An investigation of human body electrostatic discharge //The 19th International Symposium for Testing and Failure Analysis, Los Angeles, 1993: 167.

[15] Fan F R, Lin L, Zhu G, et al. Transparent triboelectric nanogenerators and self-powered pressure sensors based on micropatterned plastic films. Nano Letters, 2012, 12(6): 3109-3114.

[16] Niu S, Liu Y, Chen X, et al. Theory of freestanding triboelectric-layer-based nanogenerators. Nano Energy, 2015, 12: 760-774.

[17] Coermann R R. The mechanical impedance of the human body in sitting and standing position at low frequencies. Human Factors, 1962, 4(5): 227-253.

[18] Chun J, Kim J W, Jung W S, et al. Mesoporous pores impregnated with Au nanoparticles as effective dielectrics for enhancing triboelectric nanogenerator performance in harsh environments. Energy & Environmental Science, 2015, 8(10): 3006-3012.

[19] Lee J H, Yu I, Hyun S, et al. Remarkable increase in triboelectrification by enhancing the conformable contact and adhesion energy with a film-covered pillar structure. Nano Energy, 2017, 34: 233-241.

[20] Lee K Y, Chun J, Lee J H, et al. Hydrophobic sponge structure-based triboelectric nanogenerator. Advanced Materials, 2014, 26(29): 5037-5042.

[21] Seol M L, Lee S H, Han J W, et al. Impact of contact pressure on output voltage of triboelectric nanogenerator based on deformation of interfacial structures. Nano Energy, 2015, 17: 63-71.

[22] Seol M L, Woo J H, Lee D I, et al. Nature-replicated nano-in-micro structures for triboelectric energy harvesting. Small, 2014, 10(19): 3887-3894.

[23] Zhang X S, Han M D, Meng B, et al. High performance triboelectric nanogenerators based on large-scale mass-fabrication technologies. Nano Energy, 2015, 11: 304-322.

[24] Zhang X S, Han M D, Wang R X, et al. Frequency-multiplication high-output triboelectric nanogenerator for sustainably powering biomedical microsystems. Nano Letters, 2013, 13(3): 1168-1172.

[25] Zhao L, Zheng Q, Ouyang H, et al. A size-unlimited surface microstructure modification method for achieving high performance triboelectric nanogenerator. Nano Energy, 2016, 28: 172-178.

[26] Zhu G, Peng B, Chen J, et al. Triboelectric nanogenerators as a new energy technology: From fundamentals, devices, to applications. Nano Energy, 2015, 14: 126-138.

[27] Cheng X, Meng B, Chen X, et al. Single-step fluorocarbon plasma treatment-induced wrinkle structure for high-performance triboelectric nanogenerator. Small, 2016, 12(2): 229-236.

[28] Feng Y, Zheng Y, Ma S, et al. High output polypropylene nanowire array triboelectric nanogenerator through surface structural control and chemical modification. Nano Energy, 2016, 19: 48-57.

[29] Li H Y, Su L, Kuang S Y, et al. Significant enhancement of triboelectric charge density by fluorinated surface modification in nanoscale for converting mechanical energy. Advanced Functional Materials, 2015, 25(35): 5691-5697.

[30] Lin Z H, Xie Y, Yang Y, et al. Enhanced triboelectric nanogenerators and triboelectric nanosensor using chemically modified TiO_2 nanomaterials. ACS Nano, 2013, 7(5): 4554-4560.

[31] Yu Y, Wang X. Chemical modification of polymer surfaces for advanced triboelectric nanogenerator development. Extreme Mechanics Letters, 2016, 9: 514-530.

[32] Zhang X S, Han M D, Wang R X, et al. High-performance triboelectric nanogenerator with enhanced energy density based on single-step fluorocarbon plasma treatment. Nano Energy, 2014, 4: 123-131.

[33] Shin S H, Bae Y E, Moon H K, et al. Formation of triboelectric series via atomic-level surface functionalization for triboelectric energy harvesting. ACS Nano, 2017, 11(6): 6131-6138.

[34] Wang S, Xie Y, Niu S, et al. Maximum surface charge density for triboelectric nanogenerators achieved by ionized-air injection: Methodology and theoretical understanding. Advanced Materials, 2014, 26(39): 6720-6728.

[35] Wang J, Wu C, Dai Y, et al. Achieving ultrahigh triboelectric charge density for efficient energy harvesting. Nature Communications, 2017, 8(1): 88.

[36] Cheng L, Xu Q, Zheng Y, et al. A self-improving triboelectric nanogenerator with improved charge density and increased charge accumulation speed. Nature Communications, 2018, 9(1): 3773.

第5章　三维能量采集器

三维微纳结构广泛存在于自然界中，并且具有非常优异的特性，如花瓣表面的三维微纳结构使其表面具有疏水性但仍能束缚住液滴不从花瓣表面脱落[1]，壁虎脚部的三维微纳结构有助于增强其与接触面的黏附性[2]。受到自然界中三维微纳结构的启发，许多性能优异的器件也相继问世，三维能量采集器也是其中的研究热点之一。本章重点介绍如何将前述的能量采集器由二维平面结构扩展到三维立体结构，提升输出性能的同时也拓宽其适用范围。

5.1　三维结构的加工技术及应用

5.1.1　三维结构的加工技术

目前已经开发出多种加工三维微纳结构的技术，应用较多的包括三维打印技术[3-5]、应力控制的三维组装技术[6,7]以及三维屈曲技术[8-10]等。

1. 三维打印技术

三维打印技术可以分为基于喷头的三维打印技术[11]和基于光的三维打印技术[12]。

基于喷头的三维打印技术采用具有不同成分的墨水，使用机械手段控制喷头在不同时间的位置，通过逐层堆叠的方式，实现对聚合物、金属、水凝胶、磁性材料、复合材料、功能材料等多种材料的三维加工。在打印过程中，甚至可以通过更换材料的组成来实现四维打印[11]，例如，在打印过程中改变水凝胶复合材料中纤维素中纤维的原取向，从而改变所打印结构的弹性和溶胀等特性，由此制备的结构浸没在水中时可以产生可控的形变，实现仿生的效果，典型的结构如图 5.1(a)所示。

基于光的三维打印技术通过双光子或多光子使特定的聚合物在被光照射的区域交联，以实现三维结构的制备。常用的技术包括双光子光刻[12]和投影微立体光刻[13]等技术。图 5.1(b)为采用双光子光刻和原子层沉积工艺所制备的纳米氧化铝空心管点阵结构[14]。与基于喷头的三维打印技术相比，这种光控的打印技术可以制备更复杂和更精细的三维结构，但所制备的材料种类受到一定的限制。

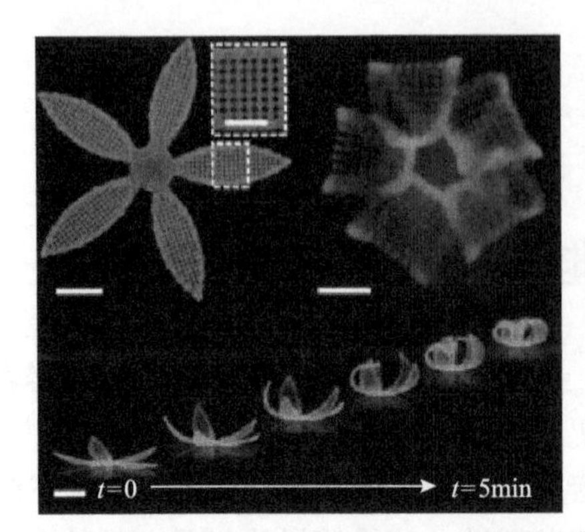

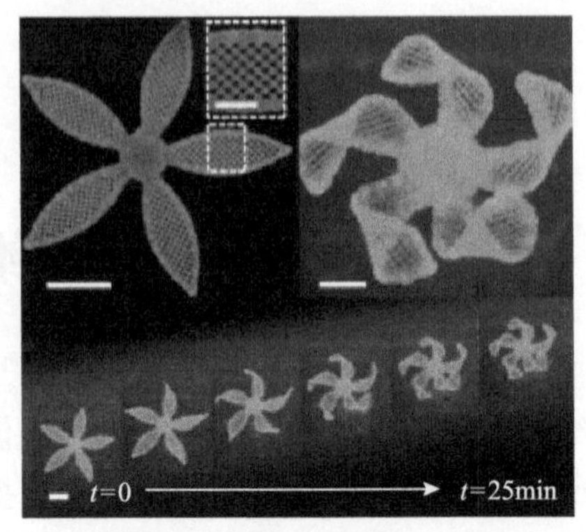

(a) 基于喷头的三维打印样品

(b) 基于光的三维打印样品[14]

图 5.1　三维打印技术

2. 三维组装技术

三维组装技术是指通过应力的控制将传统微纳米加工技术制备的二维平面结构折叠为三维形状。控制应力的方法有很多种，其中利用材料特性差异合成特殊的复合材料使其在外部条件发生改变时产生应变是一种非常简便易行的方法。图 5.2 为采用这种不同外界条件控制复合材料的方法制备的三维结构。

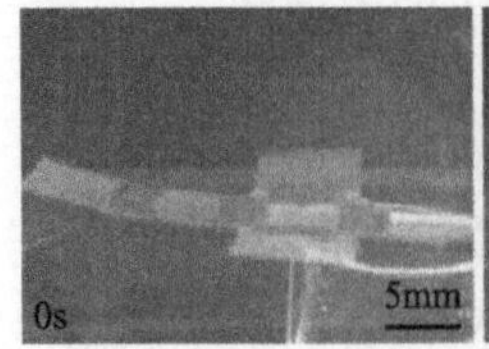

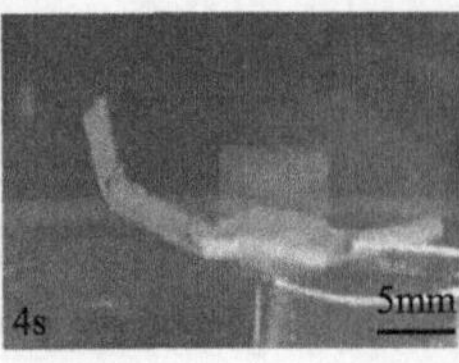

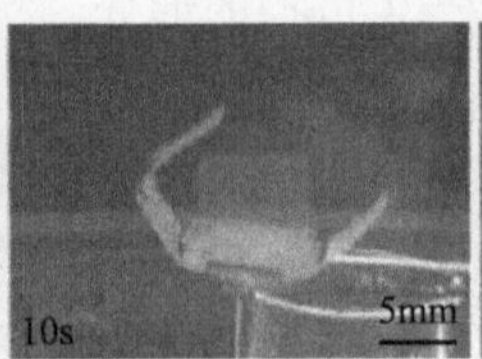

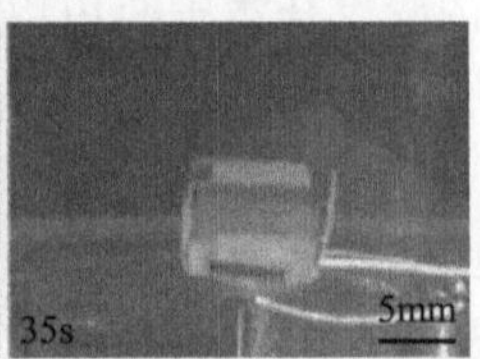

(a) 利用温度变化[15]

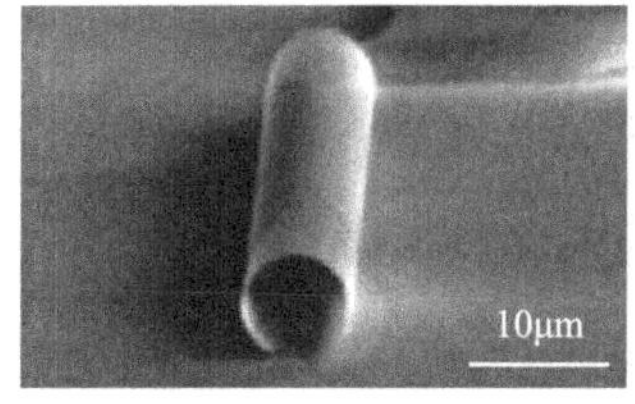

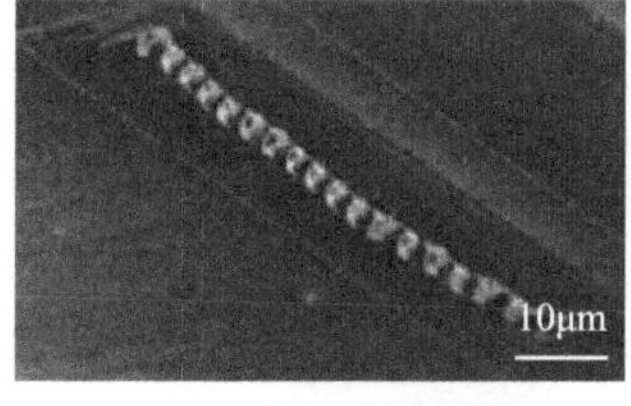

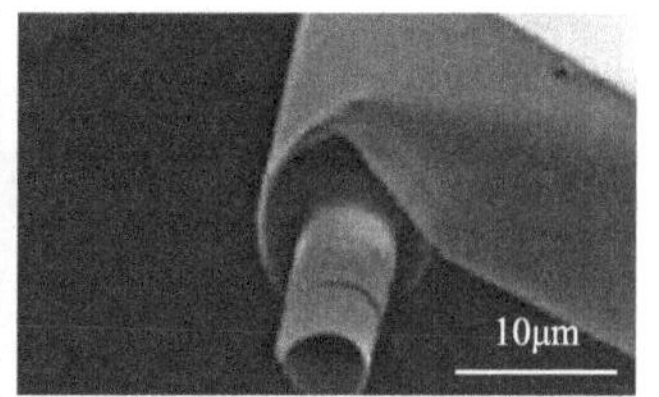

(b) 利用材料特性差异[17]

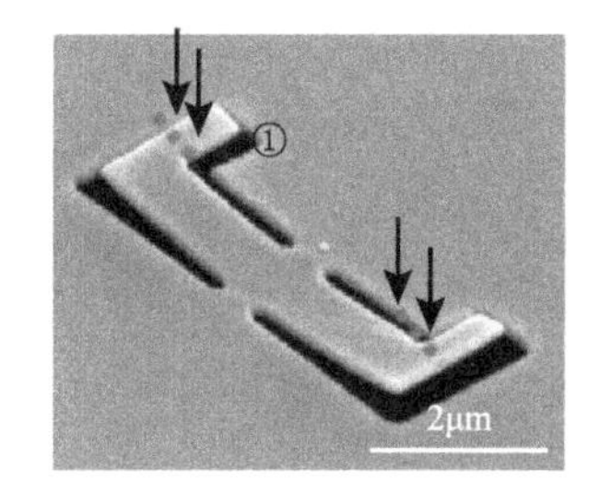

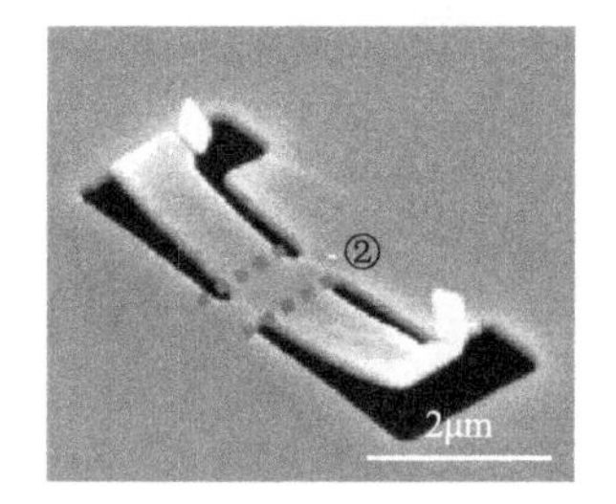

(c) 局部引入应力[18]

图 5.2　三维结构的组装技术

如图 5.2(a)所示，通过合成碳纳米管与水凝胶的复合材料，可以在外界温度变化时发生应变，将平面图形折叠为立方体[15]。利用不同材料晶格常数的差异，可以实现薄膜材料的自卷曲，通过控制应变梯度、材料厚度与二维图形，可以制备多种不同形貌的三维结构[16]，图 5.2(b)为利用这种方法制备的几种典型的三维结构[17]。通过聚焦离子束产生的离子束作用于二维图形表面，在特定的区域引入应力，使二维图形折叠为三维结构，图 5.2(c)为通过聚焦离子束照射由金与 Si_3N_4 组成的二维图形阵列，制备得到的可通过热调控的阵列化三维光学器件[18]。

3. 三维屈曲技术

三维打印技术和应力控制的三维组装技术大部分采用串行的工作模式，大批量制备阵列化的器件效率较低，因此 Xu 等[8]提出了利用转印技术和三维屈曲技术，将传统微纳米加工所制备的二维图形以压缩屈曲的方式转化为三维结构。

三维屈曲技术的工艺流程如图 5.3(a)所示。将二维图形转移到预拉伸的柔性可拉伸衬底上，在二维图形特定位置进行修饰使之与柔性衬底形成化学键。当柔性衬底释放为原始状态时，二维图形中未形成化学键的部分将会产生平面外的弯曲，从而形成三维结构。

这种具有普遍适用性的三维屈曲技术主要包括：平面加工工艺、转印工艺、压缩屈曲工艺。其中，平面加工工艺与传统的微电子工艺相互兼容，用于实现普通二维图形的加工，可通过光刻、刻蚀、淀积等工艺来实现；转印工艺是整个流程的关键，可以将所制备的二维图形转移到其他衬底上，如柔性衬底或可拉

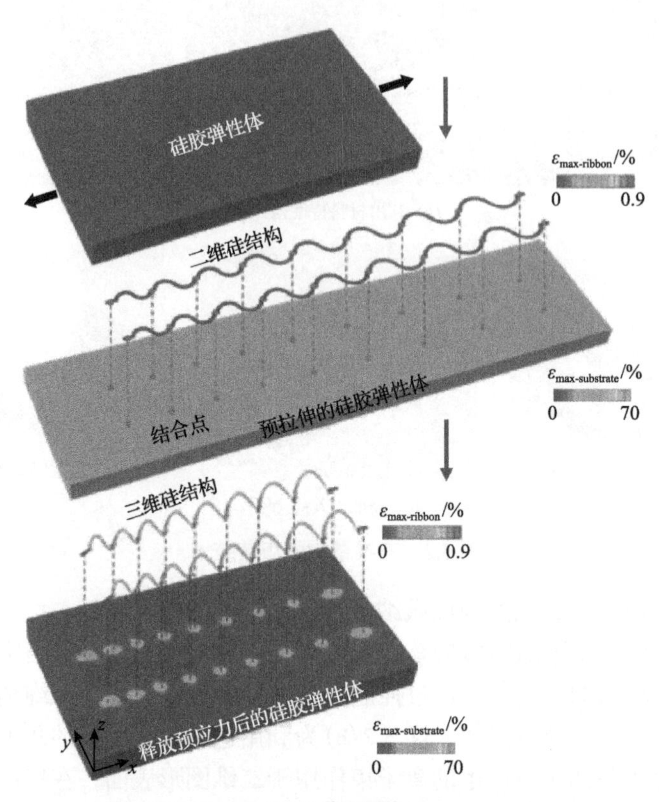

(a) 工艺流程图

$\varepsilon_{max\text{-}ribbon}$. 硅结构的变形比例；$\varepsilon_{max\text{-}substrate}$. 基体的变形比例

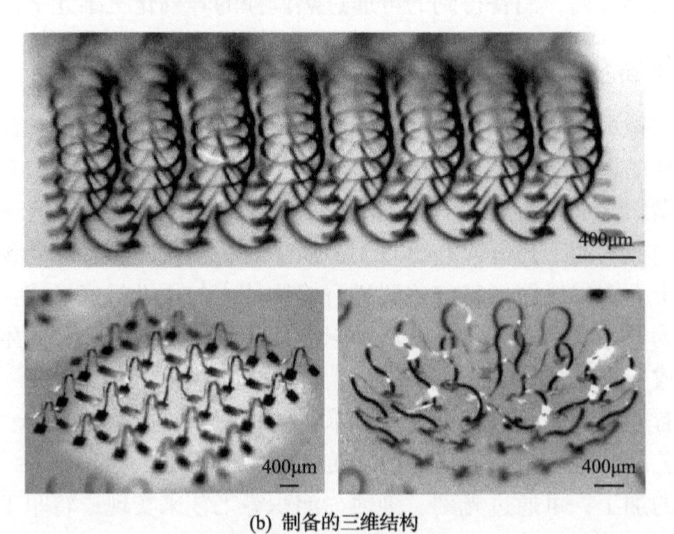

(b) 制备的三维结构

图 5.3　三维屈曲技术

伸衬底；压缩屈曲工艺是整个技术的核心创新点，可以将二维图形通过压缩的方法屈曲成三维结构。

如图 5.3(b)所示，利用三维屈曲技术可以并行地制备具有复杂形貌的多种多样的微尺度三维结构，既能够实现包括多种不同图形的阵列结构，也能够实现单种图形的阵列结构以及可识别的三维结构，如三维条状结构[8]、三维多层结构[9]、三维纳米薄膜[19]、局部形变的三维折纸结构[20]等。

与其他三维结构的加工技术相比，三维屈曲技术具有显著的优点，它既可以实现多种材料的加工，又可以实现跨尺度的大范围加工。图 5.4 为两种采用不同材

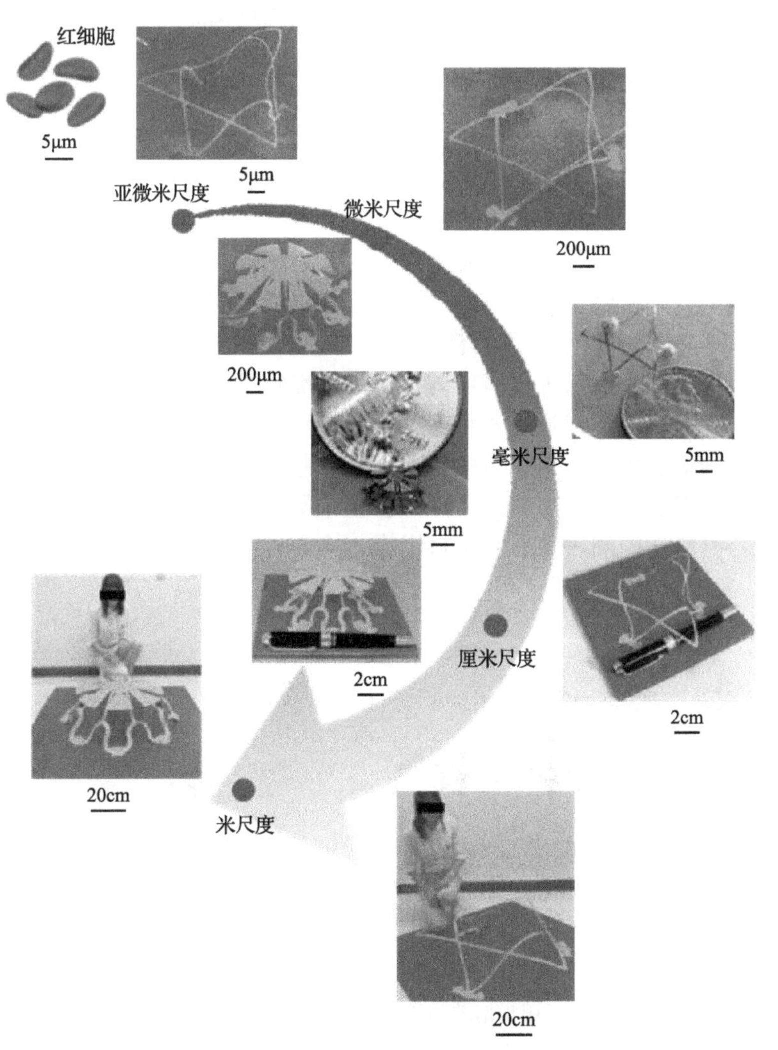

图 5.4　采用三维屈曲技术加工的不同尺度和不同材料的三维结构[10]

料和平面加工方法得到的二维平面结构通过三维屈曲技术形成跨尺度三维结构(海星结构和海蜇结构)的过程[10]，其中五个海星结构的尺寸横跨亚微米、微米、毫米、厘米和米等五个量级。

具体来说，最小的亚微米尺度的结构由硅纳米带构成，通过深紫外光刻和反应离子刻蚀的方法制备，尺寸与人体的红细胞相当，硅纳米带的厚度为 100nm，宽度为 800nm；微米尺度的三维海星结构通过普通的紫外光刻来图形化 10μm 厚的 PI 薄膜而获得，其尺寸与人类的头发直径大小相当；通过机械或激光切割的方法可以制备更大尺寸(毫米量级、厘米量级、米量级)的二维图形，之后可以通过类似的方法将这些不同尺度的二维图形转化为三维结构。

5.1.2 三维结构的应用

相比于二维图形，三维结构充分利用了空间，在提升器件性能的同时，也增加了器件工作的自由度，拓展了应用的灵活性，典型的应用领域包括细胞、组织培养[21,22]、执行器与机器人[23,24]以及超材料[25,26]等。

在细胞、组织的培养方面，三维结构同二维图形相比为细胞的生长提供了更充分的空间，有利于将更多的功能器件与之相集成，实现功能化的三维结构，而且三维结构可以更好地模拟生物体内的三维环境，因此在与三维结构集成的细胞、组织上进行药物筛选等试验可以获得更加准确可信的结果。

如图 5.5 所示，可以通过三维打印技术制备三维结构用于培养心肌细胞，并将三维打印的应变传感器集成在结构上，在细胞培养的同时检测心肌细胞所产生的应变，实现多功能的三维电子器件[22]。整个器件由包括压阻材料、导电材料以及生物兼容材料在内的六种不同材料组成，均通过三维打印技术制备。

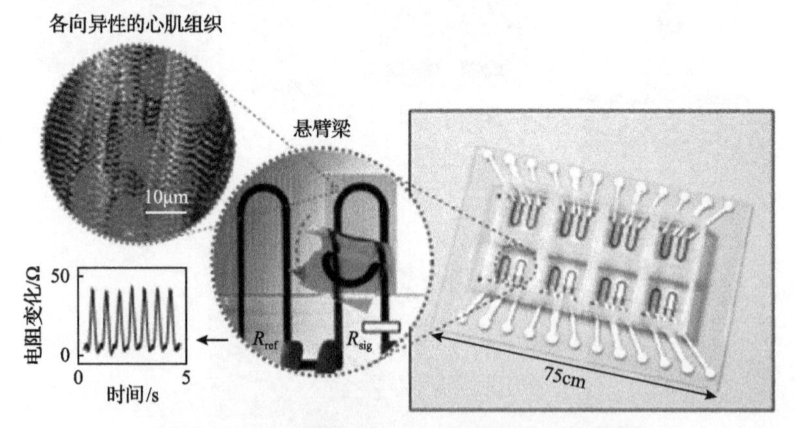

图 5.5 用于培养与检测心肌细胞的三维结构[22]

R_{ref}. 参考电阻；R_{sig}. 敏感电阻

此外，三维结构更多的自由度也为实现具有复杂运动形式的执行器、机器人提供了可能。通过静电、压电或焦耳热驱动三维结构产生特定形式的运动，可以实现微纳米尺度的镊子或机械臂，实现对微小物体的操控[24]。进一步提升结构的复杂程度则可以实现功能更加丰富的机器人，如图 5.6 所示的三维仿生机器人[23]，采用三维弹性材料作为躯体，采用金属作为骨架，将心肌细胞集成于仿生机器人用于提供驱动力，实现机器人的运动。为了实现类似生物体的机器人形状，控制三维弹性材料的形状至关重要，通过对软骨组织进行断层扫描，得到其三维形貌，据此制备模具，再转印此三维形貌至 PDMS 材料，形成与真实生物体类似的三维弹性躯体。

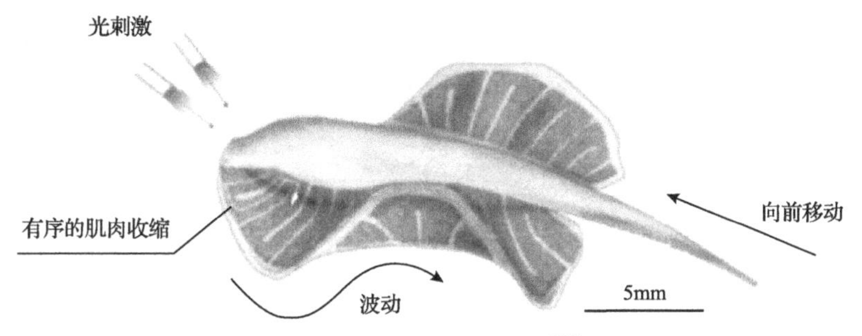

图 5.6　三维仿生机器人[23]

利用三维结构可以实现超材料，如具有负反射系数的光学超材料[25]、具有负泊松比的机械超材料[26]、可改变偏振光手性的光学超材料[27]、具有多自由度的可变形机械超材料[28]等。基于定向固化共晶材料的加工方法为实现新型的光学器件提供了新方向。如图 5.7 所示，利用温度梯度的作用在排布的 SiO_2 纳米小球空隙中定向固化 AgCl-KCl 共晶材料，可以实现复杂的三维结构[29]。由于不同材料光学性质的差别，这种复杂的三维结构可以实现一些特殊的光学特性。此外，在此结构的基础上，使用氢氟酸和去离子水在去除纳米小球和 KCl 后，可以形成三维 AgCl 结构。

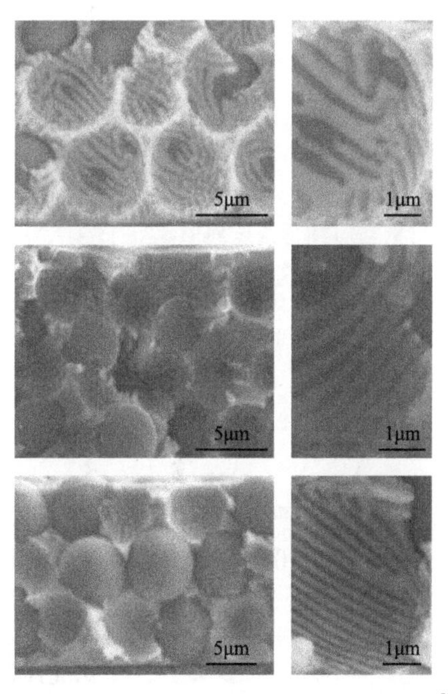

图 5.7　基于 AgCl-KCl 共晶材料的三维结构[29]

三维结构也被用于机械能的采集，这是由于机械能的采集重点对象是存在于环境、人体的机械能，其特点是低频、随机、方向不固定，传统的二维结构很难满足多方向的机械能能量采集，将结构扩展到三维增加了可动结构的活动空间，且结构可以在多个维度运动，有助于实现多方向的能量采集和提升输出性能。

此外，将结构扩展到三维以后也为器件的机械特性提供了拓展空间。传统的二维梁结构表现出明显的谐振特性，其振幅仅在谐振频率处较大，在其他频率的振幅很小[30]。由于自然界中的振动频率并不固定，这种结构很难有效采集环境中的随机振动。如图 5.8 所示，在二维梁结构两端施加外力，使其屈曲为三维梁结构，则可以在大振幅下表现出明显的非线性振动。由于非线性振动，三维梁结构在多个频率下均可以产生较大的振幅，从而有效采集环境中随机的振动能。因此，将三维结构用于机械能的采集具有重要的意义。

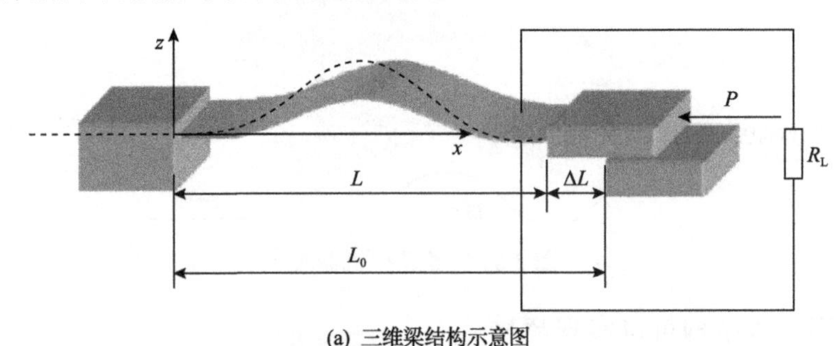

(a) 三维梁结构示意图

L_0.悬臂梁的初始长度；L.悬臂梁的长度；ΔL.悬臂梁的变化量；P.外界施加的压力；R_L.负载电阻

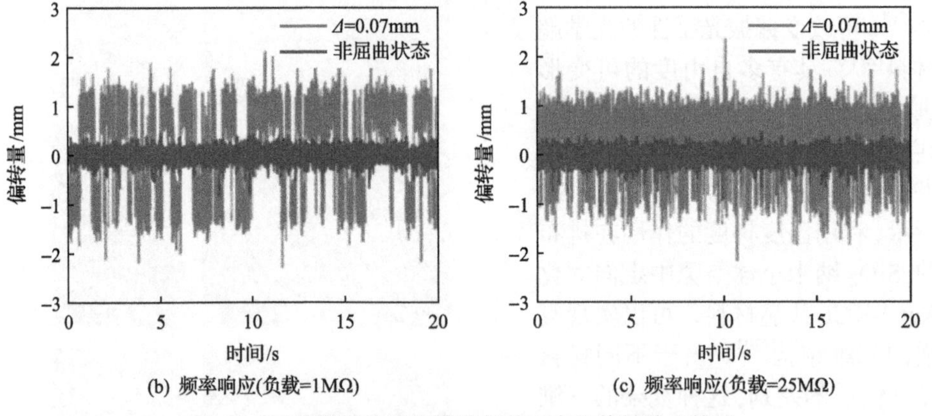

(b) 频率响应(负载=1MΩ)　　(c) 频率响应(负载=25MΩ)

图 5.8　三维梁结构示意图及与其对应的偏转输出特性

5.2　三维电磁式能量采集器

为进一步提升电磁式能量采集器的性能，将其结构设计为三维形式，不仅可以采集多个方向的振动能，也能更加充分地利用永磁体与线圈距离的变化、永磁体边缘磁感线与线圈的相对运动以及永磁体转动来产生的感应电压，从而提升采集器的性能。

5.2.1　三维电磁式能量采集器的结构设计

为得到三维电磁式能量采集器，需要设计制备三维立体式金属线圈，从而将永磁体沿各个方向的运动通过电磁感应转化为电能。以正六面体为例，当金属线圈分布在六面体的每个表面，相对表面的金属线圈手性相反且相互连接时，根据法拉第电磁感应定律，六个金属线圈内部所产生的随时间 t 变化的功率 $P_{总}(t)$ 可表示为

$$P_{总}(t)=\frac{4}{R}\left[\left(NA\frac{\mathrm{d}B}{\mathrm{d}x}v(t)\cos\varphi\cos\theta\right)^2+\left(NA\frac{\mathrm{d}B}{\mathrm{d}y}v(t)\cos\varphi\sin\theta\right)^2+\left(NA\frac{\mathrm{d}B}{\mathrm{d}z}v(t)\sin\varphi\right)^2\right] \tag{5.1}$$

式中，R 为相对表面相互连接的两个金属线圈的总电阻；N 为金属线圈的匝数；A 为金属线圈的横截面积；$\mathrm{d}B/\mathrm{d}x$ 、$\mathrm{d}B/\mathrm{d}y$ 、$\mathrm{d}B/\mathrm{d}z$ 分别为磁感应强度 B 沿 x、y、z 方向的变化率；$v(t)$ 为磁铁的运动速率；φ 为振动方向与 xy 平面的夹角；θ 为振动方向在 xy 平面的投影与 x 轴的夹角。具体方向的定义可参考图 5.9。

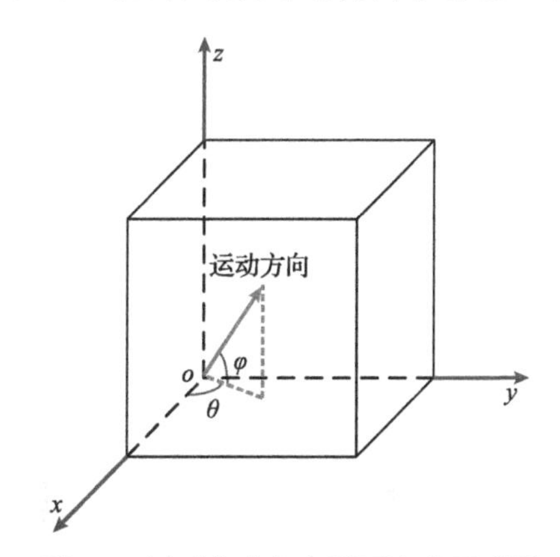

图 5.9　运动方向与各平面夹角示意图

假设磁感应强度沿各个方向的变化率相同，即 $\mathrm{d}B/\mathrm{d}x=\mathrm{d}B/\mathrm{d}y=\mathrm{d}B/\mathrm{d}z$ ，则器件输出的总功率与永磁体运动速度的平方成正比，与振动的方向无关。

立方体式的三维电磁式能量采集器的结构如图 5.10(a) 所示[31]，包含六个表面，每个表面上均包含一个金属铜线圈，立方体内部包含 NdFeB 永磁体，可以自由移动。器件展开所形成的平面结构如图 5.10(b) 所示，金属线圈的剖面图如图 5.10(c) 所示。在平面展开图中，颜色相同的两个金属线圈在折叠为立方体后相

对应，因此在设计平面图形时，将二者设计为反向对称，以实现在立体状态时通过电磁感应产生相同方向的输出。

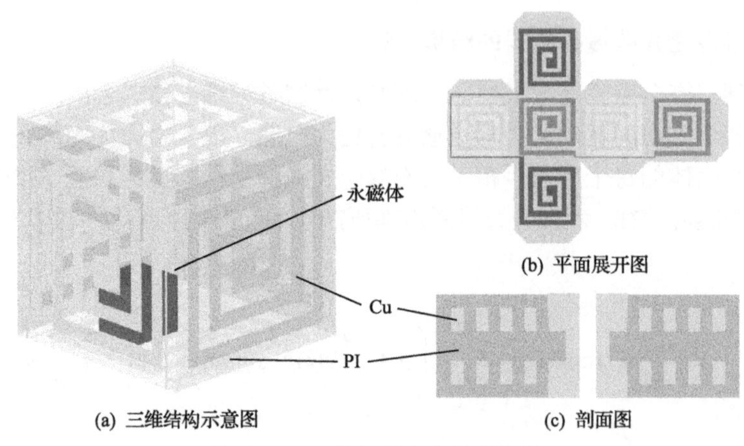

图 5.10　三维电磁式能量采集器

5.2.2　三维电磁式能量采集器的制备工艺

三维电磁式能量采集器采用柔性印刷电路板工艺制备。其金属线圈的制备工艺流程如图 5.11 所示。

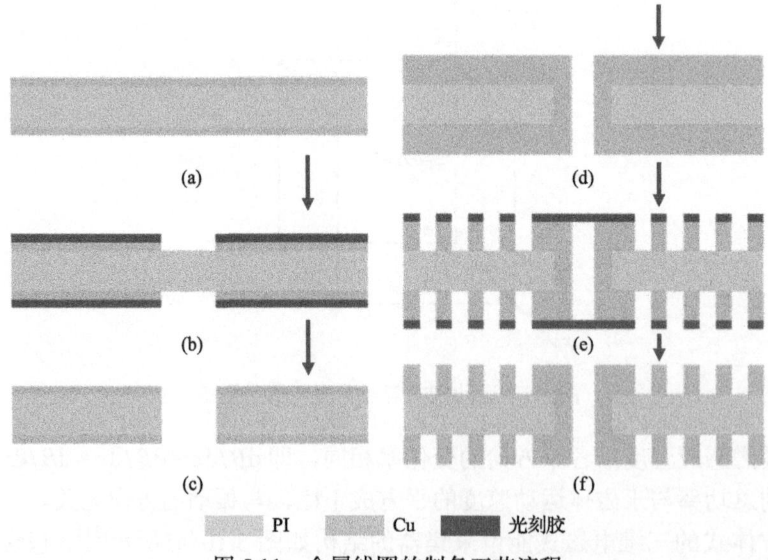

图 5.11　金属线圈的制备工艺流程

首先，在厚度为 25μm 的 PI 衬底上覆盖铜箔，并通过光刻和湿法腐蚀对铜箔进行图形化处理。随后，将光刻胶去除并以铜为掩模对 PI 衬底进行图形化处理。

然后通过催化剂活化和电镀增加铜箔的厚度，实现通孔的互联，并通过光刻和 $FeCl_3$ 湿法腐蚀将厚度为 18μm 的铜图形化为螺旋形线圈，最终涂覆 PI 封装层完成平面图形的制备。在平面图形制备完成后，将 NdFeB 永磁体置于其中一个金属线圈的中心，将平面图形折叠为立方体，在面与面的交接处通过环氧树脂进行黏结，从而得到最终的电磁式能量采集器。

器件的尺寸为 1cm×1cm×1cm，金属线圈的厚度为 18μm，线宽为 200μm，间距为 200μm。所制备的三维电磁式能量采集器实物图及金属线圈的光学显微镜照片如图 5.12 所示。

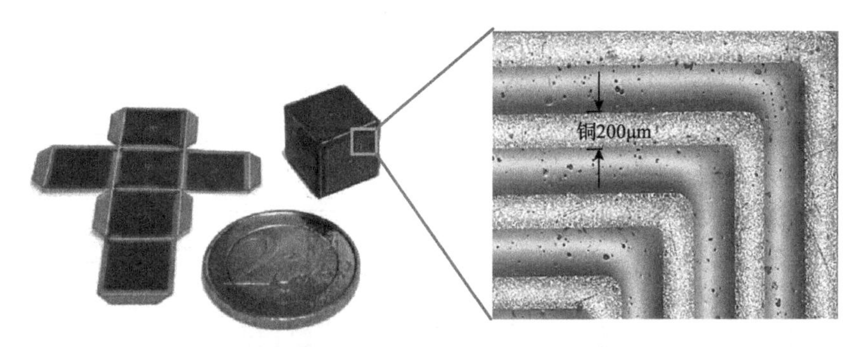

图 5.12　三维电磁式能量采集器实物图及金属线圈的光学显微镜照片

5.2.3　三维电磁式能量采集器的性能与应用

测试中，首先对立方体电磁式能量采集器施加上下方向的振动。在此情况下，上下面的金属线圈将感应出最大的电压。如图 5.13 中点状线所示，在 0.5g 的加速度下，上下金属线圈可以在 26.87Hz 产生最大的输出电压，幅值为 3.82mV。当外界振动为 20～100Hz 时，上下表面的金属线圈均可以产生较大的输出，具有宽工作频带的特点。由于永磁体在立方体内部可以自由移动，在振动台上下振动时，永磁体也不可避免地会产生转动以及其他方向的运动。因此，前后和左右的金属线圈也会在上下方向的振动情况下产生感应电压。如图 5.13 中虚线和实线所示，前后面、左右面的金属线圈最大可产生 1.5mV 的峰值电压，与上下金属线圈产生的输出相比，其幅值减小，频带变窄。通过调整外加振动的方向，不同表面的金属线圈的输出也会随着不同方向的分速度而变化，从而实现多方向的振动能量采集。

通过调整内部 NdFeB 永磁体的尺寸和形状可以改变振动部分的质量和内部磁场的分布，从而影响该立方体电磁式能量采集器的频率响应和输出特性。

如图 5.14(a)所示，测试不同尺寸的立方体 NdFeB 永磁体。当立方体永磁体的边长为 4.76mm 时，与振动方向平行的线圈可在 42.79Hz 下产生方均根值为 0.84mV

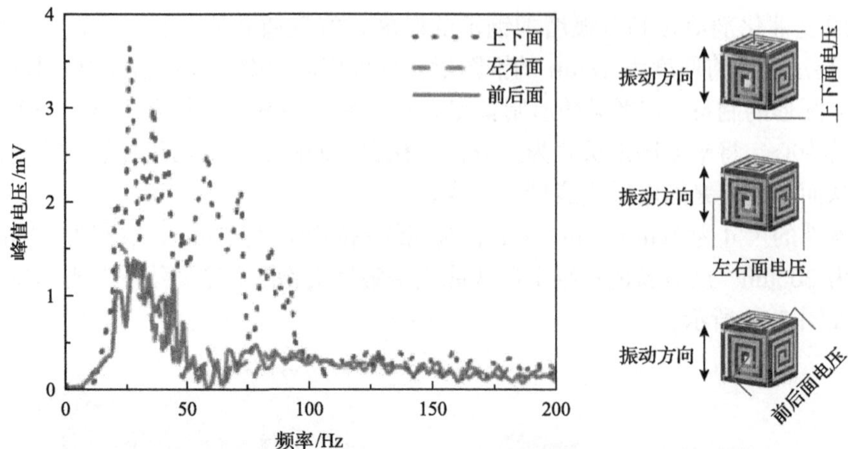

图 5.13　不同方向的金属线圈在上下振动时的感应电压随频率变化的关系曲线

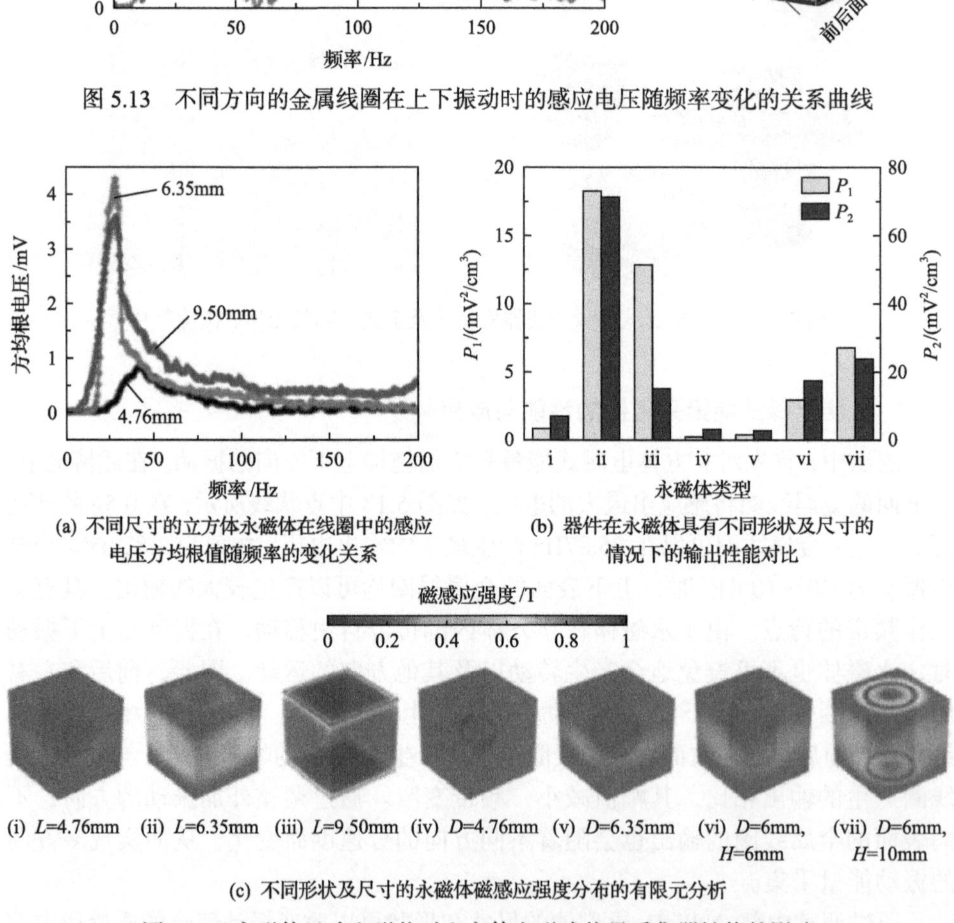

(a) 不同尺寸的立方体永磁体在线圈中的感应电压方均根值随频率的变化关系

(b) 器件在永磁体具有不同形状及尺寸的情况下的输出性能对比

(c) 不同形状及尺寸的永磁体磁感应强度分布的有限元分析

图 5.14　永磁体尺寸和形状对立方体电磁式能量采集器性能的影响

的输出电压。当立方体永磁体的边长增大至 6.35mm 时，更强的磁场可以增强器件的输出性能，使最大方均根值增长至 4.27mV，最大值所对应的频率也有所降低，为 28.86Hz。但是，当立方体永磁体的尺寸进一步增大时，由于外部立方体金属线圈的尺寸固定，对永磁体有一定的束缚作用，从而会导致永磁体的振幅减弱，不利于器件产生高输出。例如，当立方体永磁体的边长增加至 9.50mm 时，所能产生的最大方均根电压为 3.58mV。

从上述结果可以看出，对于尺寸为 1cm×1cm×1cm 的立方体金属线圈，边长为 6.35mm 的立方体永磁体可以产生最大的输出，其所占体积为外部立方体金属线圈所围成空间的 24.6%。

进一步，在试验测试中选取不同形状的永磁体置于立方体金属线圈中，并对它们的输出性能进行比较。由于在不同永磁体的情况下，器件的内阻(即金属线圈的电阻)保持不变，可以通过方均根电压的平方除以器件的总体积来衡量器件输出功率的大小(此数值定义为 P_1)。如图 5.14(b)中白色柱状图所示，与立方体永磁体、柱状永磁体相比，球形永磁体产生的 P_1 值最小。此外，在选取合适的尺寸时，立方体永磁体可以产生比柱状永磁体更高的 P_1。为对比单位体积永磁体所产生的输出性能，可通过方均根电压的平方除以永磁体的总体积来衡量(此数值定义为 P_2)。测试结果如 5.14(b)中灰色柱状图所示，通过对比 P_1 与 P_2 的大小可以看出，明显的区别出现在最大的立方体永磁体(即边长为 9.50mm 的立方体永磁体)与两个不同尺寸的柱状永磁体之间。尽管最大的立方体永磁体可以产生较大的 P_1，但是其 P_2 小于两个柱状永磁体。

通过分析永磁体周围的磁场分布情况可以解释上述测试结果，如图 5.14(c)所示。从有限元分析结果可以看出，较大的磁感应强度出现在永磁体边缘。由于立方体具有 12 条棱，圆柱体的上下表面具有圆形边缘，而球形永磁体不具有边缘。因此，在使用相同体积的立方体金属线圈时，球形永磁体产生的输出最小。通过比较相同形状、不同尺寸的永磁体的磁场分布可知，对于每一种形状(即立方体、柱状、球形)，较大尺寸的永磁体都可以提供更大的磁场强度。但是，当永磁体的大小与金属线圈所围空间的大小相当时，内部永磁体的运动会严重受限。根据法拉第电磁感应定律，感应电压 $E(t)$ 可表示为

$$E(t) = 2NA\frac{\mathrm{d}B}{\mathrm{d}z}\frac{\mathrm{d}z}{\mathrm{d}t} \tag{5.2}$$

式中，N 为金属线圈的匝数；A 为金属线圈的面积；$\mathrm{d}B/\mathrm{d}z$ 为磁感应强度沿 z 轴的变化率；$\mathrm{d}z/\mathrm{d}t$ 为永磁体沿 z 轴的移动速度。

增加永磁体的体积会提高 $\mathrm{d}B/\mathrm{d}z$，但是当体积过大时会降低 $\mathrm{d}z/\mathrm{d}t$。因此，对于该三维电磁式能量采集器，可以对内部永磁体的尺寸、形状进行优化，以产生最大的输出。

另外，还对该三维电磁式能量采集器的负载特性进行了测试，在测试中采用

了边长为 6.35mm 的立方体永磁体，结果如图 5.15 所示。器件的输出电压随着外加负载的增加而增大，平均功率在外加负载为 3Ω 时达到最大值 2.45μW。

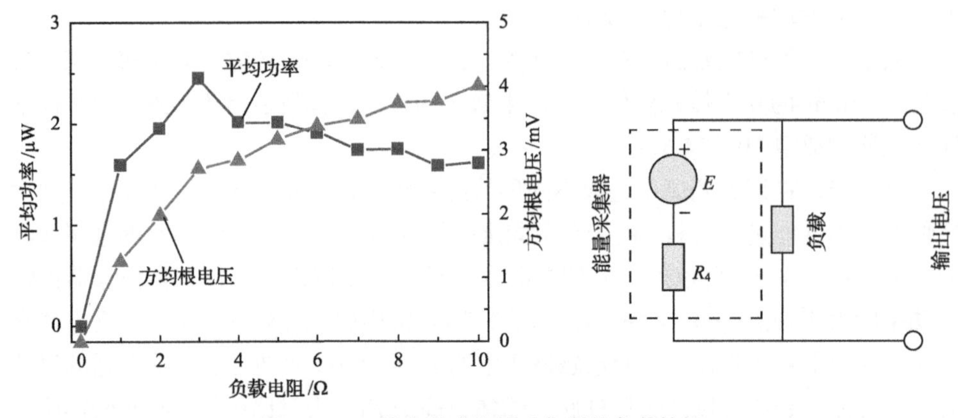

图 5.15　三维电磁式能量采集器的负载特性

由于三维电磁式能量采集器可以有效地从环境中采集多方向的振动能，可将其与人体集成，采集日常活动中所产生的能量。例如，可以将该器件置于书包上，采集日常走路时产生的能量，时域输出电压曲线如图 5.16(a)所示。还可将器件置于手腕，采集手腕运动如写字时的能量，写字时器件的时域输出电压曲线如图 5.16(b)所示。

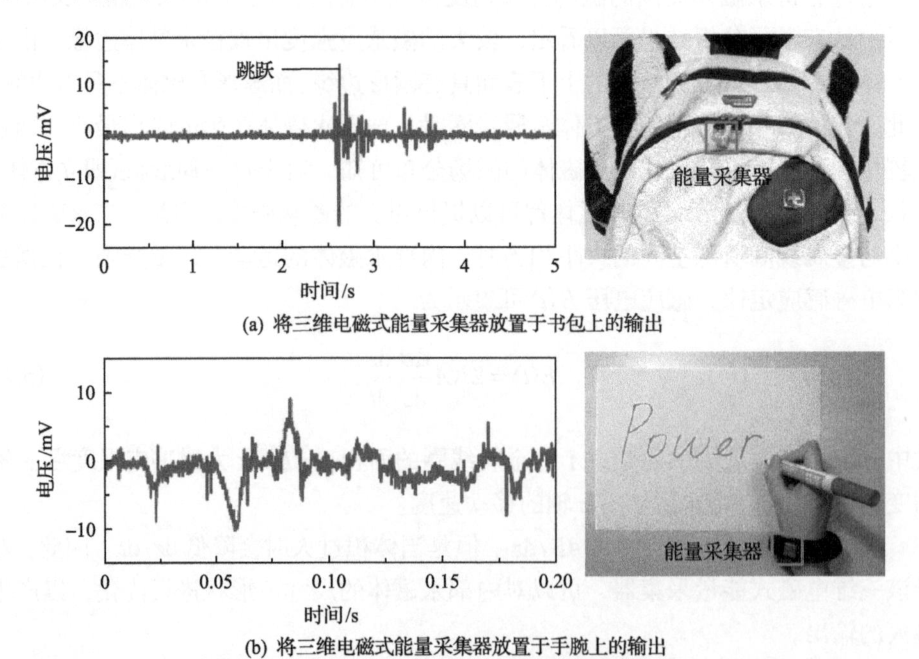

(a) 将三维电磁式能量采集器放置于书包上的输出

(b) 将三维电磁式能量采集器放置于手腕上的输出

图 5.16　三维电磁式能量采集器的应用实例

5.3　三维压电式能量采集器

压电式能量采集器可通过 d_{31} 模态或 d_{33} 模态实现机械能到电能的转化。但是，由于极化方向或所需电极形式的不同，传统的方法很难将 d_{31} 模态或 d_{33} 模态相结合，实现多个方向振动能的同时采集，而三维结构则为多个方向上动能的采集提供了可能。

5.3.1　三维压电式能量采集器的结构设计

三维压电式能量采集器是通过结构上的创新，将压电聚合物制备为三维结构来有效地实现多方向的振动能量采集。如图 5.17 所示，采用 PVDF 为压电材料，金作为上下电极，利用三维屈曲工艺将 PVDF 制备成三维结构，通过图形化加厚层和结合点可以控制能量采集器的三维形貌。

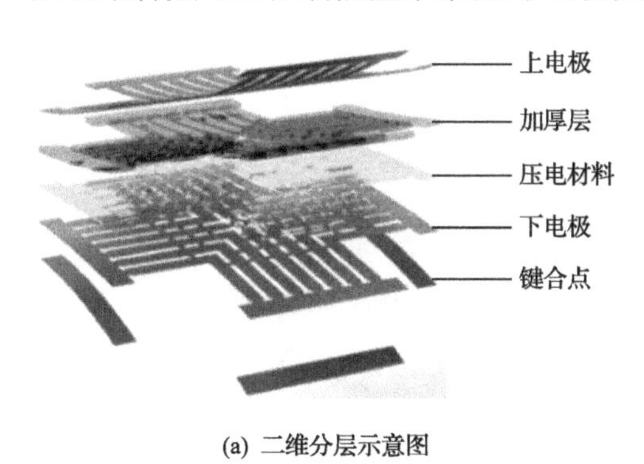

(a) 二维分层示意图

(b) 三维结构的扫描电镜照片

图 5.17　基于 PVDF 的三维结构

5.3.2　三维压电式能量采集器的制备工艺

(1)制备三维 PVDF 结构的二维图形。其制备工艺流程如图 5.18 所示。首先，在玻璃片上涂覆 PDMS 作为黏附层，在 PVDF 薄膜两面蒸镀 Cr、Au 作为电极，并将带有电极的 PVDF 薄膜黏附在 PDMS 表面；然后，通过光刻和湿法腐蚀图形化上表面的金属电极；接着，将 PVDF 薄膜从 PDMS 黏附层剥离，将上下面倒置，重新黏附于 PDMS 表面，并通过光刻和湿法腐蚀来图形化另一面的金属电极；随后，通过厚胶光刻和干法刻蚀图形化 PVDF 薄膜；最后，再次将 PVDF 薄膜从 PDMS 表面剥离，并使用镂空模板在结合位点区域蒸镀 SiO_2。

(2)通过三维屈曲技术将其转化为三维形状，实现压电式三维能量采集。三维屈曲过程中使用的柔性衬底是厚度为 600μm 的硅胶，通过在二维图形的结合位点与柔性衬底表面照射紫外光，可以在其表面形成羟基。然后，将柔性衬底拉伸，将二维图形置于拉伸的柔性衬底上，并置于温度为 70℃的烘箱中产生缩合反应，脱水形成硅氧键。最后，缓慢释放柔性衬底的应力，将二维图形屈曲为三维结构，几种不同结构的实物如图 5.19 所示。

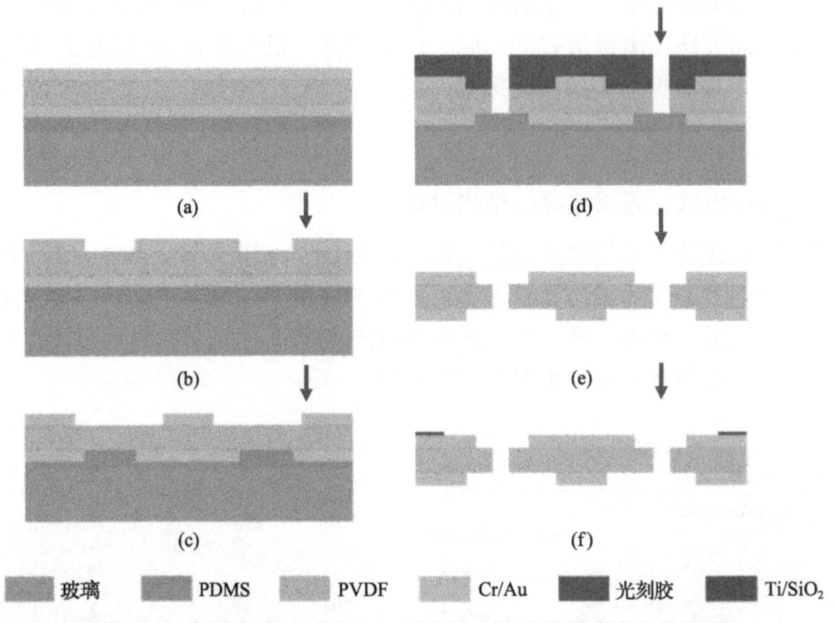

图 5.18　用于制备三维 PVDF 结构的二维图形的制备工艺流程

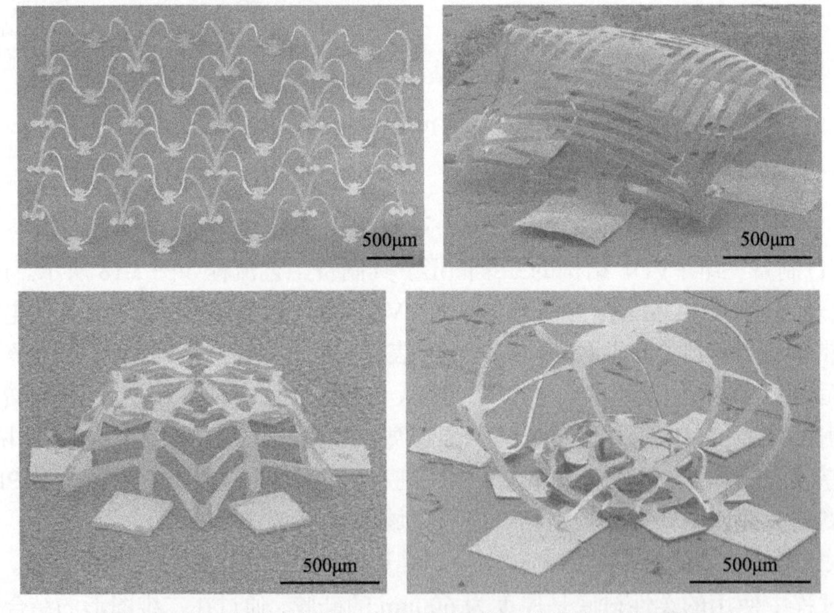

图 5.19　几种不同结构的三维压电能量采集器的扫描电镜照片

上述在三维压电结构中图形化电极的技术在能量采集领域具有重要的意义，这是因为当三维压电结构振动时，不同的部位可能会产生不同的应变，从而导致相反的电荷极化效应，使压电输出相互抵消。为解决这一问题，可以通过有限元仿真分析三维压电结构的应力分布，选择性地在受到相同应力的区域图形化电极材料，从而避免压电输出的相互抵消。

5.3.3　三维压电式能量采集器的性能与应用

通过合理设计三维压电式能量采集器的形状，可以实现不同方向振动能的采集。例如，采用图 5.20(a)中所示的结构，可以实现对面内振动和面外振动的能量采集。该器件采用 9μm 厚的 PVDF 薄膜为压电材料，上下表面均具有金电极。

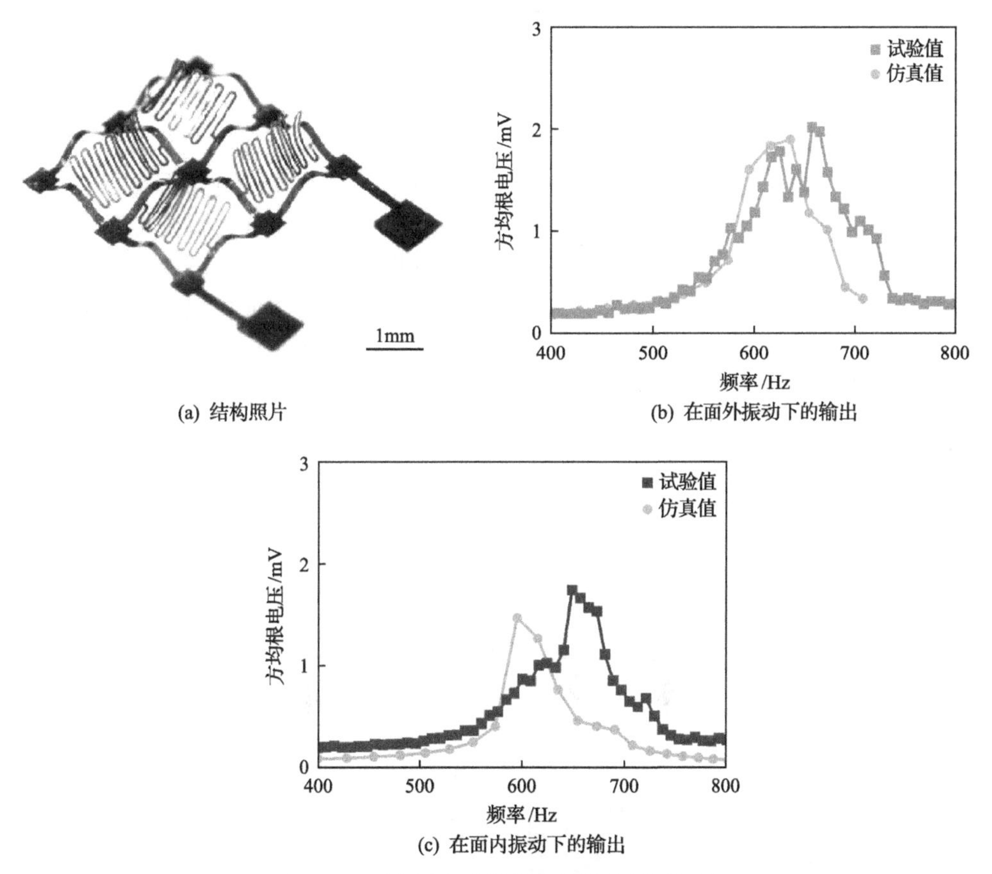

(a) 结构照片　　(b) 在面外振动下的输出

(c) 在面内振动下的输出

图 5.20　三维压电式能量采集器的测试结果

如图 5.20(b)所示，当对该器件施加峰值加速度为 4g 的面外振动时，器件的方均根电压在 600～700Hz 均高于 1mV。独特的结构设计还使得该器件可以采集面内振动能量。如图 5.20(c)所示，器件在峰值加速度为 4g 的面内振动下，仍具有可观的能量输出，输出电压的方均根值与面外振动的情况相当。在两种振动情况下，方均根电压的最大值都出现在 650Hz 附近。

5.4 三维摩擦发电机

摩擦发电机具有输出效率高、功能强、工作模式多样化等诸多优点[32]。但是为了满足可穿戴器件和无线传感节点自供能的需求，摩擦发电机还需要能够有针对性地采集环境中随机、多方向的振动，将摩擦发电机的能量转化方向拓展到三维将会有效地解决这一问题。

5.4.1 三维摩擦发电机的结构设计

大面积柔性器件在可穿戴电子领域具有广泛的应用，结合摩擦起电效应与静电感应效应，利用外力所造成的间距和重叠面积的变化在电极间产生电荷流动，可实现三维能量采集[33]。如图 5.21 所示，可采集多方向机械能的大面积柔性薄膜的三维摩擦发电机采用金作为电极，聚对二甲苯作为电介质。电介质聚对二甲苯位于上下电极之间，上电极由 1mm×1mm 的正方形阵列组成，每个正方形与相邻的正方形均有 0.2mm×0.2mm 的重叠区域，如图 5.21(a)所示。下电极与上电极具有相同的结构特点，但沿 x 轴方向有 0.8mm 的偏移。与之前类似的平面结构相比[34]，该结构由于每个正方形均与相邻的正方形相连，当单个正方形损坏或相邻正方形短接时，并不会影响器件其他区域的正常使用，增加了器件的稳定性。

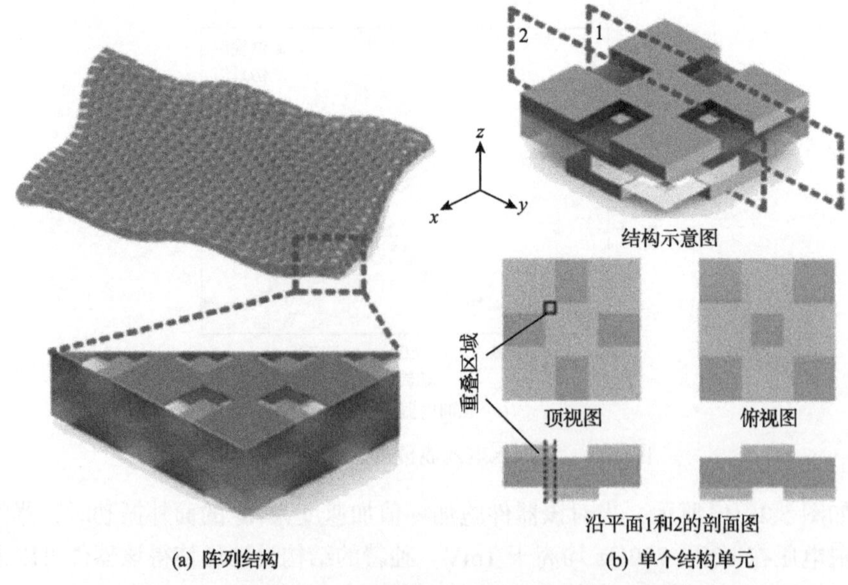

(a) 阵列结构 (b) 单个结构单元

图 5.21 基于大面积柔性薄膜的三维摩擦发电机的示意图

该器件单个结构单元的结构示意图、俯视图与剖面图如图 5.21(b)所示。基于这种结构，由于金与聚对二甲苯在摩擦序列中的位置不同，当外界物体与器件接触时，会在器件上产生不均一的电荷密度分布。例如，当使用 PDMS 薄膜与器件接触时，金和聚对二甲苯表面均会携带正电荷，但金表面的电荷密度要高于聚对二甲苯。当外界物体远离器件时，由于静电感应，电荷将在上下电极之间流动以达到静电平衡。在这种电极构造下，不论外界物体与器件发生垂直的接触分离(z方向运动)还是在器件上发生水平的滑动(x、y 方向运动)，都可以导致上下电极的电荷流动，从而产生电能输出。

通过有限元分析可以进一步优化器件的尺寸，以实现更高的输出性能。由于该大面积柔性薄膜的三维摩擦发电机具有周期性结构，在有限元仿真中仅选取其中单个单元进行分析。三维摩擦发电机有限元仿真中采用的参数如表 5.1 所示。

表 5.1　三维摩擦发电机有限元仿真中采用的参数

参数说明	参数数值
外界物体与器件间距	1mm
正方形电极尺寸	1mm×1mm
正方形电极重叠区域	0.2mm×0.2mm
聚对二甲苯厚度	0.2mm
金电极厚度	0.1mm
聚对二甲苯摩擦电荷密度	$-10\mu C/m^2$
金电极摩擦电荷密度	$10\mu C/m^2$
外界物体摩擦电荷密度	与所接触表面的电荷密度相等但符号相反

在开路情况下，对三维摩擦发电机进行有限元仿真得到的电压分布如图 5.22 所示，其中，图 5.22(a)～(c)为沿不同 yz 平面的电压分布，在任意截面金电极均具有较高的电压，图 5.22(d)～(f)为沿不同 xy 平面的电压分布。由于外界物体与聚对二甲苯所带电荷的影响，上电极同下电极相比具有更高的电势。

当器件由开路情况变为短路情况时，电极之间的电势差会导致电荷流动，以实现静电平衡。器件输出性能随几何参数变化的仿真图如图 5.23 所示。

首先，当外界物体与三维摩擦发电机的间距增大时，开路电压和短路情况下的转移电荷量均逐渐增加，如图 5.23(a)所示。其次，当不同正方形的重叠长度由 0.1mm 增加至 0.6mm 时，三维摩擦发电机的开路电压和短路情况下的转移电荷量均逐渐减小，当重叠长度大于正方形边长的 70%时，输出性能会随着重叠长度的

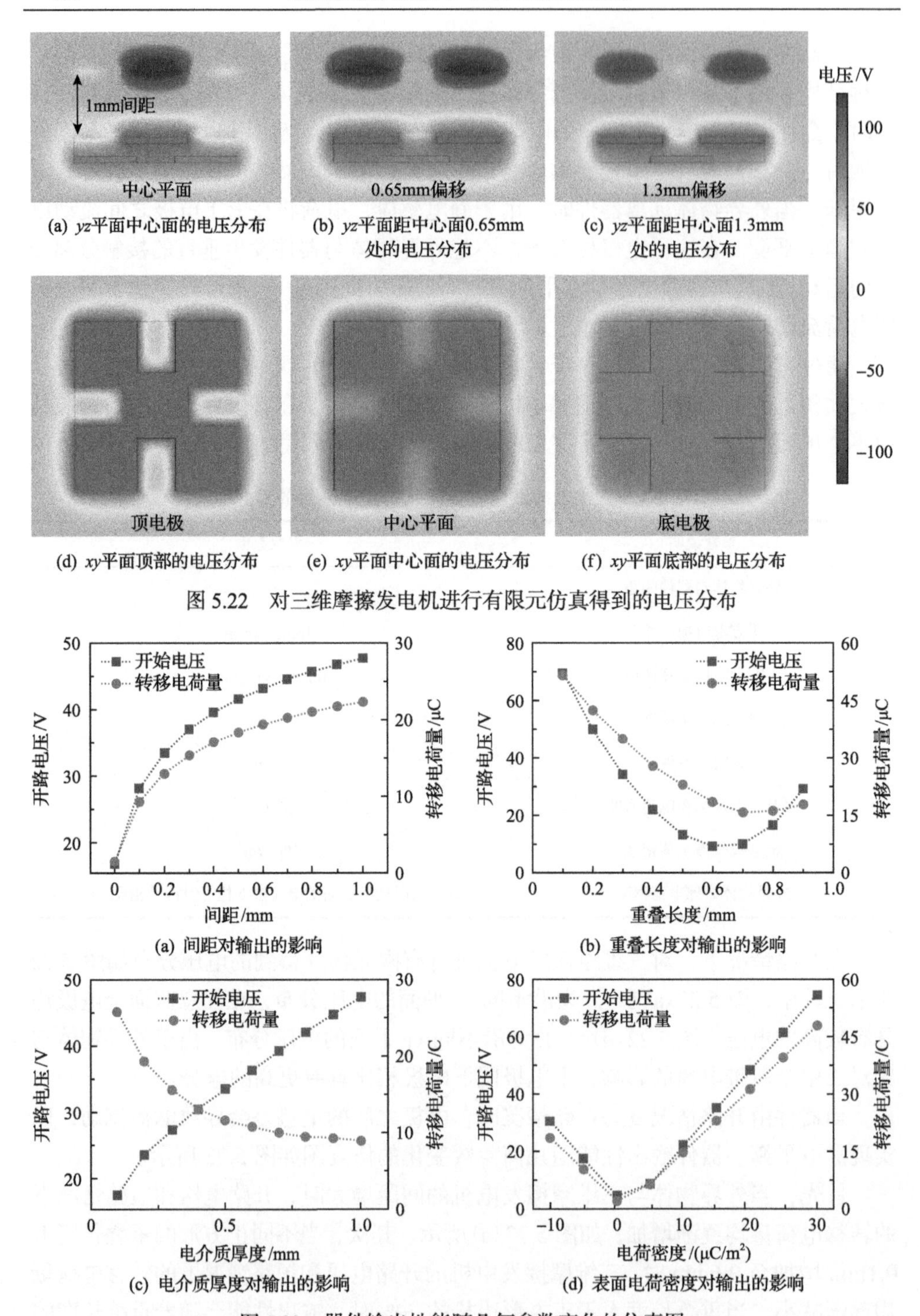

(a) yz平面中心面的电压分布　(b) yz平面距中心面0.65mm处的电压分布　(c) yz平面距中心面1.3mm处的电压分布

(d) xy平面顶部的电压分布　(e) xy平面中心面的电压分布　(f) xy平面底部的电压分布

图 5.22　对三维摩擦发电机进行有限元仿真得到的电压分布

(a) 间距对输出的影响　(b) 重叠长度对输出的影响

(c) 电介质厚度对输出的影响　(d) 表面电荷密度对输出的影响

图 5.23　器件输出性能随几何参数变化的仿真图

增加而变好，如图 5.23(b)所示。这是因为在重叠面积较小时，非重叠区域的聚对二甲苯表面具有更多的负电荷，由于器件在厚度方向的特征尺寸远小于平面图形的特征尺寸，绝大部分电荷会流向位于聚对二甲苯正下方的电极区域；随着重叠区域的面积增大，上表面聚对二甲苯的面积逐渐减小，一方面会减小转移到所对应底部电极的电荷量，另一方面会增大摩擦表面所带的净电荷，从而对输出产生复杂的影响。当聚对二甲苯的厚度增加时，器件的开路电压会显著增加，但短路情况下的转移电荷量会减小，如图 5.23(c)所示。最后，由于聚对二甲苯比金更容易得到电子，在仿真中可以将聚对二甲苯的表面电荷密度值设置为 20μC/m^2，在这种条件下，器件的输出性能与金表面的摩擦电荷密度的关系如图 5.23(d)所示。

5.4.2　三维摩擦发电机的制备工艺

三维摩擦发电机的制备工艺流程如图 5.24 所示。首先，在硅片上依次淀积 3000Å 的 SiO_2、10μm 的聚对二甲苯、300Å 的 Cr 和 3000Å 的 Au；然后，以图形化的厚度为 2μm 的光刻胶作为掩模通过湿法腐蚀 Au 与 Cr 以实现下电极的制备；在去除光刻胶后，淀积第二层聚对二甲苯，厚度为 5μm，并淀积 300Å 的 Cr 和 3000Å 的 Au；随后，以图形化的厚度为 2μm 的光刻胶作为掩模通过湿法腐蚀 Au 与 Cr，以实现上电极的制备；最终，去除光刻胶并将聚对二甲苯与金属从硅片上剥离，以得到大面积柔性薄膜。所制备的三维摩擦发电机的实物照片如图 5.25 所示，其具有良好的柔性，可以折叠、卷曲或贴附于曲面上。

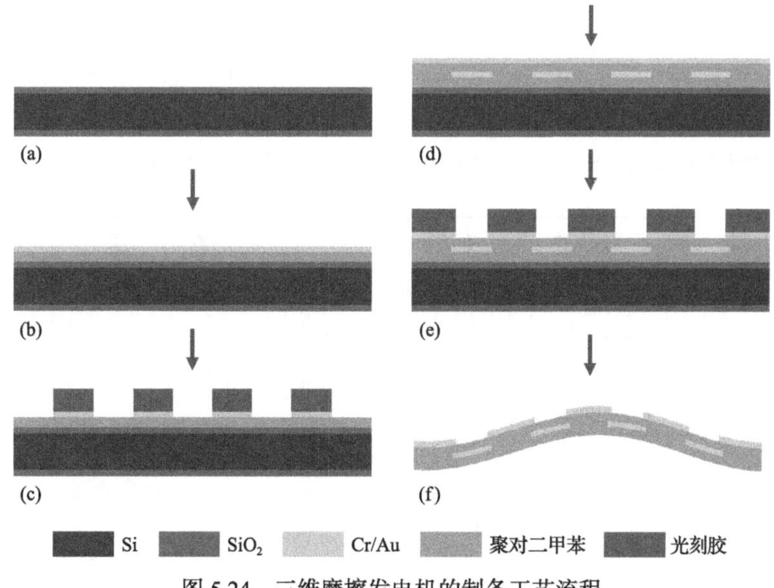

图 5.24　三维摩擦发电机的制备工艺流程

图 5.25 基于大面积柔性薄膜的三维摩擦发电机的实物照片

5.4.3 三维摩擦发电机的性能与应用

通过示波器(Agilent DSO-X 2014A)和 100MΩ 的探头(HP9258)可以对三维摩擦发电机的输出电压进行表征。通过与面积为 3cm×3cm 的 PTFE 薄膜产生周期性的接触分离，器件可以产生方均根值为 33.8V 的电压输出，如图 5.26(a)所示。采用相同的外界材料，并采用电流放大计(SR570)进行测试，器件可以产生方均根值为 355nA 的短路电流，如图 5.26(b)所示。单周期的输出电压和短路电流曲线如图 5.26(c)所示。此外，通过改变外加电阻的阻值，可以得到器件对负载的相应曲线。如图 5.26(d)所示，器件在最佳匹配负载可以产生 40.7μW 的平均功率。

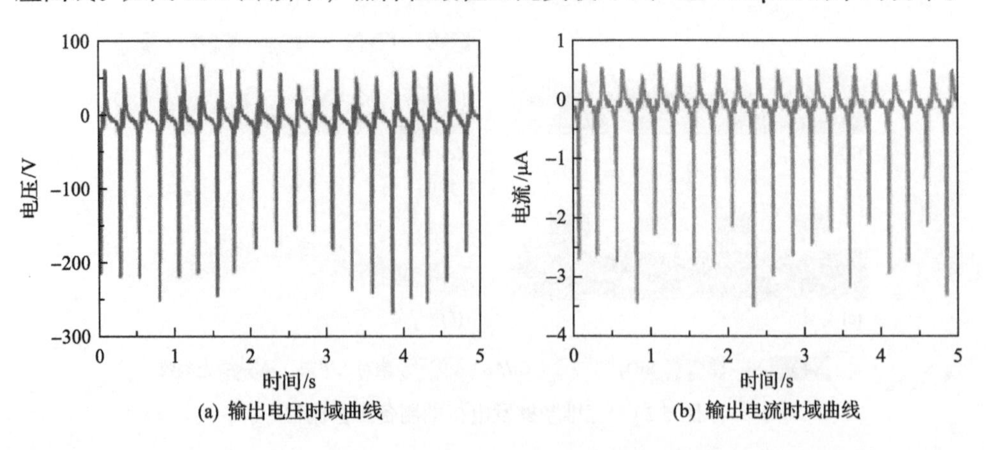

(a) 输出电压时域曲线 (b) 输出电流时域曲线

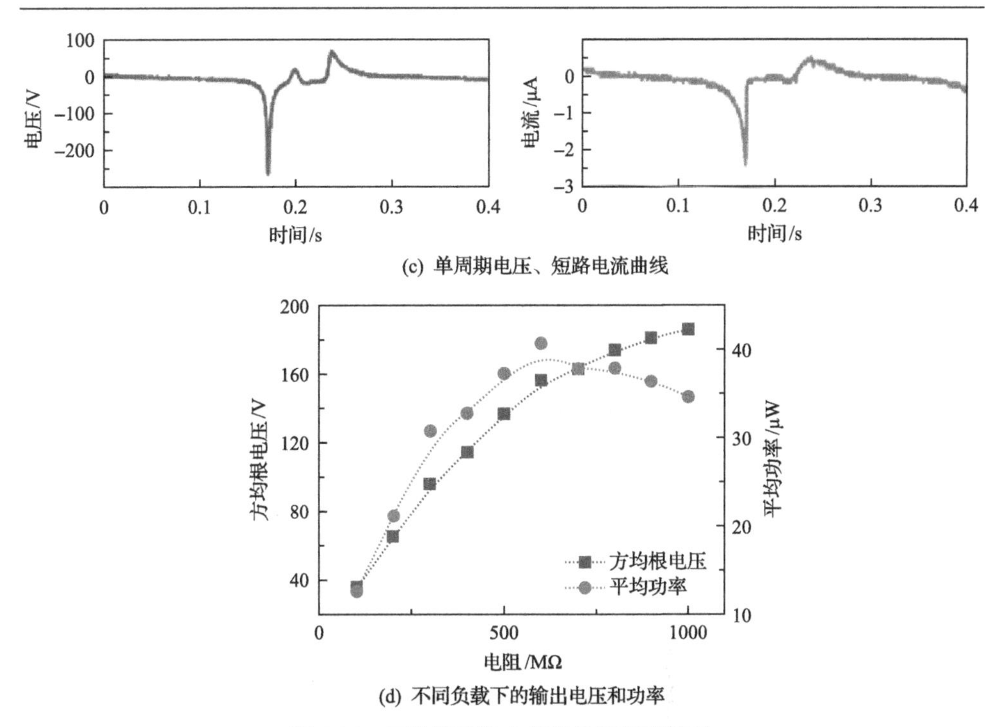

(c) 单周期电压、短路电流曲线

(d) 不同负载下的输出电压和功率

图 5.26　三维摩擦发电机的性能测试结果

得益于其独特的结构，三维摩擦发电机可以对多方向、多种形式的机械能进行采集。例如，当面积为 3cm×3cm 的 PTFE 薄膜与器件接触并产生摩擦表面电荷之后，PTFE 薄膜沿竖直方向(z 方向)远离器件或在水平方向(x 方向或 y 方向)上在器件表面滑动均可以产生电能输出。如图 5.27(a)所示，两种运动状态单独可以产生 43～49nC 的电荷量。此外，转动一个直径为 2cm、宽度为 3cm 的 PTFE 圆柱也可以促使电荷在上下电极之间流动。在这种情况下电荷的流动是间距与重叠

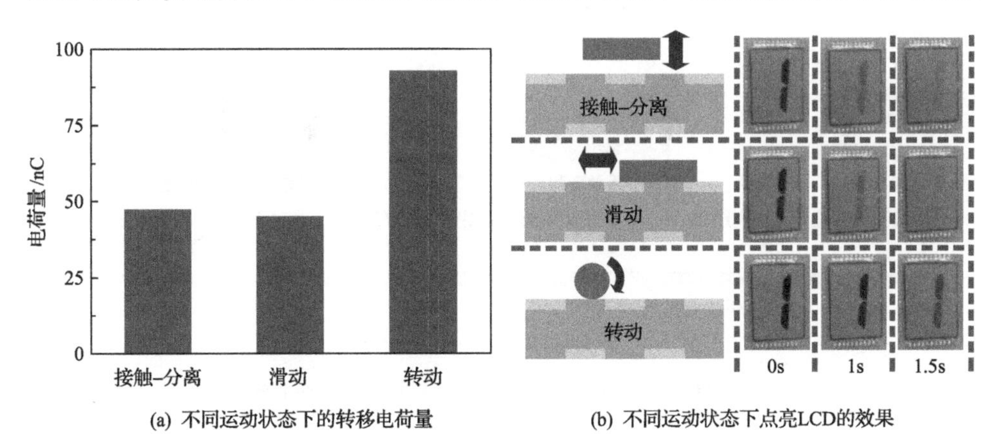

(a) 不同运动状态下的转移电荷量　　(b) 不同运动状态下点亮LCD的效果

图 5.27　三维摩擦发电机的应用实例

面积变化的共同结果。上述三种模式的运动所产生的电量均可以直接驱动一个面积为 3.3cm×4.6cm 的液晶显示屏(EDC004)持续工作 1s 以上，如图 5.27(b)所示。

5.5 液态环境下的三维摩擦发电机

之前讨论的都是在常见环境中的能量采集技术，液态环境也是自然界不可忽视的一种形态，如何在液态的环境下采集能量具有非常重要的意义和应用潜力。本节将给出一个采集流体振动能量的三维摩擦发电机的实例。

5.5.1 液态环境下三维摩擦发电机的结构设计

基于液体振动的三维摩擦发电机是利用液体与固体接触所形成的双电层[35]，具体结构和工作原理如图 5.28 所示。

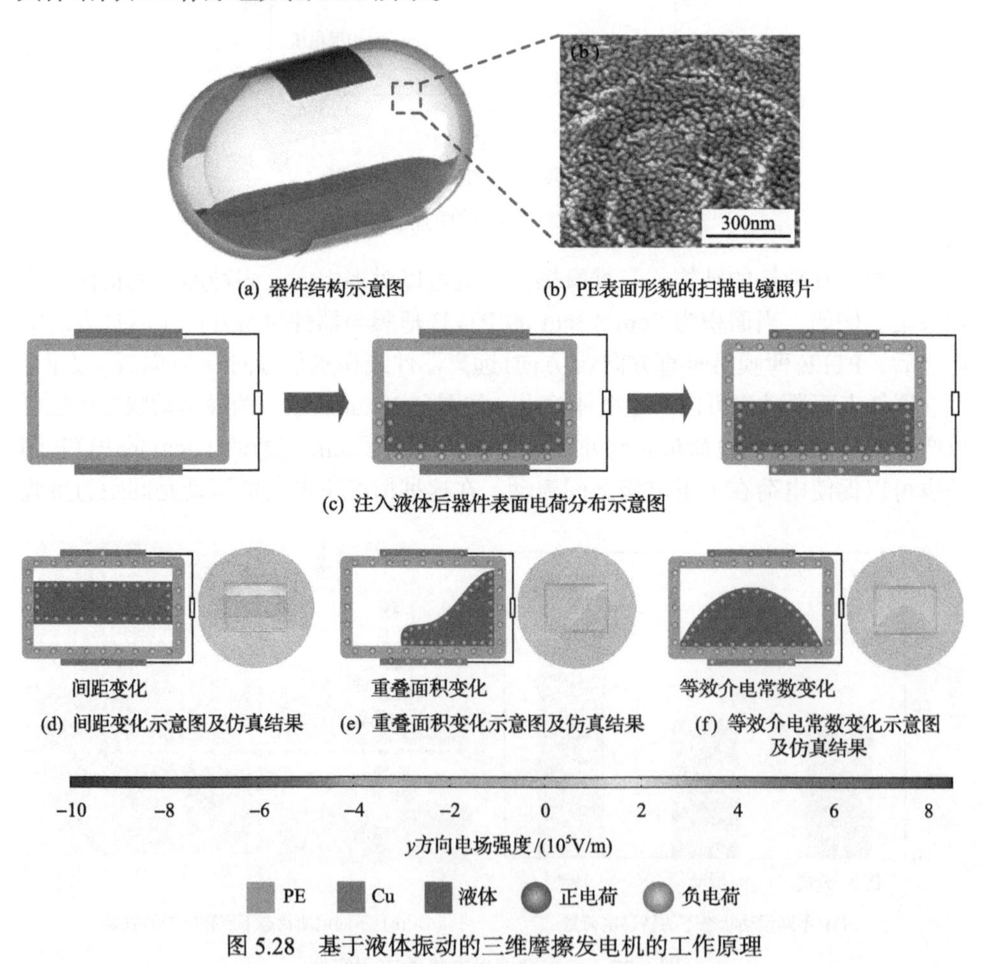

(a) 器件结构示意图

(b) PE表面形貌的扫描电镜照片

(c) 注入液体后器件表面电荷分布示意图

(d) 间距变化示意图及仿真结果

(e) 重叠面积变化示意图及仿真结果

(f) 等效介电常数变化示意图及仿真结果

图 5.28 基于液体振动的三维摩擦发电机的工作原理

水溶液密封在 PE 容器内，容器的内表面具有纳米结构用以增强固液接触后所产生的电荷密度，在液体注入之前，PE 表面不携带净电荷，当水溶液注入后，固液接触所形成的双电层使得 PE 表面在与水溶液接触后携带负电荷，而水溶液携带等量正电荷。当水溶液随外界振动而振动并与 PE 容器内部全部接触后，所有 PE 内表面会携带负电荷，而水溶液会携带等量正电荷。随后，基于静电感应效应，发电机将随液体的运动产生电能输出。

液体的运动可以通过三种不同形式使电荷在电极间流动，即间距的变化、重叠面积的变化和等效介电常数的变化，具体如下。

首先，水溶液与底面间距的增大将导致器件上部沿 y 方向更强的电场强度，从而促使更多的正电荷由上电极流向下电极。

其次，如果水溶液的运动导致液体与电极的重叠面积减小，正电荷会趋向于流向非重叠区域以实现静电平衡。

最后，等效相对介电常数 $\varepsilon_{等效}$ 可表示为

$$\varepsilon_{等效} = \frac{1}{C_0}\int_0^T\int_0^L \frac{\varepsilon_1\varepsilon_0}{D(x,z)-f(x,z)+\varepsilon_1 f(x,z)}\mathrm{d}x\mathrm{d}z \tag{5.3}$$

式中，C_0 为原始电容值；T 为沿 z 方向的总厚度；L 为沿 x 方向的总长度；$D(x,z)$ 为上下表面随位置变化的函数；$f(x,z)$ 为水溶液轮廓随位置变化的函数；ε_1 为水溶液的相对介电常数；ε_0 为真空介电常数。

水溶液运动导致的 $\varepsilon_{等效}$ 改变也会导致电荷在电极之间的流动。在实际情况中，发电机的输出是由间距变化、重叠面积变化与等效介电常数的变化共同作用的结果。通过有限元仿真可以更加详细和直观地分析三种作用的具体影响。

在发电机的二维模型中，将空气的边缘设为无穷远且设为电势零点，PE 表面的电荷密度设为 1μC/m^2，水溶液所携带的电荷总量与 PE 表面相等但符号相反。为了模拟三维结构中间距、重叠面积与等效介电常数的变化，在仿真中定义水溶液的位移、PE 容器的旋转角度和具有不同控制点的 Bézier 曲线与之相对应。

三种情况的开路电压和短路转移电荷量变化曲线如图 5.29(d)～(f)所示。通过比较可以看出，间距变化所产生的输出最高，当水溶液由容器底部运动到顶部时，开路电压由–807.5V 变化为 807.5V，短路情况下的转移电荷量为 1.42nC。对于重叠面积变化的情况，开路电压由 0V 变化为 458.5V，短路情况下的转移电荷量为 0.51nC。等效介电常数的变化导致的电场变化较小，相应地，在这种情况下的输出也最小，开路电压从 535.1V 变化为 807.5V，短路情况下的转移电荷量为 0.11nC。

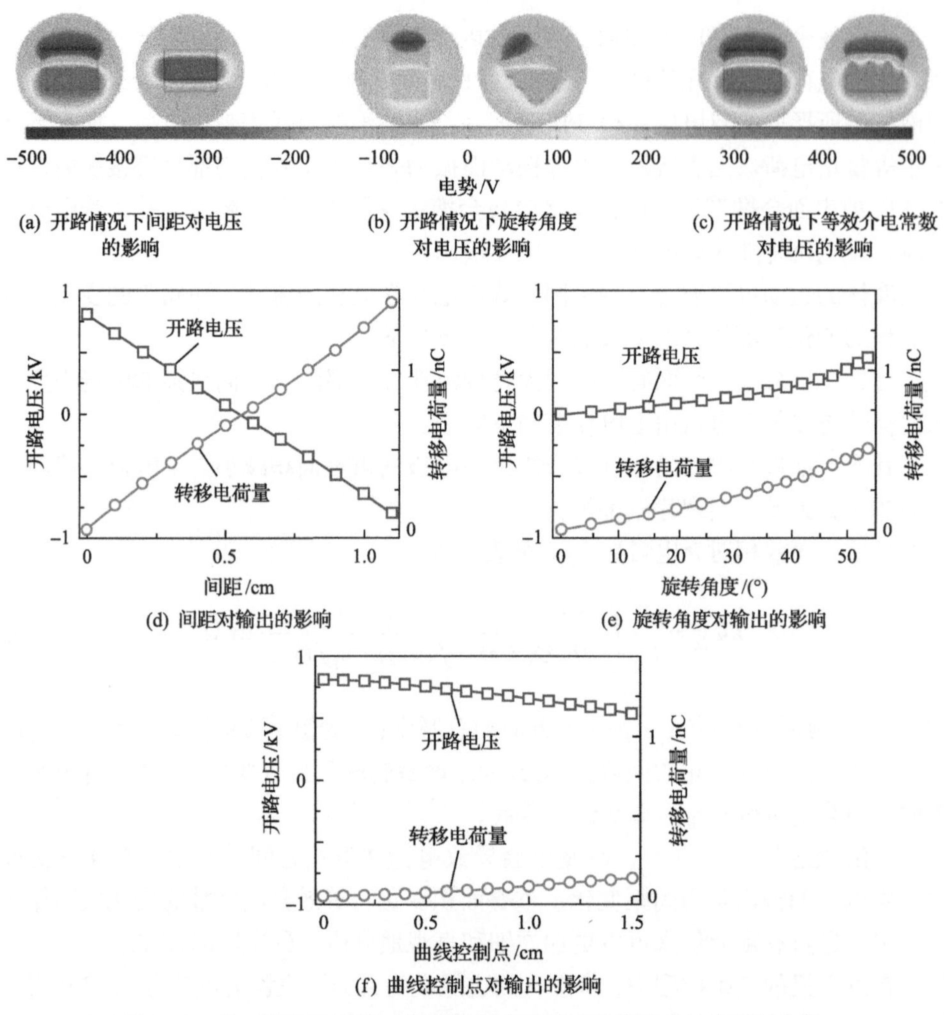

图 5.29 基于液体振动的三维摩擦发电机不同工作模式的有限元分析

因此，在任意外界振动的情况下，尽管三者的共同作用可能对器件的最终输出起到一定程度的抵消作用，但是在多数情况下器件的输出是由一种工作模式为主导完成的，另外两种模式的抵消对器件输出的衰减作用并不明显，三维结构可以有效地将大多数方向的振动能转化为电能，提升了发电机的输出性能。

5.5.2 液态环境下三维摩擦发电机的制备工艺

三维摩擦发电机的结构比较简单，主要是在已有的容器上覆盖带有微纳复合结构的柔性表面，这里重点介绍基于硅模板的微纳复合结构的转印工艺。图 5.30 为采用硅模板制备 PDMS 微纳复合结构的制备工艺流程图[36]。

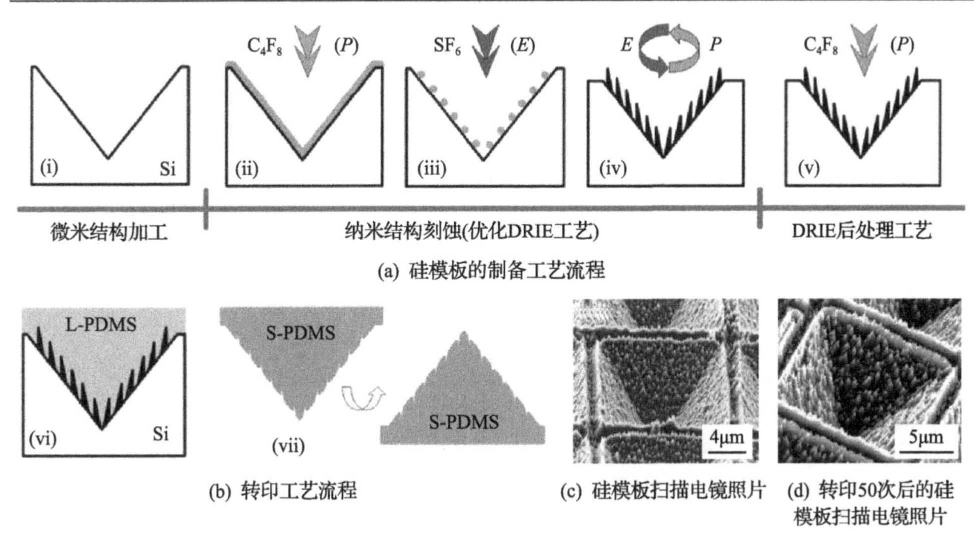

(a) 硅模板的制备工艺流程

(b) 转印工艺流程　(c) 硅模板扫描电镜照片　(d) 转印50次后的硅模板扫描电镜照片

图 5.30　采用硅模板制备 PDMS 微纳复合结构的制备工艺流程[36]

L-PDMS. 液态 PDMS；S-PDMS. 固态 PDMS

首先是硅模板的加工。如图 5.30(a)所示，通过氢氧化钾腐蚀可以在硅表面制备尺度在微米量级的倒金字塔形结构，通过优化的深反应离子刻蚀(depth reactive ion etching，DRIE)工艺可以在已有的微米结构表面刻蚀得到纳米结构，通过 DRIE 处理工艺后(即淀积八氟环丁烷)有助于后续步骤中转印材料从硅模板的脱离。

转印工艺流程如图 5.30(b)所示。利用液体材料制备过程中的自流平效应或台阶覆盖效应等，可将图形化的模板基底表面用柔性材料填充或覆盖，然后将固化成形后的柔性材料从模板基底表面剥离，得到具有微纳复合结构的柔性材料。

图 5.30(c)和(d)对比了硅模板在转印前以及转印 50 次后的扫描电镜照片。可以看出，在进行大批量转印工艺之后，硅基微纳复合结构基本没有明显损伤，微米尺度阵列结构和纳米森林结构均保持完整。这说明了一体化 DRIE 工艺确实可以实现超低表面能的硅基衬底，从而使得 PDMS 薄膜与硅基模板之间的相互作用力微乎其微，在剥离过程中不会对硅基模板造成损伤。

图 5.31 为 PDMS 样品的微纳米尺度结构的扫描电镜照片和实物照片。可以看出，硅基模板上的微纳复合结构完全转移到了 PDMS 薄膜表面，同时纳米森林结构也被成功转移复制，在 PDMS 薄膜表面形成了高密度的纳米筛孔结构，即使在微米尺度结构的倾斜表面上，纳米筛孔结构也对其实现了 100%完全覆盖。

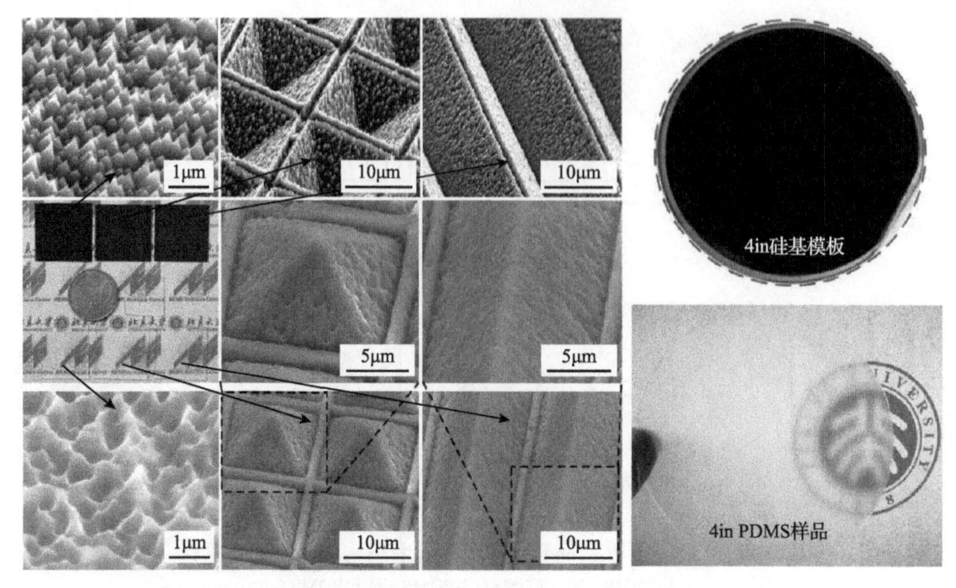

图 5.31　PDMS 样品的微纳米尺度结构的扫描电镜照片和实物照片

5.5.3　液态环境下三维摩擦发电机的性能与应用

通过振动台对三维摩擦发电机施加振动，可以得到其在不同频率下的输出特性。选取容量为 12mL 的 PE 容器，在上下分别制备面积为 2cm×3cm 的铜电极，并在容器中注入去离子水。当振动测试时，通过调节放大倍率使得振动的加速度在不同频率下均为 0.4g，在 100MΩ 的外加负载下，器件的方均根电压随振动频率的变化曲线如图 5.32(a)所示。当所注入的去离子水的体积由 2mL 增加到 6mL 时，最大方均根电压从 8.9V 下降到 7.6V，频带宽度(定义纵坐标为最大值 1/2 处

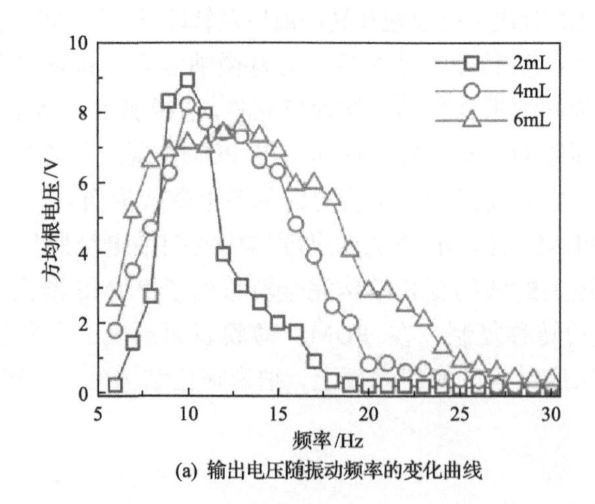

(a) 输出电压随振动频率的变化曲线

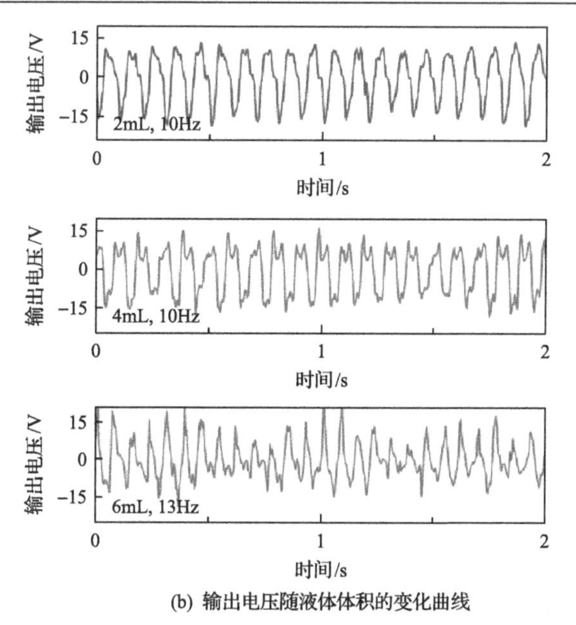

(b) 输出电压随液体体积的变化曲线

图 5.32　基于液体振动的三维摩擦发电机的性能测试

的两点的横坐标之差)由 3.57Hz 增加到 12.76Hz。不同液体体积下输出电压的时域曲线如图 5.32(b)所示。

为方便叙述，将去离子水的体积为 4mL、振动频率为 10Hz、加速度为 0.4g、外加负载为 100MΩ 的测试条件定义为默认条件。在后文中，试验条件中未专门提及的量按此默认值处理。当振动加速度增加时，发电机的输出会随之增加。

在固定频率为 10Hz 和 20Hz 的情况下，该发电机的方均根电压输出随加速度的变化曲线如图 5.33(a)所示。当外加负载变化时，输出也会发生变化。如图 5.33(b)所示，当外加负载为 80MΩ 时，发电机可以产生最大的平均输出功率，其数值为 0.9μW。

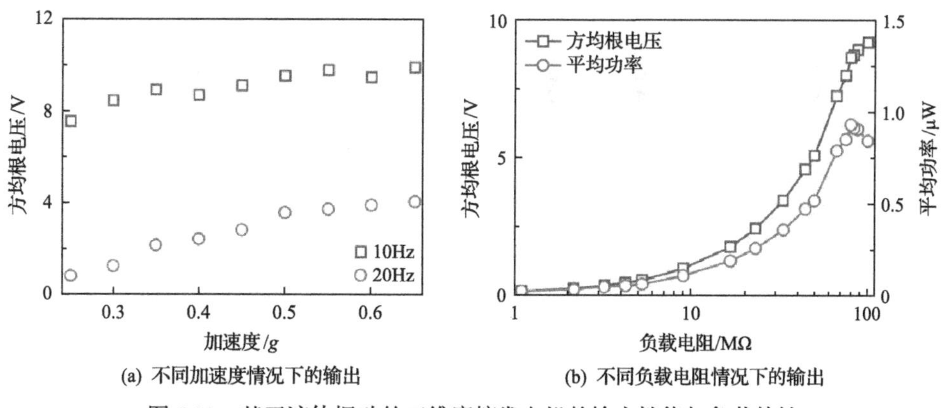

(a) 不同加速度情况下的输出　(b) 不同负载电阻情况下的输出

图 5.33　基于液体振动的三维摩擦发电机的输出性能与负载特性

由于液体自身的流动性，很容易在外界振动的情况下发生形变或位移，从而以间距变化、重叠面积变化或等效介电常数变化的方式在电极之间感应出电荷流动，这种特点有利于实现对任意方向振动能量的采集。

在试验测试方面，采用倾斜的方法对其三维能量采集效果进行表征，即将振动方向保持为沿 z 轴方向，通过使器件沿 x 或 y 轴方向倾斜来测试其对不同方向振动能的采集效果，如图 5.34(a)所示。

当器件沿 x 轴(即在 yz 平面内)倾斜不同角度后，内部液体的运动状态以及液体与电极的相对位置均会发生变化，输出电压的时域波形如图 5.34(b)所示。当倾斜角度小于 30°时，器件的输出电压并不会发生显著变化，随着倾斜角度进一步增大，器件的输出电压线性降低，在倾斜 90°时仍能产生可观的输出。当器件沿 y 轴(即在 xz 平面内)倾斜不同角度后，内部液体与电极的相对位置会发生变化，但由于容器沿 y 轴方向的截面为圆形，倾斜后不会导致液体运动状态的变化，输出电压的时域波形如图 5.34(c)所示。在这种情况下，器件在任意倾斜角度时均可提供可观的输出，方均根电压值大于 9V。

基于液体振动的摩擦发电机除了可以有效地采集多方向的振动能，由于固液接触所产生的电荷密度与材料性质相关，通过对固体表面进行修饰可以调控该器件的输出性能。通过气体处理可在材料表面淀积一层薄膜材料或改变材料表面的化学键，从而改变被处理材料的亲疏水性、得失电子能力、生物兼容性等诸多特性。这里通过电感耦合等离子体刻蚀来对 PE 容器表面进行修饰。在氧等离子处理过程中，射频功率、平板功率、O_2 流量、压力和反应时间分别设置为 120W、0W、100mL/min、9.3Pa 和 600s。在 C_4F_8 气体处理过程中，射频功率、平板功率、O_2 流量、压力和反应时间分别设置为 100W、0W、80mL/min、5Pa 和 600s。

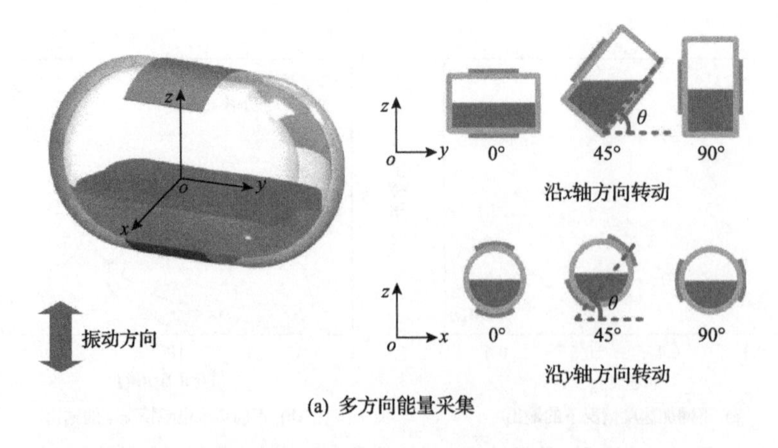

(a) 多方向能量采集

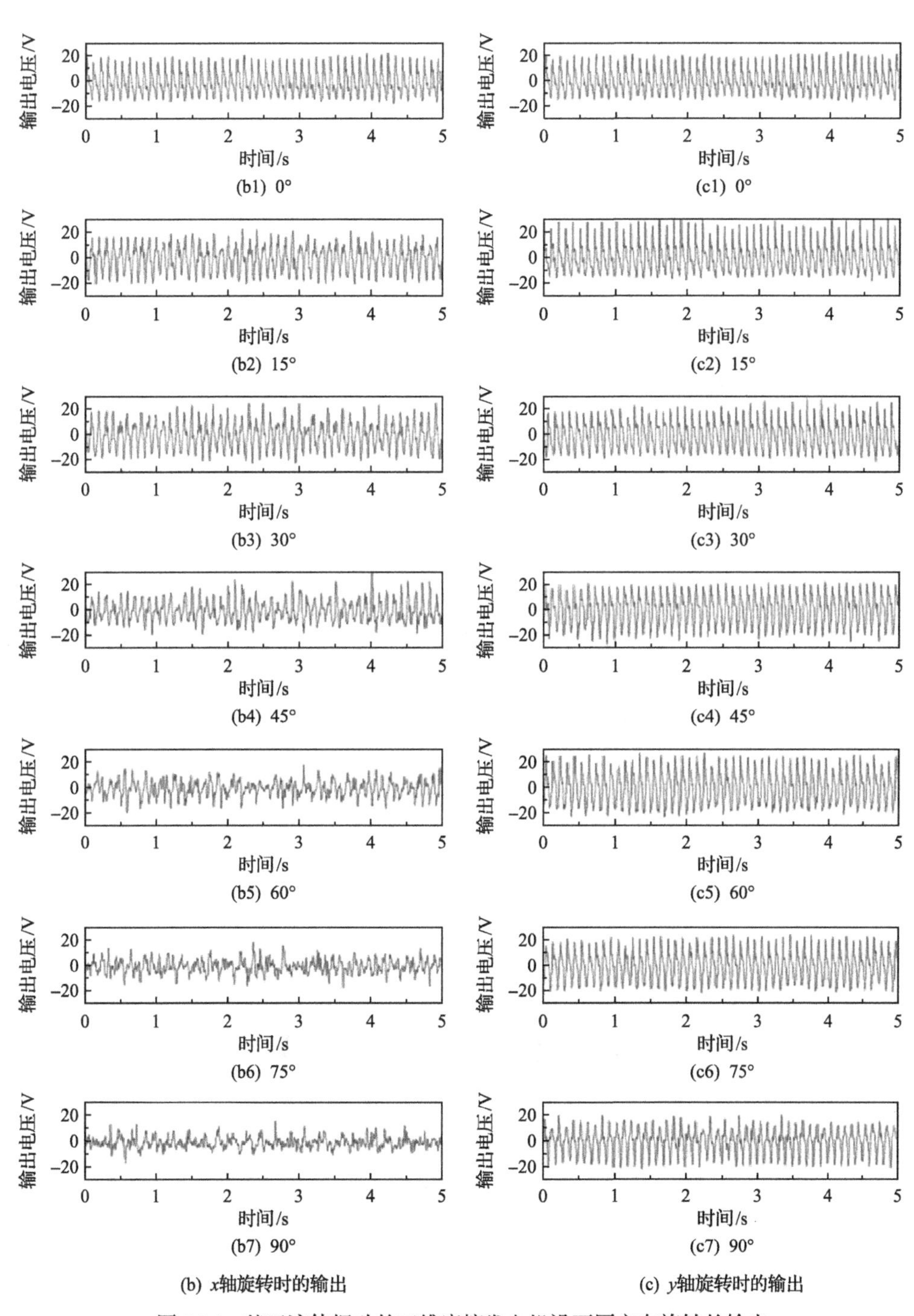

图 5.34　基于液体振动的三维摩擦发电机沿不同方向旋转的输出

表面修饰之前的输出如图 5.35(a)左边所示。使用氧等离子体处理 PE 表面后，输出电压明显降低，其输出几乎为零。当使用 C_4F_8 气体处理 PE 表面后，由于氟碳聚合物具有更强的得电子能力，器件的输出电压有了 2.6 倍的提升。为了进一步分析表面修饰后材料表面的性质，采用 X 射线光电子能谱分析对处理

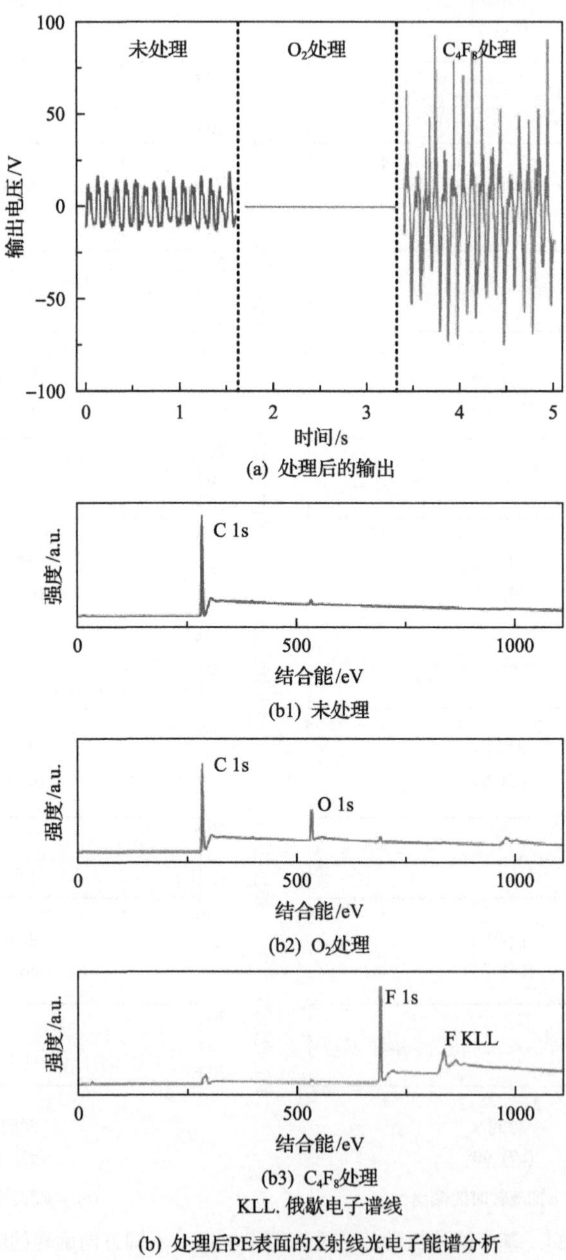

(a) 处理后的输出

(b1) 未处理

(b2) O_2处理

(b3) C_4F_8处理

KLL. 俄歇电子谱线

(b) 处理后PE表面的X射线光电子能谱分析

图 5.35　等离子体刻蚀处理 PE 容器表面

前后的 PE 表面进行了表征，如图 5.35(b)所示，未处理的 PE 表面有明显的 C 1s 峰，其强度远大于其他峰。O_2处理后的 PE 表面具有更高的 O 1s 峰，表明 PE 表面氧化。C_4F_8处理后的 PE 表面具有明显的 F 1s 和 F KLL 峰，表明氟碳聚合物被淀积在 PE 表面。需要强调的是，表面修饰之后器件输出性能的改变是由材料表面性质的改变而引起的，并非处理过程中引入的电荷引起。

为了进一步验证这一点，在试验中保持 O_2、C_4F_8处理的条件不变，仅将注入液体由去离子水变为无水乙醇，在保证相同振动条件的情况下，基于无水乙醇的器件产生的输出电压很小，如图 5.36 所示，其峰值低于 0.5V，由此可以证明等离子体处理的过程不会引入多余的电荷影响器件的输出。

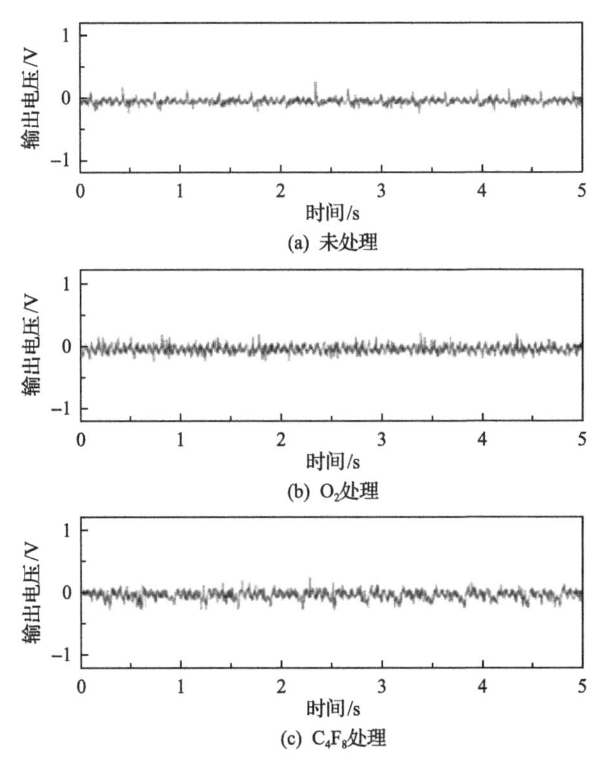

图 5.36　不同气体处理情况下以无水乙醇为液体的器件的输出电压曲线

5.6　本 章 小 结

本章系统地介绍了三维结构的加工方法，压电式、电磁式、摩擦等多种原理的三维能量采集器的结构设计、制备工艺以及性能测试和应用实例。其中，压电式能量采集器通过压缩屈曲工艺将 PVDF 薄膜制备成三维结构，实现了对面内和面外振动的有效采集；电磁式能量采集器采用立方体结构设计实现了多方向振动能的采集；摩擦发电机通过大面积柔性薄膜或者密闭结构中液体的振动实现不同方向的机械能到电能的有效转化。

参考文献

[1] Feng L, Zhang Y, Xi J, et al. Petal effect: A superhydrophobic state with high adhesive force. Langmuir, 2008, 24(8): 4114-4119.

[2] Autumn K. Gecko adhesion: Structure, function, and applications. MRS Bulletin, 2007, 32(6): 473-478.

[3] Ahn B Y, Duoss E B, Motala M J, et al. Omnidirectional printing of flexible, stretchable, and spanning silver microelectrodes. Science, 2009, 323(5921): 1590-1593.

[4] Skylar-Scott M A, Gunasekaran S, Lewis J A. Laser-assisted direct ink writing of planar and 3D metal architectures. Proceedings of the National Academy of Sciences, 2016, 113(22): 6137-6142.

[5] Parekh D P, Ladd C, Panich L, et al. 3D printing of liquid metals as fugitive inks for fabrication of 3D microfluidic channels. Lab on a Chip, 2016, 16(10): 1812-1820.

[6] Syms R R A, Yeatman E M, Bright V M, et al. Surface tension-powered self-assembly of microstructures-the state-of-the-art. Journal of Microelectromechanical Systems, 2003, 12(4): 387-417.

[7] Kang S H, Dickey M D. Patterning via self-organization and self-folding: Beyond conventional lithography. MRS Bulletin, 2016, 41(2): 93-96.

[8] Xu S, Yan Z, Jang K I, et al. Assembly of micro/nanomaterials into complex, three-dimensional architectures by compressive buckling. Science, 2015, 347(6218): 154-159.

[9] Yan Z, Zhang F, Liu F, et al. Mechanical assembly of complex, 3D mesostructures from releasable multilayers of advanced materials. Science Advances, 2016, 2(9): e1601014.

[10] Yan Z, Han M, Yang Y, et al. Deterministic assembly of 3D mesostructures in advanced materials via compressive buckling: A short review of recent progress. Extreme Mechanics Letters, 2017, 11: 96-104.

[11] Gladman A S, Matsumoto E A, Nuzzo R G, et al. Biomimetic 4D printing. Nature Materials, 2016, 15(4): 413-418.

[12] Cumpston B H, Ananthavel S P, Barlow S, et al. Two-photon polymerization initiators for three-dimensional optical data storage and microfabrication. Nature, 1999, 398(6722): 51-54.

[13] Zheng X, Lee H, Weisgraber T H, et al. Ultralight, ultrastiff mechanical metamaterials. Science, 2014, 344(6190): 1373-1377.

[14] Meza L R, Das S, Greer J R. Strong, lightweight, and recoverable three-dimensional ceramic nanolattices. Science, 2014, 345(6202): 1322-1326.

[15] Zhang X, Pint C L, Lee M H, et al. Optically-and thermally-responsive programmable materials based on carbon nanotube-hydrogel polymer composites. Nano Letters, 2011, 11(8): 3239-3244.

[16] Schmidt O G, Eberl K. Thin solid films roll up into nanotubes. Nature, 2001, 410(6825): 168.

[17] Tian Z, Zhang L, Fang Y, et al. Deterministic self-rolling of ultrathin nanocrystalline diamond nanomembranes for 3D tubular/helical architecture. Advanced Materials, 2017, 29(13): 1604572.

[18] Mao Y, Pan Y, Zhang W, et al. Multi-direction-tunable three-dimensional meta-atoms for reversible switching between midwave and long-wave infrared regimes. Nano Letters, 2016, 16(11): 7025-7029.

[19] Zhang Y, Yan Z, Nan K, et al. A mechanically driven form of Kirigami as a route to 3D mesostructures in micro/nanomembranes. Proceedings of the National Academy of Sciences, 2015, 112(38): 11757-11764.

[20] Yan Z, Zhang F, Wang J, et al. Controlled mechanical buckling for origami-inspired construction of 3D microstructures in advanced materials. Advanced Functional Materials, 2016, 26(16): 2629-2639.

[21] Kang H W, Lee S J, Ko I K, et al. A 3D bioprinting system to produce human-scale tissue constructs with structural integrity. Nature Biotechnology, 2016, 34(3): 312.

[22] Lind J U, Busbee T A, Valentine A D, et al. Instrumented cardiac microphysiological devices via multimaterial three-dimensional printing. Nature Materials, 2017, 16(3): 303-308.

[23] Park S J, Gazzola M, Park K S, et al. Phototactic guidance of a tissue-engineered soft-robotic ray. Science, 2016, 353(6295): 158-162.

[24] Alblalaihid K, Overton J, Lawes S, et al. A 3D-printed polymer micro-gripper with self-defined electrical tracks and thermal actuator. Journal of Micromechanics and Microengineering, 2017, 27(4): 045019.

[25] Valentine J, Zhang S, Zentgraf T, et al. Three-dimensional optical metamaterial with a negative refractive index. Nature, 2008, 455(7211): 376-379.

[26] Babaee S, Shim J, Weaver J C, et al. 3D soft metamaterials with negative Poisson's ratio. Advanced Materials, 2013, 25(36): 5044-5049.

[27] Gansel J K, Thiel M, Rill M S, et al. Gold helix photonic metamaterial as broadband circular polarizer. Science, 2009, 325(5947): 1513-1515.

[28] Overvelde J T B, de Jong T A, Shevchenko Y, et al. A three-dimensional actuated origami-inspired transformable metamaterial with multiple degrees of freedom. Nature Communications, 2016, 7(1): 1-8.

[29] Kim J, Aagesen L K, Choi J H, et al. Template-directed directionally solidified 3D mesostructured AgCl-KCl eutectic photonic crystals. Advanced Materials, 2015, 27(31): 4551-4559.

[30] Cottone F, Gammaitoni L, Vocca H, et al. Piezoelectric buckled beams for random vibration energy harvesting. Smart Materials and Structures, 2012, 21(3): 035021.

[31] Han M, Qiu G, Liu W, et al. Note: A cubic electromagnetic harvester that convert vibration energy from all directions. Review of Scientific Instruments, 2014, 85(7): 076109.

[32] Wang Z L, Chen J, Lin L. Progress in triboelectric nanogenerators as a new energy technology and self-powered sensors. Energy & Environmental Science, 2015, 8(8): 2250-2282.

[33] Han M, Yu B, Cheng X, et al. A super-flexible and lightweight membrane for energy harvesting//The 18th International Conference on Solid-State Sensors, Actuators and Microsystems, Anchorage, 2015: 55-58.

[34] Guo H, Leng Q, He X, et al. A triboelectric generator based on checker-like interdigital electrodes with a sandwiched PET thin film for harvesting sliding energy in all directions. Advanced Energy Materials, 2015, 5(1): 1400790.

[35] Han M, Yu B, Qiu G, et al. Electrification based devices with encapsulated liquid for energy harvesting, multifunctional sensing, and self-powered visualized detection. Journal of Materials Chemistry A, 2015, 3(14): 7382-7388.

[36] Zhang X S, Zhu F Y, Han M D, et al. Self-cleaning poly(dimethylsiloxane) film with functional micro/nano hierarchical structures. Langmuir, 2013, 29(34): 10769-10775.

第6章　复合式能量采集器

将不同工作原理的器件集成在一起，可以有效地避免单种原理器件的局限性，实现优势互补；进一步，将实现不同功能的器件集成在一起，可以扩展系统的可用性，形成多功能系统。本章重点介绍电磁-摩擦复合、压电-摩擦复合、光伏-摩擦复合等多种复合能量采集技术。

6.1　电磁-摩擦复合式能量采集器

电磁-摩擦复合式能量采集器是指将基于电磁感应效应与摩擦起电效应的能量采集方法集成在同一器件中。基于电磁感应的能量采集器输出电流大、匹配负载低，但输出电压不高，不利于对输出信号的整流处理。基于摩擦起电效应的能量采集器输出电压高，但匹配负载大、输出电流小，产生的电信号无法直接为电子器件供能。将电磁感应效应与摩擦起电效应相复合，使基于两种原理的器件集成在一起，可以实现二者的优势互补[1]。

6.1.1　电磁-摩擦复合式能量采集器的工作原理

电磁式能量采集器具有面内与面外两种工作模式。对比可以发现，面内工作模式可以提升电磁式能量采集器的输出性能，其输出电压随振幅增加的特性也有利于器件性能的进一步提升。相比之下，面外工作模式虽然在输出性能方面有劣势，但是在器件设计时无须对永磁体阵列与金属线圈阵列的相对位置进行特别的限定，其垂直的器件结构也有利于与其他器件的集成。图 6.1 为面外工作模式的电磁-摩擦复合式能量采集器的工作原理示意图[2]。其工作原理可分为两部分：摩擦起电部分和电磁感应部分。

在摩擦起电部分，电荷在外电路的流动得益于摩擦起电效应与静电感应效应。由于不同材料得失电子能力不同，当相互接触时，两种不同材料表面会产生等量异种电荷。在这种情况下，当材料背面的电极相互连接时，外电路的电荷会由于静电感应而重新分布，如图 6.1(a)所示。当外部机械能使两种材料的间距减小时，产生的电场会增大，外电路的电子会从上电极流向下电极从而平衡增大的电场。当外部机械能消失时，由于永磁体会直接产生电磁斥力，上部器件回到原始位置，

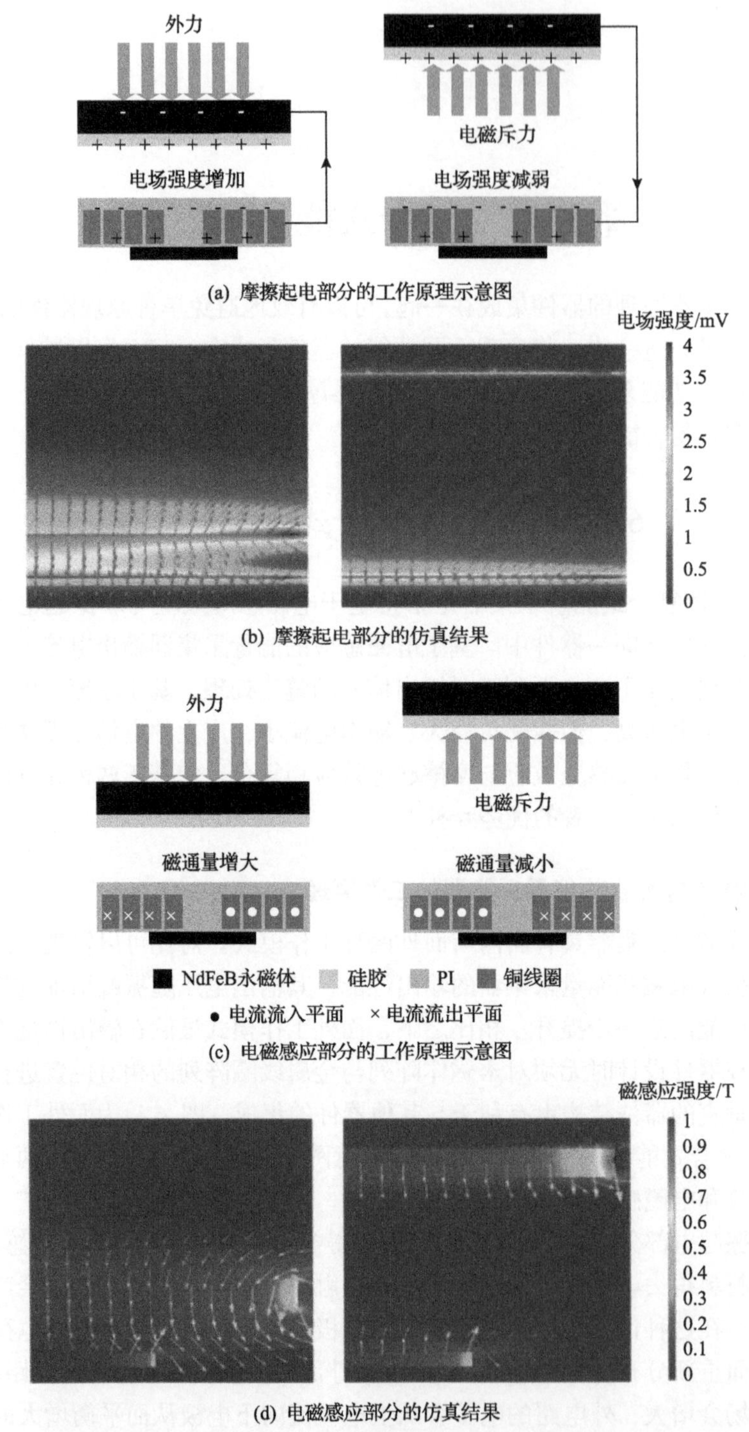

图 6.1　面外工作模式的电磁-摩擦复合式能量采集器的工作原理[2]

导致电场减小，此时外电路的电子会从下电极流向上电极来平衡减小的电场。为了验证电场的变化，建立二维轴对称有限元模型并将无穷远设为电势零点。摩擦表面的电荷密度分别设为 5μC/m^2 和 –5μC/m^2。通过改变上下表面的间距，可以模拟得出不同情况下的电场分布，如图 6.1(b)所示。

在电磁感应部分，由于永磁体通过线圈的磁感应强度的变化，在线圈中也会产生电子的流动。当外部机械能使两种材料的间距减小时，通过线圈的磁通量会增加，从而在线圈中感应出电流。当外部机械能消失时，电磁斥力使上部器件回到原始位置，导致通过线圈的磁通量减小，从而在线圈中感应出相反方向的电流，如图 6.1(c)所示。通过二维轴对称有限元模型也可以对磁感应强度分布进行分析，如图 6.1(d)所示。

6.1.2　电磁-摩擦复合式能量采集器的结构设计

电磁-摩擦复合式能量采集器的结构示意图如图 6.2(a)所示，器件由顶部钢质量块、顶部 NdFeB 永磁体、涂覆于顶部 NdFeB 下方的硅胶层、底部螺旋形电极(上下表面用 PI 封装)、底部 NdFeB 永磁体等组成。上述组成部件均位于 PTFE 中空圆柱的内部。为防止 NdFeB 永磁体被腐蚀，其表面镀有金属镍为保护层。

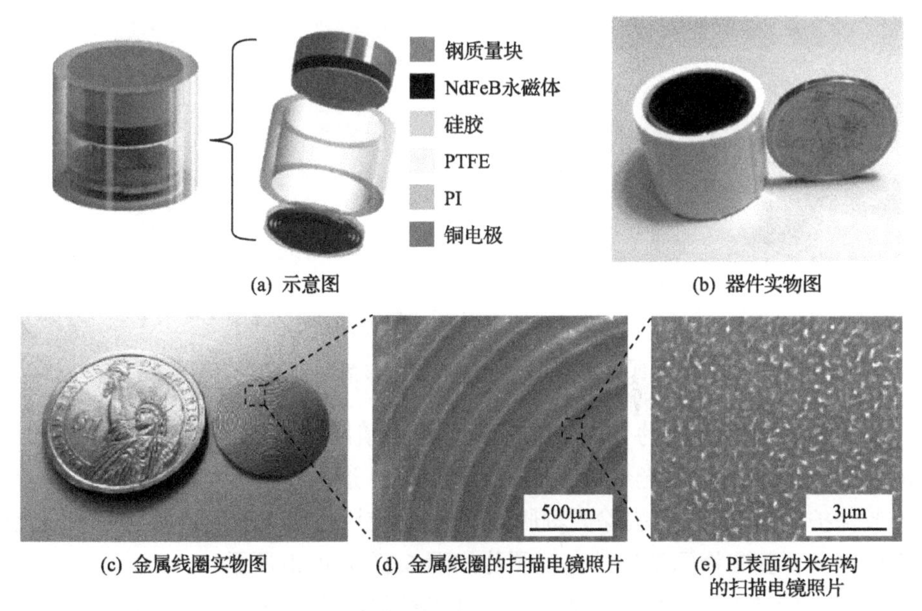

(a) 示意图　(b) 器件实物图

(c) 金属线圈实物图　(d) 金属线圈的扫描电镜照片　(e) PI表面纳米结构的扫描电镜照片

图 6.2　电磁-摩擦复合式能量采集器的结构设计

顶部 NdFeB 永磁体在提供磁场的同时还作为摩擦发电机的上电极，同时，底部 NdFeB 永磁体与顶部 NdFeB 永磁体有相反的极性，二者之间可产生电磁斥力，以平衡顶部的钢质量块所产生的重力；底部螺旋形电极用于摩擦发电机的下电极，同时，由于其形状为螺旋形，其线宽、厚度和间距分别为 150μm、18μm 和 150μm，可以作为金属线圈，通过电磁感应的方式产生感应电压和电流；螺旋形电极表面的 PI 封装与涂覆于顶部 NdFeB 下方的硅胶层为摩擦材料，用以产生表面净电荷，其中 PI 表面具有纳米结构，用于提高表面积，增强摩擦之后的表面电荷密度。

6.1.3 电磁-摩擦复合式能量采集器的制备工艺

在这个复合式器件的加工中，关键是具有 PI 封装层的螺旋形电极的制备。其制备工艺流程如图 6.3 所示。

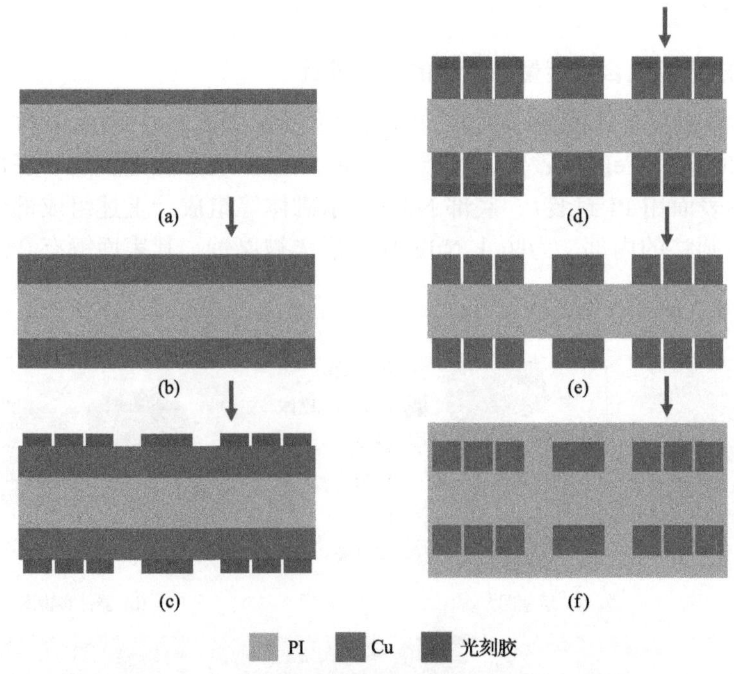

图 6.3 具有 PI 封装层的螺旋形电极的制备工艺流程

采用两面附有铜箔的 PI 薄膜，两面的铜箔厚度可通过电镀的方法增加至 18μm，通过光刻可以将光刻胶图形化为螺旋形，进而使用 $FeCl_3$ 溶液腐蚀掉未被光刻胶保护的铜。最终，去除光刻胶后将 PI 封装层涂覆于两面，从而完成螺旋形电极的制备，其实物图及扫描电镜照片如图 6.2(c)和(d)所示。

PI 表面的纳米结构可采用氧等离子体刻蚀的方法制备。在试验中，采用电感耦合等离子体刻蚀设备，气体选择氧气，流量设为 10mL/min，电极功率分别设为 400W 和 100W，用于产生并加速等离子。经过 600s 的刻蚀后，PI 表面形成如图 6.2(e)所示的纳米结构。

最终制备得到的电磁-摩擦复合式能量采集器实物如图 6.2(b)所示，器件整体为圆柱形，直径为 2.4cm，高度为 2.0cm。

6.1.4　电磁-摩擦复合式能量采集器的性能与应用

使用示波器(Agilent DSO-X 2014A)可对电磁-摩擦复合式能量采集器进行性能表征。对于摩擦起电部分的输出电压，采用 100×探头(HP9258)进行测试，并将示波器的设置调整为 100×挡，探头的等效内阻为 100MΩ。对于摩擦起电部分的输出电流,通过将阻值为 100kΩ 的外加电阻与摩擦起电部分的能量采集器并联，进而通过计算得出电流值。对于电磁感应部分的输出电压，采用 1×探头进行测试，并将示波器的设置调整为 1×挡，探头的等效内阻为 1MΩ。对于电磁感应部分的输出电流，通过将阻值为 0.5Ω 的外加电阻与电磁感应部分的能量采集器并联，进而通过计算得出电流值。

通过施加 5Hz 的外力，可以使电磁-摩擦复合式能量采集器产生周期性的电学输出,其输出特性如图 6.4 所示,其中图 6.4(a)～(c)为摩擦起电部分的输出(测试采用 100MΩ 的探头)，图 6.4(d)～(f)为电磁感应部分的输出(测试采用 1MΩ 的探头)。

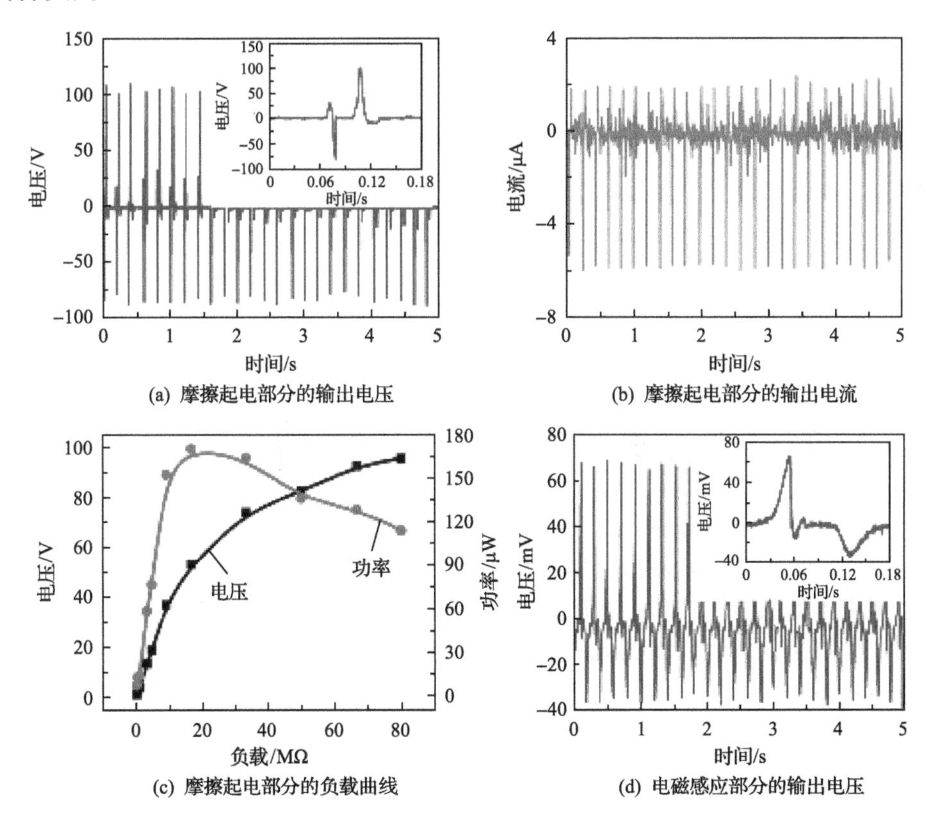

(a) 摩擦起电部分的输出电压　　(b) 摩擦起电部分的输出电流

(c) 摩擦起电部分的负载曲线　　(d) 电磁感应部分的输出电压

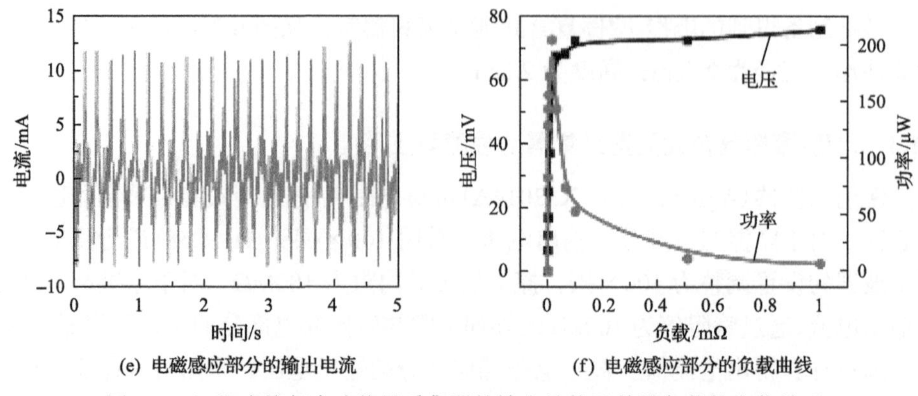

(e) 电磁感应部分的输出电流　　(f) 电磁感应部分的负载曲线

图 6.4　电磁-摩擦复合式能量采集器的输出性能及其随负载的变化关系

根据图 6.4 所示的测试结果，电磁-摩擦复合式能量采集器在很大的外加负载范围内均可提供可观的能量输出。如图 6.5 所示，当外加负载在兆欧(MΩ)量级时，摩擦起电部分可以提供较大的功率输出；当外加负载降低到几十欧姆或欧姆量级时，尽管摩擦起电部分提供的功率输出基本为零，但电磁感应部分在这种情况下可以提供较大的功率输出。因此，电磁-摩擦复合式能量采集器在单纯将电磁感应与摩擦起电效应复合的基础上，合理地利用了二者等效内阻的区别，使得该复合式能量采集器具有更广泛的应用范围，可以为更多不同负载的器件供能。

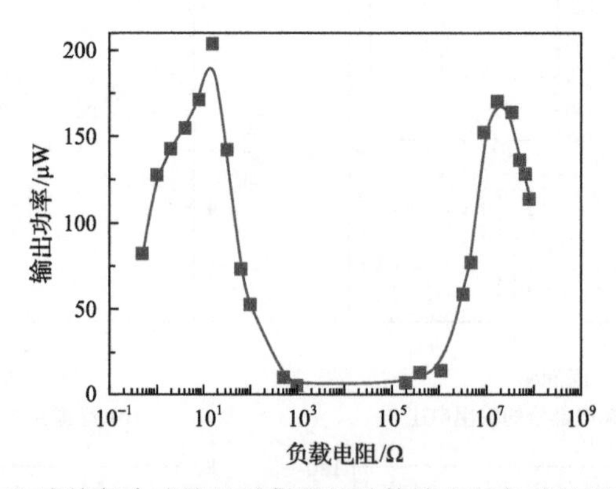

图 6.5　电磁-摩擦复合式能量采集器的总体输出随负载的变化关系曲线

另外，通过将电磁感应效应与摩擦起电效应结合，其中的永磁体可以提供电磁斥力，相对于机械恢复力更加精确稳定，不会受到机械疲劳的影响，可以提高能量采集器的稳定性。通过施加 5Hz 的周期性外力，该电磁-摩擦复合式能量采集器可产生持续的输出。如图 6.6(a)所示，电磁-摩擦复合式能量采集器在 2500 个周期内能够产生稳定的输出。持续施加外力 1h 后，器件仍能产生类似幅值的输出。图 6.6(b)为施加外力 1h 后电磁-摩擦复合式能量采集器在 2500 个周期内产生的输出电压。

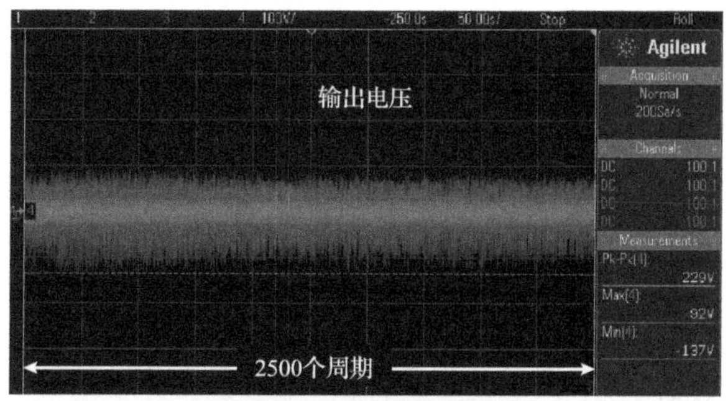

(a) 器件初始状态的输出电压

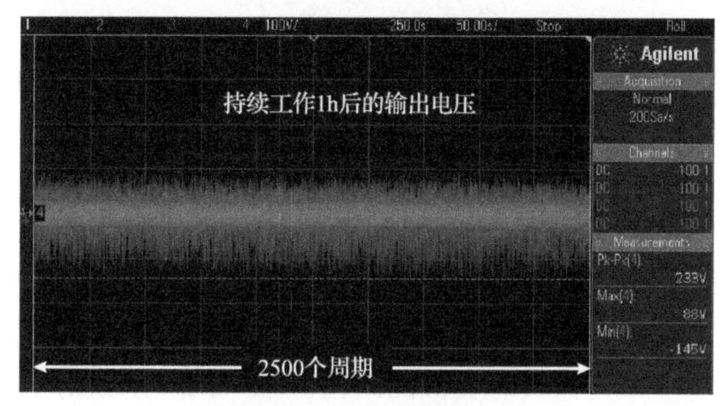

(b) 器件持续工作1h后的输出电压

图 6.6 电磁-摩擦复合式能量采集器的稳定性测试

综上所述，将电磁感应效应与摩擦起电效应相结合，实现了电磁-摩擦复合式能量采集。首先通过有限元仿真对永磁体、永磁体阵列的磁场分布进行分析，研究对比面外工作模式的电磁式能量采集器、面内工作模式的电磁式能量采集器的输出特点。通过折叠的方式将平面金属线圈阵列转化为立体金属线圈，实现了一种三维电磁式能量采集器及其多方向机械能的采集,并可应用于人体动能的采集。在此基础上，设计并制备了一种电磁-摩擦复合式能量采集器。通过螺旋形金属电极感应磁场的变化，实现了摩擦起电效应与电磁感应效应的集成。摩擦起电部分与电磁感应部分可产生的输出功率密度分别为 541.1mW/m^2 和 649.4mW/m^2。在复合的基础上，拓展了能量采集器与外加负载的匹配范围(从欧姆量级到兆欧姆量级)，通过电磁斥力提升了能量采集器的稳定性。

6.2 压电-摩擦复合式能量采集器

压电效应与摩擦起电效应均可应用于高性能的能量采集器[3]。其中纵向(利用 d_{33} 模态)的压电式能量采集器与单电极式摩擦发电机在结构上表现出的明显相似性为二者的集成提供了可能。通过有限元分析，对压电-摩擦复合式能量采集器的结构特点、极性选择、电极连接方式以及工作模式进行分析。

6.2.1　压电-摩擦复合式能量采集器的工作原理

纵向压电式能量采集器与单电极式摩擦发电机的工作原理如图 6.7 所示[4]。当没有外力施加在压电式能量采集器上时，压电材料内部不会产生极化，如图 6.7(a)所示；当施加外力压缩压电材料时，电子将在上下电极之间流动，以平衡压电材料内部所产生的电偶极矩，如图 6.7(b)所示。对于这种结构，在短路情况下转移的电荷量可以表示为

$$Q_{\text{短路-压电}} = A\sigma_{33}d_{33} \tag{6.1}$$

式中，A 为压电材料的面积；σ_{33} 为沿外力方向产生的应力；d_{33} 为压电电荷常数。

开路情况下压电式能量采集器的电压输出为

$$V_{\text{开路-压电}} = T\sigma_{33}g_{33} \tag{6.2}$$

式中，T 为压电材料的厚度；σ_{33} 为沿外力方向产生的应力；g_{33} 为压电电压常数。

相比之下，若将单电极式摩擦发电机的参考电极置于器件的底部，则该器件与纵向的压电式能量采集器具有类似的结构。唯一的区别是对于该摩擦发电机，电极中间的压电材料可替换为电介质，如聚合物、空气等。对于这种类型的器件，当外部物体与上电极接触时，由于摩擦起电效应，外部物体和上电极在接触后会携带等量异种电荷，如图 6.7(c)所示。

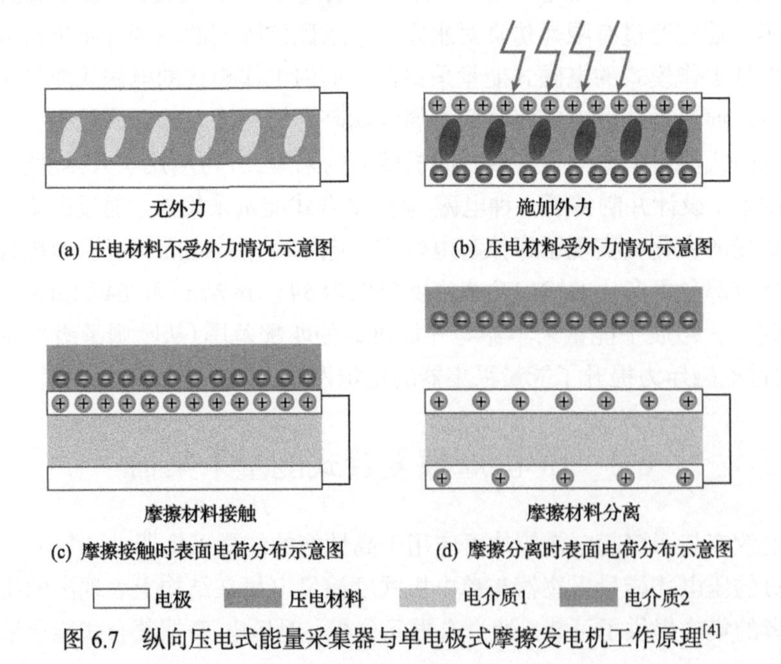

(a) 压电材料不受外力情况示意图　(b) 压电材料受外力情况示意图

(c) 摩擦接触时表面电荷分布示意图　(d) 摩擦分离时表面电荷分布示意图

图 6.7　纵向压电式能量采集器与单电极式摩擦发电机工作原理[4]

当外部物体远离上电极时，由于外部物体所携带净电荷的影响越来越小，上电极所携带的电荷将平均分布在上电极与下电极，如图 6.7(d)所示。外部物体与上电极的间距决定了该类型摩擦发电机的输出性能。假设外部物体移至无穷远处，其影响可完全忽略，那么摩擦发电机在短路情况下的转移电荷量和开路情况下的输出电压可分别表示为

$$Q_{短路\text{-}摩擦}=\frac{1}{2}A\sigma_{\mathrm{q}} \tag{6.3}$$

$$V_{开路\text{-}摩擦}=\frac{1}{2}\frac{T}{\varepsilon}\sigma_{\mathrm{q}} \tag{6.4}$$

式中，A 为摩擦起电效应的接触面积；T 为电介质的厚度；ε 为电介质的介电常数；σ_{q} 为摩擦起电效应所产生的表面电荷密度。

比较式(6.1)～式(6.4)可以看出，纵向压电式能量采集器与单电极式摩擦发电机的输出性能(即短路情况下的转移电荷量和开路情况下的输出电压)受器件尺寸、材料自身特性、外力大小的影响，且变化规律相似。

(1)对于两种器件，短路情况下的转移电荷量均正比于面积 A，与材料厚度 T 无关，而开路情况下的输出电压均正比于厚度 T，且与面积 A 无关。

(2)材料自身的性质会影响二者的输出，例如，与压电材料自身性质相关的压电电荷常数 d_{33} 和 g_{33} 直接影响压电式能量采集器的输出，摩擦起电效应所产生的表面电荷密度 σ_{q} 与接触材料得失电子的能力相关，直接影响摩擦发电机的输出。

(3)更大的外力可以增大沿外力方向产生的应力 σ_{33}，在摩擦材料表面存在微纳米尺度的结构时还可以增加表面电荷密度 σ_{q}，因此对于二者，更大的外力有助于产生更高的输出。

此外，二者的其他特性，如等效内阻、输出电流等也表现出很强的相似性，详细的对比分析总结见表 6.1。

表 6.1　纵向压电式能量采集器与单电极式摩擦发电机的对比

项目	纵向压电式能量采集器	单电极式摩擦发电机
尺寸影响	短路转移电荷量与面积成正比，开路电压与厚度成正比	短路转移电荷量与面积成正比，开路电压与厚度成正比
材料影响	d_{33} 与 g_{33} 取决于材料	σ_{q} 取决于摩擦材料
外力影响	σ_{q} 与所加外力成正比	摩擦材料表面具有微纳结构，σ_{q} 随外力增加而增大

续表

项目	纵向压电式能量采集器	单电极式摩擦发电机
等效内阻	等效内阻大，容性负载	等效内阻大，容性负载
电荷转移效率	100%	50%
与电磁式能量采集器相比的特点	高电压、低电流	高电压、低电流
工作原理	内部电场驱动电荷流动	外电场驱动电荷流动

基于二者在结构和输出方面的相似性，可以设计合理的结构，将二者耦合，实现压电-摩擦复合式能量采集器。例如，将单电极式摩擦发电机中的电介质替换为压电材料，在施加外力的情况下，器件可以依次基于静电感应和压电效应产生电学输出，构成压电-摩擦复合式能量采集器。根据摩擦材料的性质(电介质与导体摩擦、电介质与电介质摩擦)和电极的数量(二电极、三电极、四电极)，可以将压电-摩擦复合式能量采集器分为六类，如图 6.8 所示。

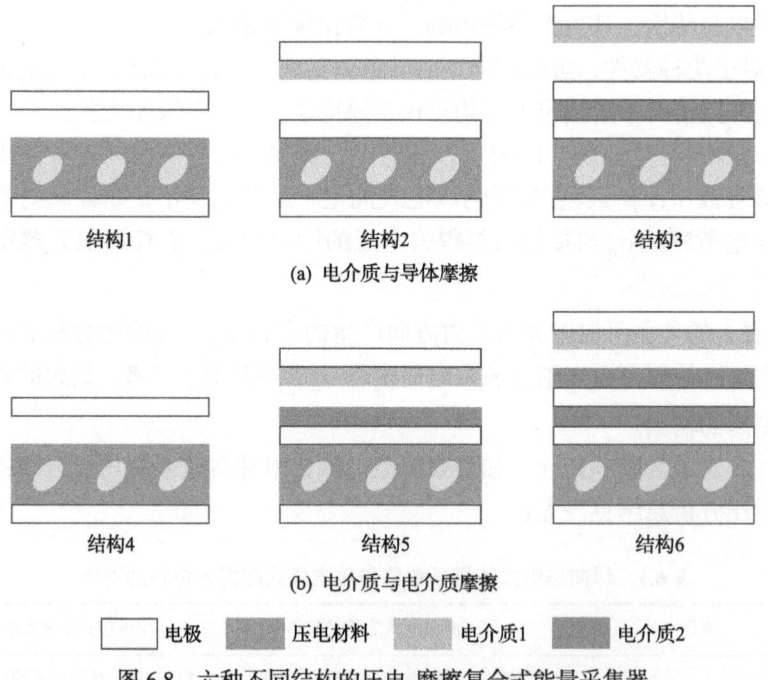

图 6.8　六种不同结构的压电-摩擦复合式能量采集器

这六种结构分别有二电极、三电极、四电极等多种连接方式[5]，对于每一种结构，电荷的转移可以分为三个阶段：

(1)摩擦材料相接触，压电材料受到压缩(定义为状态 1)；

(2)摩擦材料相接触，压电材料完全释放(定义为状态 2)；

(3)摩擦材料分离，压电材料完全释放(定义为状态 3)。

如果压电-摩擦复合式能量采集器在工作过程中依次经历状态 1、状态 2 和状态 3，则称为异步工作模式。对于这种工作模式，尽管半个工作周期内的输出电压 V_{half} 与转移电荷量 Q_{half} 受压电效应与静电感应的共同制约，但其输出在任一特定的时刻只受一种效应主导。

通过合理的结构设计，可以使压电效应与静电感应共同作用，在同一时刻产生电学输出，实现同步工作模式。

压电-摩擦复合式能量采集器包括二者的简单复合器件、异步工作模式的复合器件以及同步工作模式的复合器件。

6.2.2　简单复合模式

为实现压电式能量采集器与摩擦发电机的简单复合，可以将悬臂梁阵列的压电式能量采集器置于玻璃衬底上，并在玻璃衬底上方、最长悬臂梁下方放置具有底电极的 PDMS 薄膜[6]。悬臂梁阵列由 PVDF 薄膜构成，在上下均有金属铝电极，可随外界振动而运动，从而由压电效应产生电学输出。同时，悬臂梁的运动会导致底部金属铝电极与 PDMS 薄膜产生周期性的接触与分离，金属铝与 PDMS 通过接触而带有等量异种电荷，之后随着二者间距的变化，在底部铝电极与 PDMS 下方电极之间会由于静电感应产生电学输出。由此，压电式能量采集器与摩擦发电机的简单复合得以实现。简单复合式的压电-摩擦能量采集器的结构示意图如图 6.9 所示。

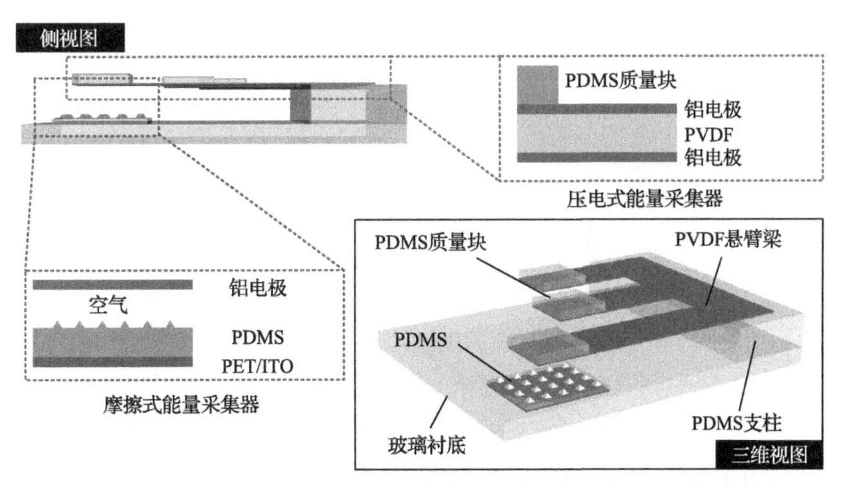

图 6.9　简单复合式的压电-摩擦能量采集器的结构示意图

为进一步增加摩擦起电部分的输出，可在 PDMS 薄膜表面制备微纳米跨尺度结构。为了有效地实现对振动能宽频带采集，可对悬臂梁阵列的长度进行优化。悬臂梁的弹性系数 k 和谐振频率 f 可分别表示为

$$k=\frac{EWt^3}{4L^3} \tag{6.5}$$

$$f=\frac{1}{2\pi}\sqrt{\frac{k}{m}} \tag{6.6}$$

式中，m 为悬臂梁顶端质量块质量；E 为悬臂梁材料的杨氏模量；L、W 和 t 分别为悬臂梁的长度、宽度和厚度。

由此可以得出，悬臂梁的谐振频率与 $L^{-3/2}$ 成正比，通过调节悬臂梁长度 L 可以控制谐振频率的大小。

简单复合式的压电-摩擦能量采集器的制备工艺流程如图 6.10 所示，分为两部分。

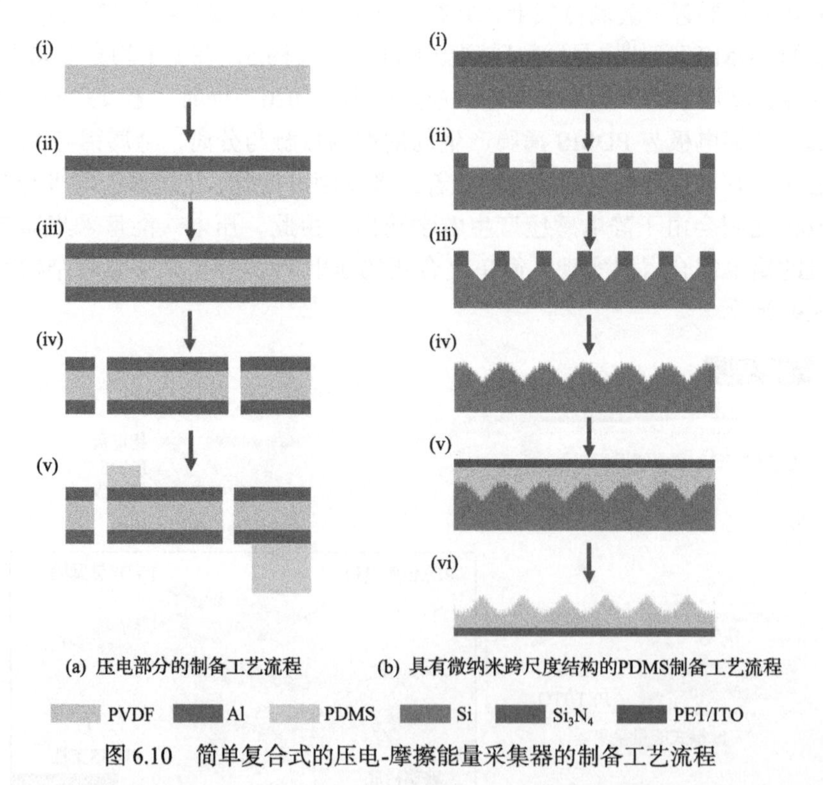

图 6.10　简单复合式的压电-摩擦能量采集器的制备工艺流程

对于 PVDF 悬臂梁阵列的加工，首先需在 PVDF 薄膜的正反面蒸镀金属铝作为电极，并通过激光切割的方法图形化带有电极的 PVDF 薄膜，最终将 PDMS 支柱和质量块黏附在相应的位置。

对于具有微纳米跨尺度结构的 PDMS 薄膜的加工，首先需在硅片表面沉积 Si_3N_4 薄膜并对其进行图形化处理，接着以 Si_3N_4 作为掩模对硅进行氢氧化钾湿法腐蚀，形成周期性倒金字塔结构；之后取出 Si_3N_4 并通过 DRIE 工艺处理硅表面，形成锥形纳米结构并在其表面淀积氟碳聚合物；最后使液态 PDMS 浸没具有微纳米跨尺度结构的硅片，将 PDMS 固化，并从硅片上剥离置于透明 ITO 电极上。

所加工器件的实物图如图 6.11(a)所示，激光切割后的 PVDF 薄膜光学显微镜照片如图 6.11(b)所示，具有微纳米跨尺度结构 PDMS 薄膜的扫描电镜照片如图 6.11(c)所示。

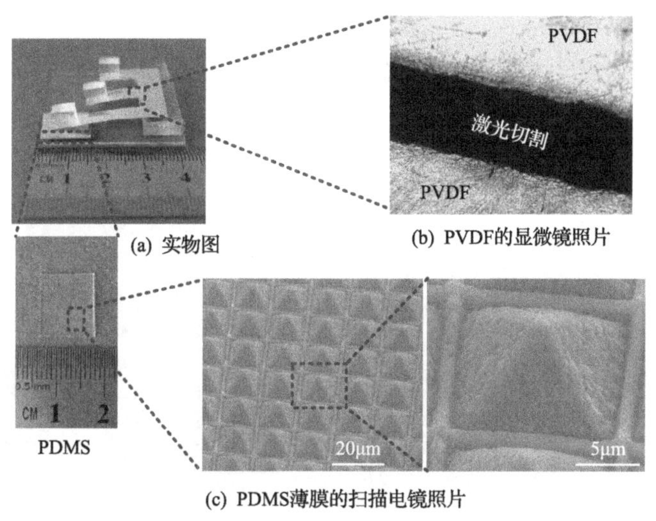

(a) 实物图　(b) PVDF的显微镜照片

(c) PDMS薄膜的扫描电镜照片

图 6.11　简单复合式的压电-摩擦能量采集器的实物图

PVDF 材料的杨氏模量较低，且该器件采用了不同长度的悬臂梁阵列，因此该复合式器件具有低谐振频率与宽工作频带的特点。在振动测试中，采用 1g 的加速度，当振动频率由 2.5Hz 增加到 60Hz 时，如图 6.12 所示，器件的压电部分输出随频率变化出现了三个明显的峰值(15Hz 的输出电压为 320mV，32.5Hz 的输出电压为 288mV，47.5Hz 的输出电压为 264mV)，体现出了宽工作频带的特点。其中，最长的悬臂梁在自身振动的同时，还会与下方的 PDMS 薄膜相接触并产生基于静电感应的输出。

如图 6.13(a)所示，在 15Hz 的振动频率下，最长悬臂梁产生最大的振幅，其底部铝电极与 PDMS 薄膜构成的摩擦发电机可产生峰峰值约为 20V 的输出。与压电部分的输出相比，摩擦起电部分的输出电压幅值大幅提升，可直接点亮 LED，如图 6.13(b)所示。此外，采用如图 6.13(c)所示的电路，可以对摩擦起电部分的输出进行整流，将电能存储在电容中，从而为更大功率的器件供能。如图 6.13(d)所示，在 15Hz 的振动频率下，1μF 的电容可在 120s 内充到 0.46V。

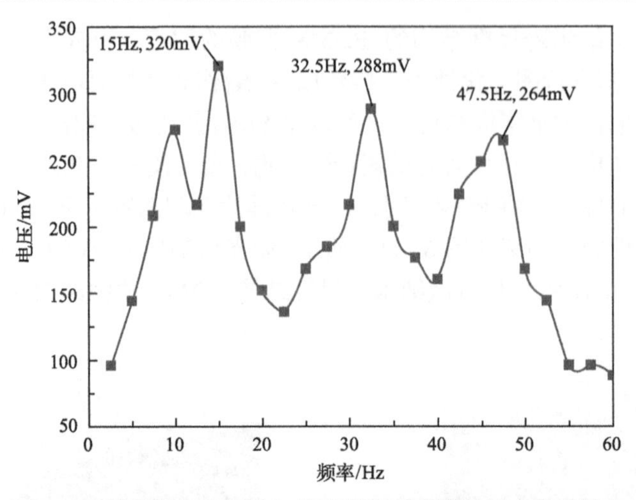

图 6.12　简单复合式的压电-摩擦能量采集器的压电部分输出

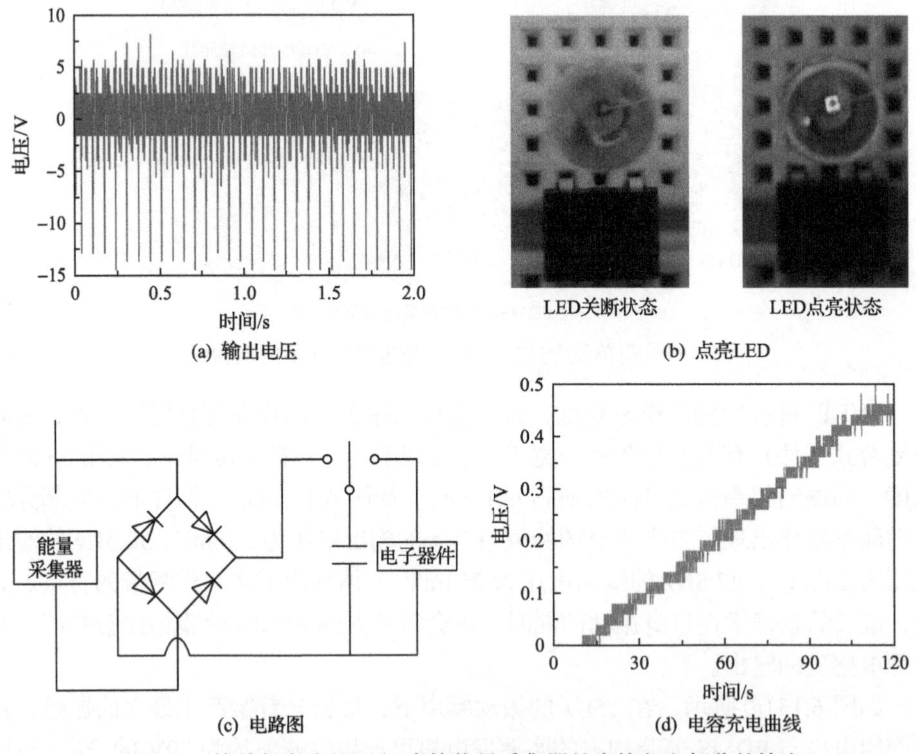

图 6.13　简单复合式的压电-摩擦能量采集器的摩擦起电部分的输出

6.2.3　异步工作模式

在压电能量采集器与摩擦发电机简单复合的基础上，可进一步利用压电效应与静电感应的相互影响，实现二者的耦合，这里介绍结构简单的异步工作模式。

图 6.14(a)给出了三电极(E1～E3)异步工作模式的压电-摩擦复合式能量采集器的结构示意图，其中电极 2、电极 3 以及厚度为 500μm 的 PVDF 薄膜构成压电部分，电极 1、电极 2 以及厚度为 300μm 的 PTFE 薄膜构成摩擦起电部分。二者的尺寸均为 3cm×3cm。在工作中，当 PVDF 薄膜被压缩时，将产生正向的极化；

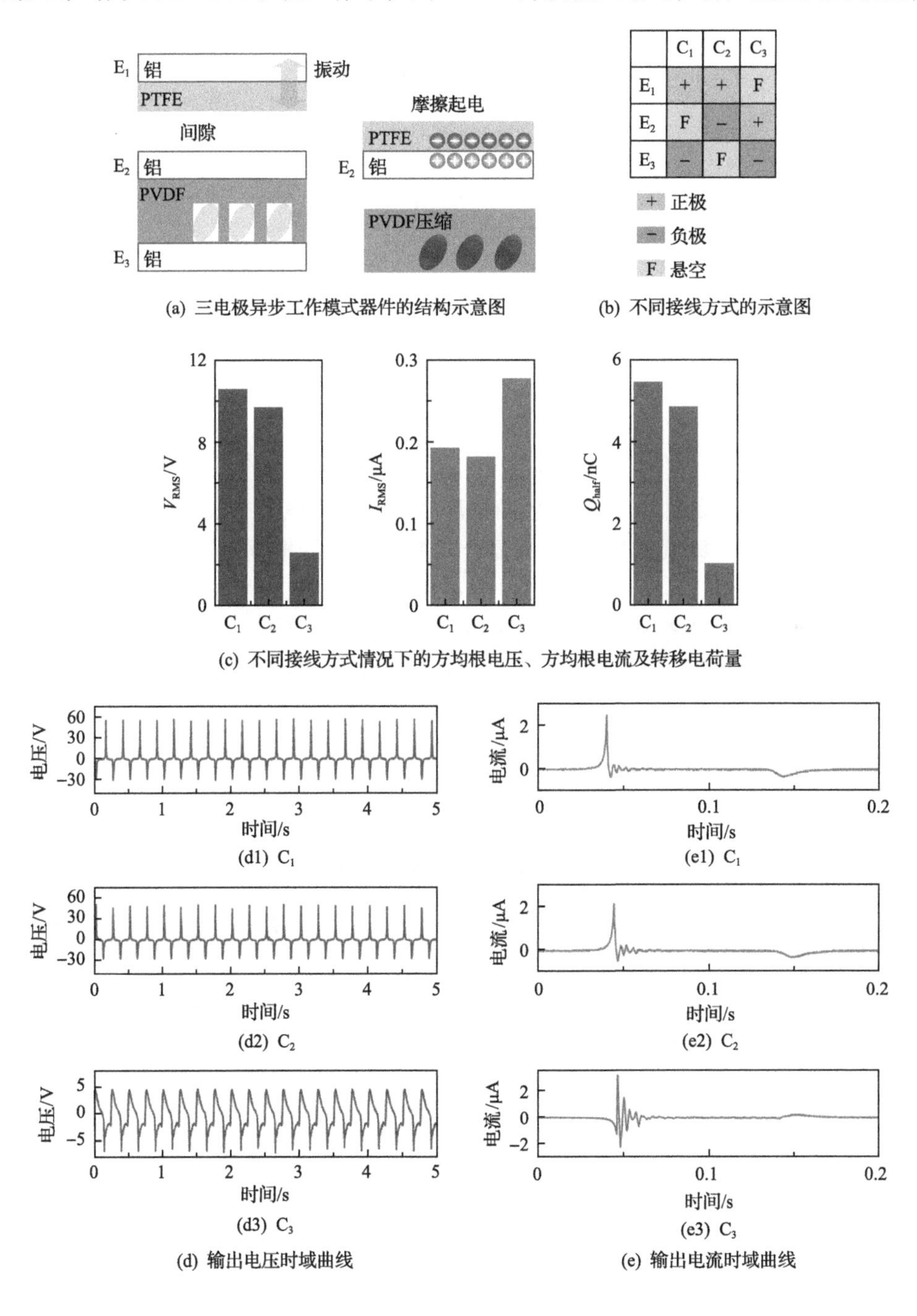

	C_1	C_2	C_3
E_1	+	+	F
E_2	F	−	+
E_3	−	F	−

(a) 三电极异步工作模式器件的结构示意图　(b) 不同接线方式的示意图

(c) 不同接线方式情况下的方均根电压、方均根电流及转移电荷量

(d1) C_1　(e1) C_1

(d2) C_2　(e2) C_2

(d3) C_3　(e3) C_3

(d) 输出电压时域曲线　(e) 输出电流时域曲线

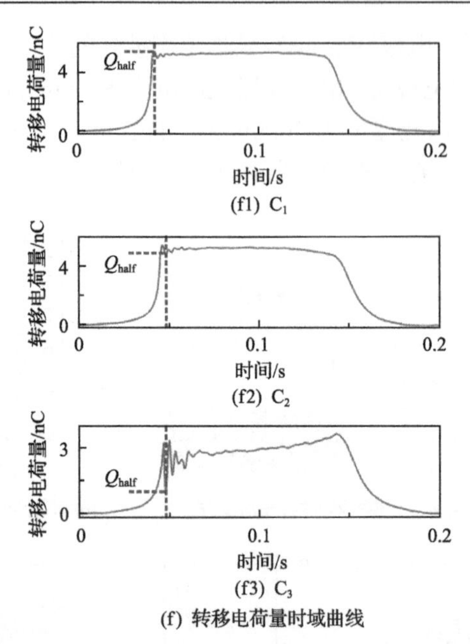

(f1) C_1

(f2) C_2

(f3) C_3

(f) 转移电荷量时域曲线

图 6.14　三电极异步工作模式的压电-摩擦复合式能量采集器的测试结果

当 PTFE 与电极 2 接触时，PTFE 表面将产生负电荷，电极 2 表面将产生正电荷。

这种异步工作模式的压电-摩擦复合式能量采集器根据不同的电极连接方式可分为三种情况(C_1、C_2、C_3)。如图 6.14(b)所示，以 C_1 情况为例，电极 1 与电极 3 分别连接测试设备的正极(在图 6.14(b)中用“+”表示)与负极(在图 6.14(b)中用“–”表示)，电极 2 悬空(即不与任何测试电极相连，在图 6.14(b)中用“F”表示)，C_2、C_3 的情况则以此类推。图 6.14(c)～(f)为对应每一种连接情况的输出电压、电流及转移电荷量的测试结果和对比。

图 6.14(c)是三种连接方式下的方均根电压 V_{RMS}、方均根电流 I_{RMS} 以及半个周期内的转移电荷量 Q_{half}。可以看出，V_{RMS} 在 C_1 情况具有最大值，这种连接方式可以认为是压电式能量采集器与摩擦发电机的串联。相比之下，V_{RMS} 在 C_2 和 C_3 情况具有相对较小的值，如图 6.14(d)所示，三种情况下单周期的输出电压时域曲线如图 6.15 所示。对于 I_{RMS}，C_1 情况下的 I_{RMS} 仍大于 C_2 情况，但 I_{RMS} 最大值出现在 C_3 情况。图 6.14(e)给出了单周期内的输出电流时域曲线。

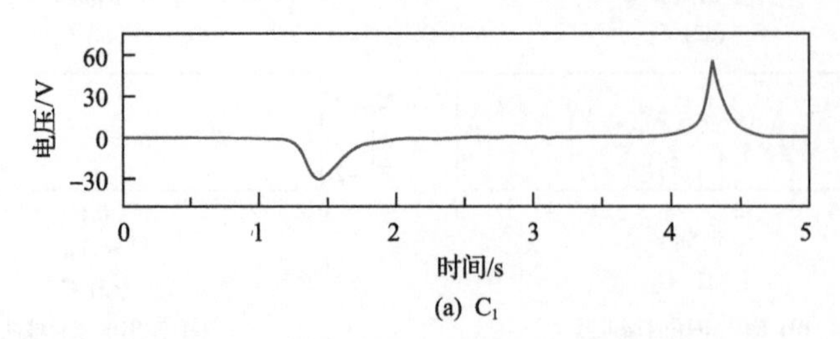

(a) C_1

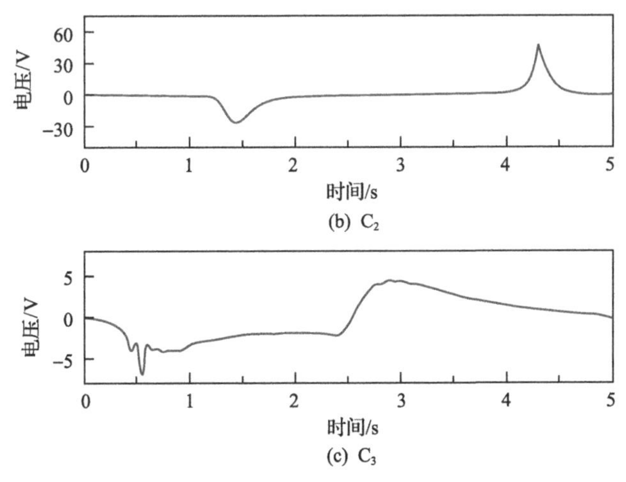

(b) C_2

(c) C_3

图 6.15　三种情况下单周期的输出电压时域曲线

在 C_2 情况下，电极 3 悬空，电极 1、2 与测试设备相连，当 PTFE 薄膜与电极 2 接触并压缩 PVDF 薄膜时，摩擦起电部分的情况与 C_1 情况相似，将导致电子由电极 2 流向电极 1。但是，压电部分在这种情况下将促使电子沿相反的方向流动。因此，图 6.14(e2)中曲线的第一个正向峰仅源于摩擦起电部分的输出，这也导致了其幅值较小。在此之后，压电效应导致了曲线的第一个负向峰，随后的正负交替的峰值由压电材料自身的振动所产生。最终，PTFE 与电极 2 分离时，产生曲线最后的负向峰。

在 C_3 情况下，当 PTFE 薄膜靠近电极 2 时，将先产生平缓的负向峰，如图 6.14(e3)所示曲线，可归结于单电极式摩擦发电机的输出。接着，当 PVDF 薄膜受到形变时，产生陡峭的正向峰，随后由于自身的振动产生周期性振幅交替的峰。最终，当 PTFE 薄膜与电极 2 分离时，曲线产生最后的正向峰。在这种情况下，压电效应与静电感应也会导致电荷依次沿不同方向流动。

与理论分析的定义相一致，可以定义 PTFE 薄膜与电极 2 接触并压缩 PVDF 薄膜的过程为半个周期。由此可以计算得出半个周期内异步工作模式的复合式器件所产生的电荷量 Q_{half}，结果如图 6.14(f)所示。通过对比 C_3 情况下的 I_{RMS} 和 Q_{half} 可以发现，尽管在 C_3 情况下的 I_{RMS} 大于其他两种情况，但是此情况下的 Q_{half} 却小于另外两种情况。这是因为压电效应和静电感应在 C_3 情况下均能有效促使电荷流动，但是促使电荷流动的方向是相反的。也就是说，在半个周期内，电荷由于压电效应和静电感应的作用在两电极直接来回流动，导致了较低的 Q_{half}。针对这种情况，可以将压电材料的极化方向翻转，使压电效应和静电感应促使电荷沿相同方向流动。保持 C_3 情况下的电极连接，反向极化下的器件输出如图 6.16 所示，通过对比可以看出，在反向极化的条件下，器件可以产生较大的 Q_{half}。

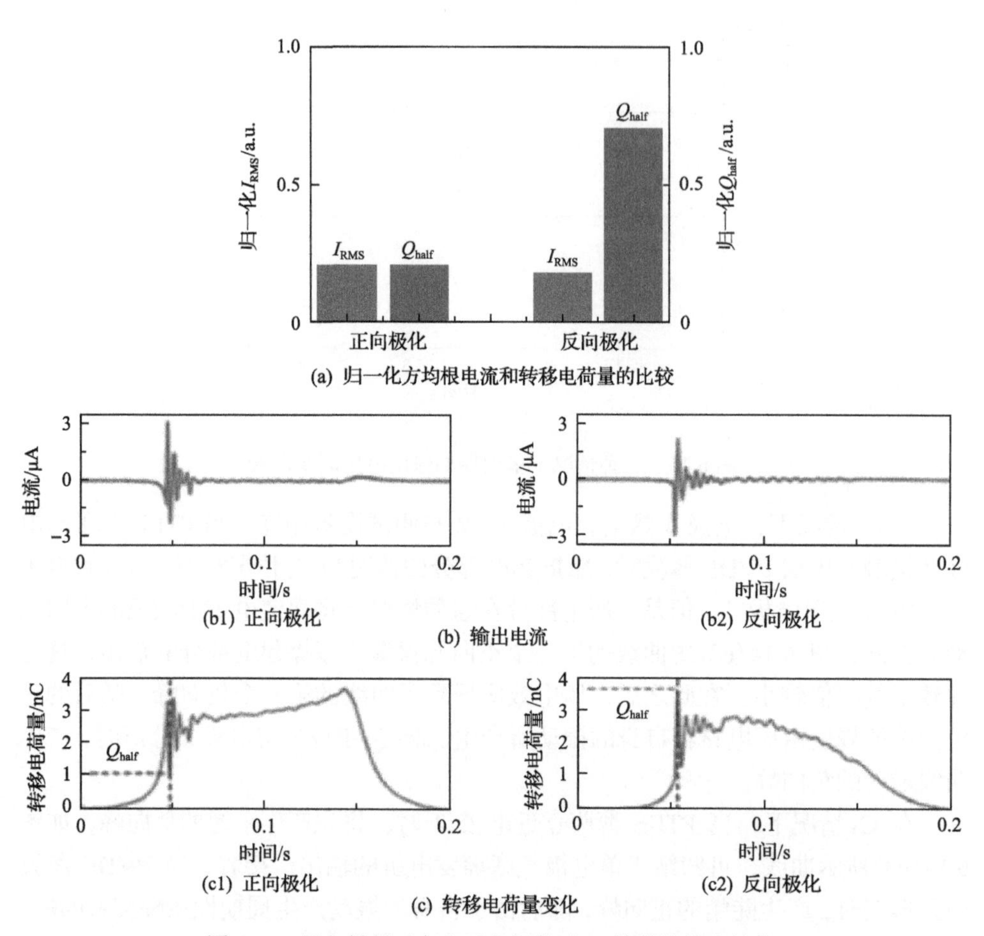

(a) 归一化方均根电流和转移电荷量的比较

(b1) 正向极化　(b2) 反向极化

(b) 输出电流

(c1) 正向极化　(c2) 反向极化

(c) 转移电荷量变化

图 6.16　压电材料正向和反向极化时 C_3 情况的输出性能

6.2.4　同步工作模式

采用拱形、r 型等曲面结构，将压电材料置于曲面上，当器件受到外部作用力时，压电材料的形变与摩擦材料之间的间距会同时产生变化，共同影响电学输出。典型的同步工作模式的压电-摩擦复合式能量采集器结构如图 6.17 所示。

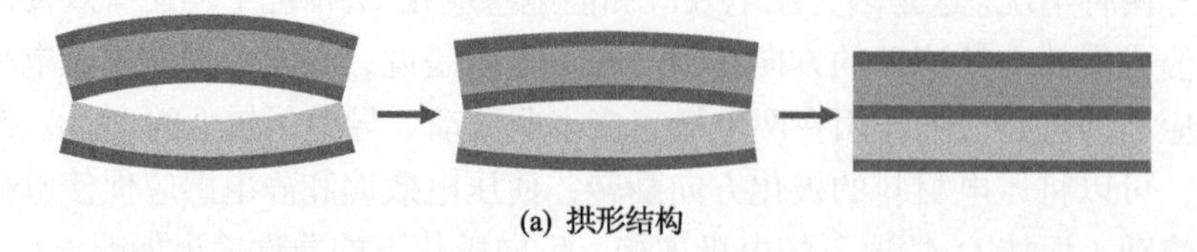

(a) 拱形结构

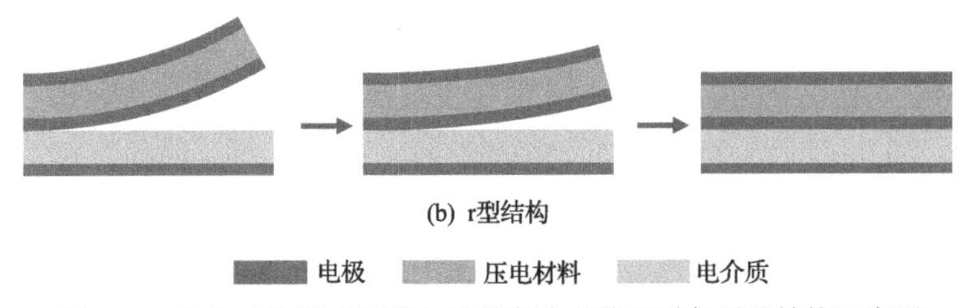

图 6.17　同步工作模式的压电-摩擦复合式能量采集器的结构示意图

同步工作模式的压电-摩擦复合式能量采集器可采用类似的材料配合以独特的结构来实现。例如，r 型结构在顶部弧形部分使用具有铝电极、厚度为 100μm 的 PVDF 薄膜，并在金属铝电极表面制备纳米结构以提高摩擦起电部分的输出，在底部平面部分制备具有微纳米跨尺度复合结构的PDMS薄膜,用于与金属铝摩擦[7]。

将金属铝与去离子水反应，可在其表面形成毛絮状纳米结构。通过控制反应时间和温度，可以控制表面纳米结构的形貌。不同反应条件下的扫描电镜照片如图 6.18 所示，当反应时间为 15min、反应温度为 70℃时，纳米结构的特征尺寸约为 200nm。

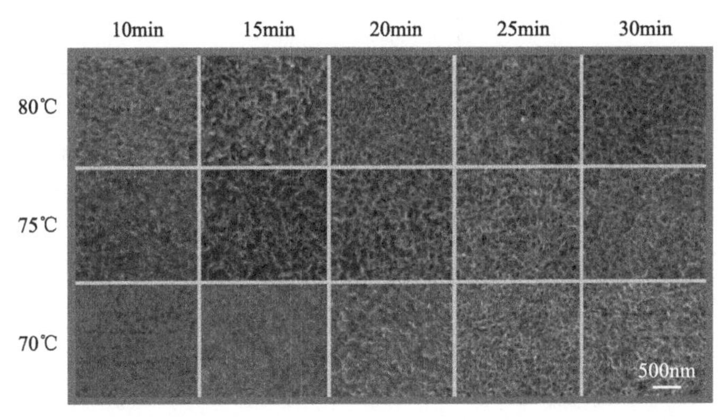

图 6.18　金属铝与去离子水在不同反应时间和反应温度下的扫描电镜照片

通过测试平台施加频率为 5Hz 的外力，并使用 100MΩ 的外接负载可以对如图 6.19(a)所示的 r 型同步工作模式的压电-摩擦复合式能量采集器的输出电压进行表征。当受到外力时，PVDF 薄膜会发生形变从而产生压电部分的输出。压电部分的输出电压峰值如图 6.19(b)所示，具有 35.1ms 的半波宽和 52.8V 的峰值。同时，PVDF 薄膜与 PDMS 薄膜间距的变化会产生摩擦起电部分的输出。如图 6.19(c)所示，摩擦起电部分的输出具有更高的峰值(达到 240V，为压电部分的 4.5 倍)和较窄的半波宽(8ms)。在电流测试时，采用 10kΩ 的负载电阻。如图 6.19(d)和(e)所示，压电部分和摩擦起电部分的输出电流分别为 166μA 和 27.2μA。

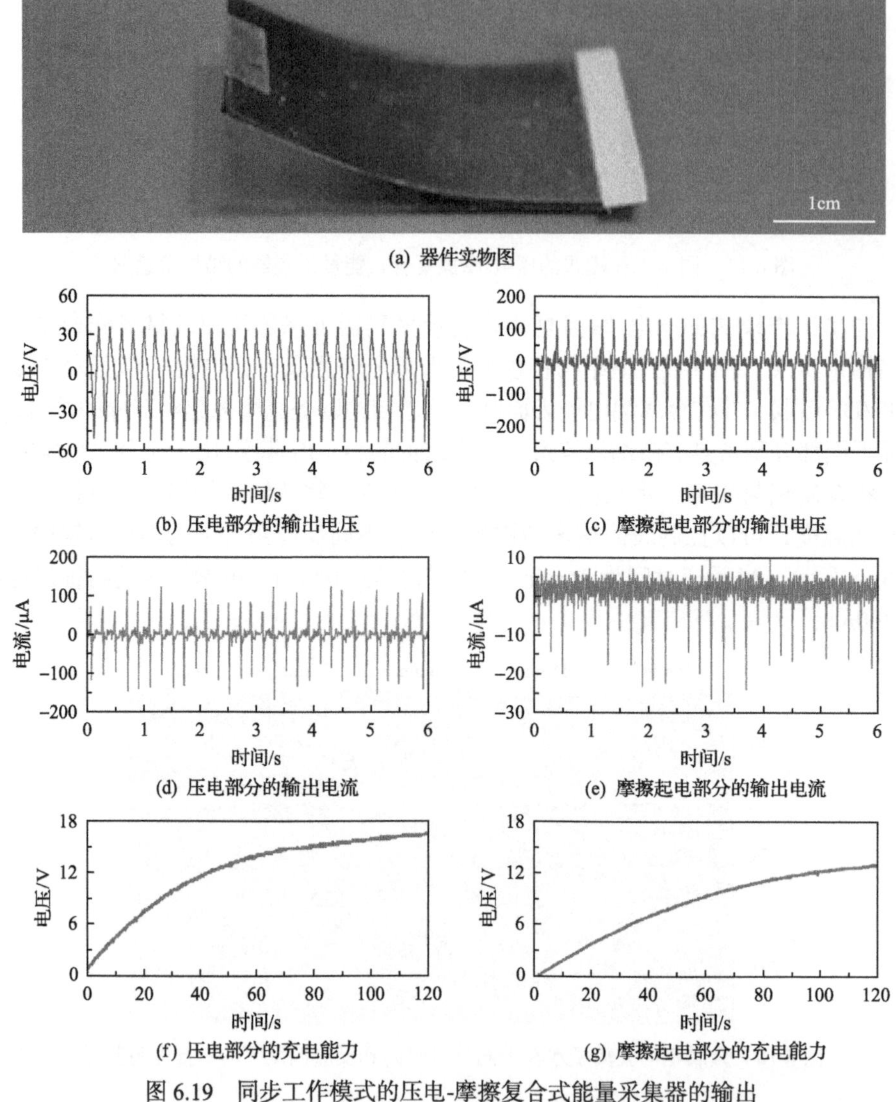

图 6.19　同步工作模式的压电-摩擦复合式能量采集器的输出

通过对比可以看出，对于该同步工作模式的压电-摩擦复合式能量采集器，压电部分具有较小的输出电压和较大的输出电流。摩擦起电部分正好相反，具有较大的输出电压和较小的输出电流。这种特性取决于二者等效内阻的差别，压电部分的等效内阻与器件的尺寸、工作频率相关，摩擦起电部分的等效内阻更加复杂，可采用电容模型求得其大小，而电容模型取决于器件的尺寸、材料的性质、外力的频率等。

为了比较压电部分与摩擦起电部分的等效内阻，采用将压电部分与摩擦起电部分串联或并联进行研究。如图 6.20(a)所示，当压电部分与摩擦起电部分并联时，输出电压峰值为 58.6V 且输出波形类似于压电部分的输出。如图 6.20(b)所示，当压电部分与摩擦起电部分串联时，输出电压峰值达到 328V 且输出波形类似于摩擦起电部分的输出。

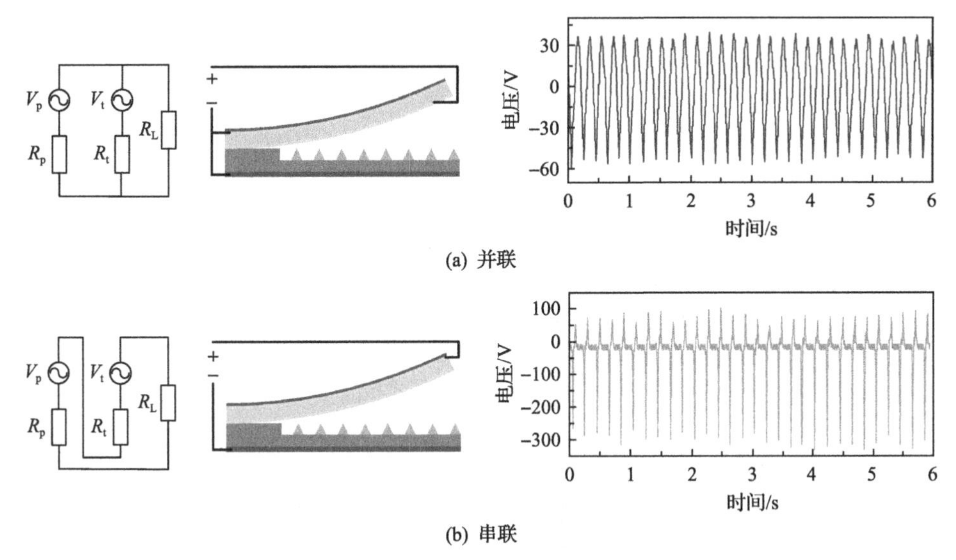

(a) 并联

(b) 串联

图 6.20　压电部分与摩擦起电部分串、并联时的输出电压

将压电式能量采集器与摩擦发电机等效为具有内阻的电压源，当二者并联时，器件总的输出电压 $V_{并}$ 和等效内阻 $R_{并}$ 为

$$V_{并} = \frac{V_p V_t + V_t V_p}{R_p + R_t} \tag{6.7}$$

$$R_{并} = \frac{R_p R_t}{R_p + R_t} \tag{6.8}$$

式中，V_p、R_p 为压电部分的电压和等效电阻；V_t、R_t 为摩擦起电部分的电压和等效电阻。

由式(6.7)和式(6.8)可以看出，二者并联时的输出主要取决于等效电阻小的那一部分。基于以上分析和图 6.20(a)中的测试结果，可以得出压电部分等效内阻更小的结论，与图 6.19 所展示的电压、电流测试结果一致。当二者串联时，器件总的输出电压 $V_{串}$ 和等效内阻 $R_{串}$ 为

$$V_{串} = V_p + V_t \tag{6.9}$$

$$R_{串} = R_p + R_t \tag{6.10}$$

从式(6.7)～式(6.10)可以看出，二者串联后，输出电压将增大，与测试结果相一致。需要注意的是，为了实现串联后的增强效果，PVDF 薄膜的极性在此试验测试中进行了反转。

在输出功率方面，压电部分的瞬时输出功率密度峰值为 1.10mW/cm^2，摩擦起电部分的瞬时输出功率密度峰值为 0.82mW/cm^2。

在充电能力方面，通过持续施加 120s 的频率为 5Hz 的外力，在经过整流之后，压电部分可以将 1μF 电容的电压提升至 16.6V，如图 6.19(f)所示，摩擦起电部分可以将 1μF 电容的电压提升至 13.0V，如图 6.19(g)所示。

本节将压电效应与摩擦起电效应相结合，实现了压电-摩擦复合式能量采集器。首先对 PVDF 薄膜进行了性能表征，并采用三维可控组装工艺制备三维压电结构用于压电式三维能量采集。在此基础上将压电效应引入摩擦发电机，从理论角度和试验角度对压电-摩擦复合式能量采集器进行分析。通过有限元仿真对不同电极连接情况、不同工作模式的压电-摩擦复合式能量采集器进行了理论分析，对比了其输出特点。在试验方面实现了三种不同形式的压电-摩擦复合式能量采集器，即压电与摩擦的简单复合器件、异步工作模式的复合器件、同步工作模式的复合器件，并对其进行了性能测试。

6.3 光伏-摩擦复合式能量采集器

光伏-摩擦复合式能量采集器是指将基于光生伏特效应与摩擦起电效应的能量采集器集成在同一器件中[8,9]。基于光生伏特效应的太阳能电池为直流输出，输出电流大、匹配负载低，但输出电压不高，不利于大型的电力存储且采集能量形式单一[10,11]。而基于摩擦起电效应的能量采集器却有着匹配负载高、输出电流小的特点[12,13]，将光生伏特效应与摩擦起电效应集成在同一器件，可以实现二者的优势互补。

6.3.1 光伏-摩擦复合式能量采集器的工作原理

以往的光伏-摩擦复合式能量采集器多以简单串并联的方式进行复合，两个独立的能量采集单元被绝缘体或人体隔开，因此需要额外的导线来连接两个单元。这样就造成了光伏-摩擦复合式能量采集器件集成度不高、采集能量时独立能量采集单元之间无法形成有效互补等问题。相比之下，通过公共电极将两个独立能量采集单元进行集成，并引入能量管理电路，可以有效解决器件集成度低、输出匹配度不高等问题[14]。

该复合工作模式的工作原理可分为两部分：摩擦起电部分，如图 6.21(a)和(b)所示，有机光伏发电部分，如图 6.21(c)和(d)所示。

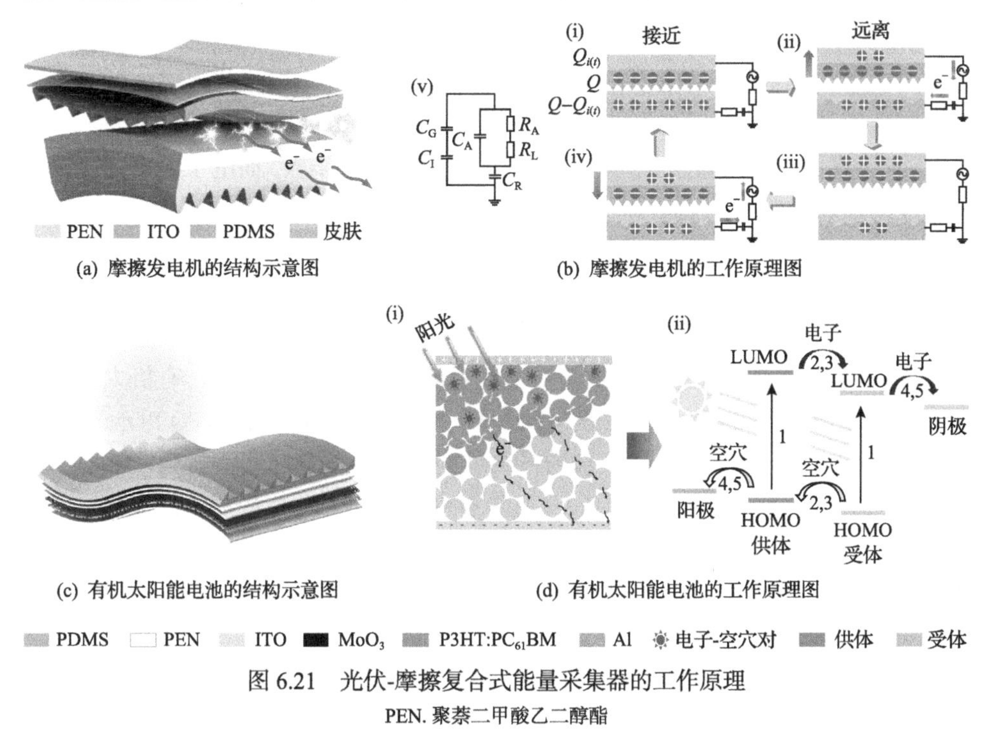

(a) 摩擦发电机的结构示意图　(b) 摩擦发电机的工作原理图

(c) 有机太阳能电池的结构示意图　(d) 有机太阳能电池的工作原理图

PDMS　PEN　ITO　MoO_3　P3HT:$PC_{61}BM$　Al　电子-空穴对　供体　受体

图 6.21　光伏-摩擦复合式能量采集器的工作原理

PEN. 聚萘二甲酸乙二醇酯

在摩擦起电部分，摩擦发电机基于接触带电和静电感应的作用来发电。图 6.21(a)为摩擦发电机的结构示意图。图 6.21(b)为摩擦发电机的工作原理图，解释了摩擦发电机通过与人体周期性地接触和分离来采集机械能的工作原理。当皮肤与摩擦层(PDMS)之间存在间隙时，人体具有比 ITO 电极低的电势。这种电势差可以将电子从人体驱动到 ITO 电极，导致电流从 ITO 电极通过外部电路到达人体，从而达到静电平衡状态。此后，摩擦发电机向下移动，人体皮肤和摩擦层距离减小，产生反向电位差，电子沿相反方向流动。因此，当摩擦发电机周期性地与人体接触-分离时，可以在人体和 ITO 电极之间产生交流电。

图 6.21(c)为有机太阳能电池的结构示意图。图 6.21(d)为有机太阳能电池的工作原理图，解释了有机光伏器件产生、传输、收集电荷并使电荷产生定向运动的详细机制[15]。整个过程可以分为以下五个步骤：

(1)有机光伏器件活性层吸收光子以产生激子。

(2)激子扩散到供体($PC_{61}BM$)和受体(P3HT)的界面。考虑到在极短的扩散时间下，激子在扩散过程中极易发生重组，因此减薄有源层的厚度，以使激子可以在短时间内扩散到供体和受体边界。然而，极薄的活性层使有机光伏器件吸收光的能力大大减弱。因此，改善有机光伏器件的光吸收性能是提高其光电转化效率的一个重要途径。

(3)供体和受体界面的激子解离成电子和空穴。电子进入受体的最低未占据分子轨道(lowest unoccupied molecular orbital，LUMO)能级，空穴进入供体的最高占据分子轨道(highest occupied molecular orbital，HOMO)能级。

(4)分离的空穴沿着由供体材料形成的通道传输到阳极，而电子沿着由受体材料形成的通道传输到阴极。

(5)空穴和电子分别被阳极和阴极收集以形成光电流。

6.3.2 光伏-摩擦复合式能量采集器的结构设计

光伏-摩擦复合式能量采集器的结构示意图如图 6.22(a)所示，有机太阳能电池(PDMS/PEN/ITO/MoO_3/P3HT:PC_{61}BM/Al)和摩擦发电机(PEN/ITO/PDMS)通过公共电极 PEN/ITO 进行集成。顶部的微纳结构 PDMS 薄膜作为有机太阳能电池的陷光结构，在高效收集太阳能的同时还具有良好的防尘和自清洁的性能，底部的微纳结构 PDMS 薄膜作为摩擦发电机的介电层，通过周期性地接触皮肤来采集人体运动的机械能，使得光伏-摩擦复合式能量采集器可以从顶部采集太阳能并从底部采集人体运动的机械能。

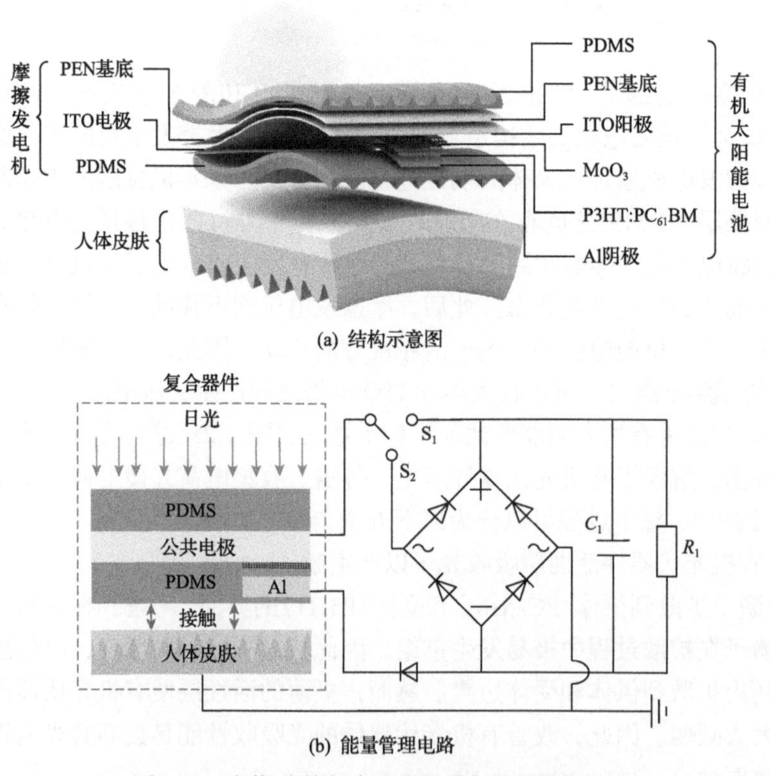

(a) 结构示意图

(b) 能量管理电路

图 6.22 光伏-摩擦复合式能量采集器的结构设计

基于柔性印刷电路板的能量管理电路如图 6.22(b)所示。光伏-摩擦复合式能量采集器的公共电极和铝阴极是复合器件的输出端，桥式整流器用于将摩擦发电机产生的交流电转换为直流电，在对电容 C_1 充电之前，使用二极管阻挡摩擦发电机通过有机太阳能电池的电流，并使用单刀双掷开关控制该电路。通过柔性能量管理电路可以管理并优化光伏-摩擦复合式能量采集器的电力输出，实现二者的优势互补。

6.3.3　光伏-摩擦复合式能量采集器的制备工艺

柔性光伏-摩擦复合式能量采集系统的制备工艺流程及其实物图如图 6.23 所示[16]。制备过程分为以下六个步骤：

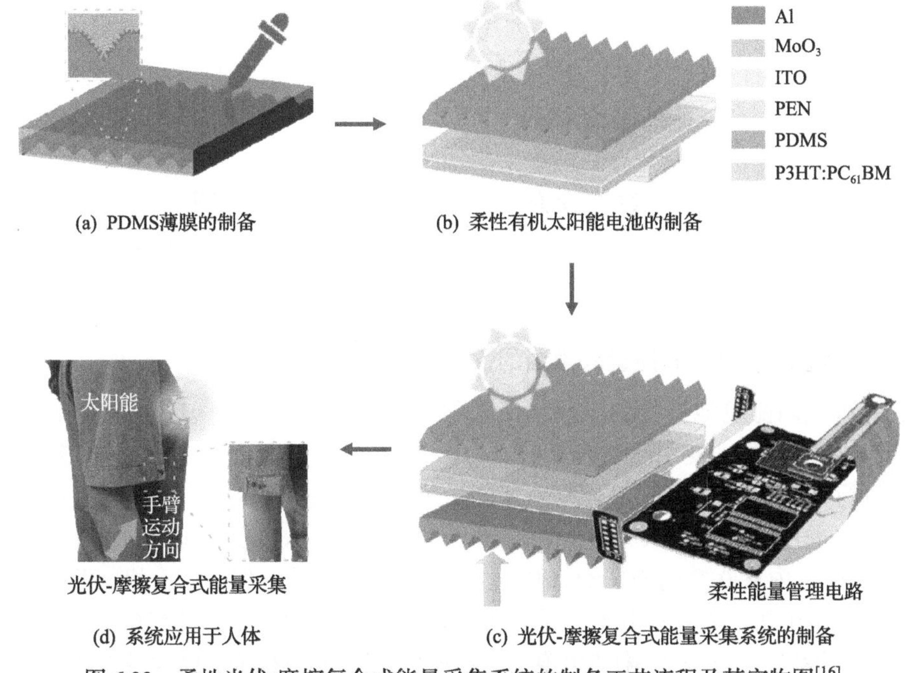

图 6.23　柔性光伏-摩擦复合式能量采集系统的制备工艺流程及其实物图[16]

(1)具有低表面能微纳结构 PDMS 薄膜的制备。取 10∶1 的交联剂和基液进行融合以及去气泡，并利用黑硅倒模的方法制备表面具有槽栅型微纳结构的 PDMS 薄膜，然后通过改进的电感耦合等离子体刻蚀工艺仅使用 C_4F_8 等离子气体对具有槽栅型微纳结构的 PDMS 薄膜进行处理，以制备具有低表面能的 PDMS 薄膜并置于真空箱中备用，如图 6.23(a)所示。

(2)公共电极 PEN/ITO 的洗涤与干燥。公共电极 PEN/ITO 在使用之前必须彻底清洗，清洗的目的主要包括洗去衬底表面的灰尘、油污、指纹等污染物，以及清除表面所带电荷，以提高成膜质量。采用超声波清洗法将公共电极 PEN/ITO 依次使用乙醇、去离子水、丙酮进行超声清洗，然后在电热恒温干燥箱中烘烤 30min，使 PEN/ITO 彻底烘干。

(3)柔性有机太阳能电池的制备。在表面积为 $4cm^2$ 的公共电极 PEN/ITO 表面制备结构基于 PEN/ITO/MoO_3/P3HT:$PC_{61}BM$/Al、有效面积为 $4mm^2$ 的柔性有机太阳能电池。为了有效收集太阳能，在其顶部引入光捕获层且具有微结构的 PDMS 薄膜，如图 6.23(b)所示。

(4)制备摩擦发电机。将步骤(1)制备好的低表面能微纳复合结构薄膜作为摩擦层，通过层压的方法直接贴附于公共电极 PEN/ITO 的导电面，并完全覆盖暴露在空气中的柔性太阳能电池。制备完成的摩擦发电机位于整个系统底部，主体结构基于 PDMS/PEN/ITO，并由铜导线作为此单电极器件电极的引出，如图 6.23(c)所示。

(5)制备柔性光伏-摩擦复合式能量采集系统。将柔性电源管理电路通过贴合的方式连接到复合能量采集器件的公共电极 PEN/ITO 和太阳能电池的 Al 阴极，完成整个柔性光伏-摩擦复合式能量采集系统的制备。

(6)将柔性复合系统通过嵌入的方式集成于衣物，形成如图 6.23(d)所示的实物，通过在有太阳光辐射的环境中摆臂来实现从顶部收集太阳能的同时从底部收集人体运动产生的机械能，并将其转换为电能。

6.3.4 光伏-摩擦复合式能量采集器的性能与应用

有机太阳能电池性能测试环境由太阳光模拟器 Newport 91160(AM 1.5G，$100mW/cm^2$)提供，使用示波器(Agilent DSO-X 2014A)对光伏-摩擦复合式能量采集器进行性能表征。光伏-摩擦复合式能量采集系统输出端连接 10μF 电容器 C_1，对电容器进行充放电测试。当 S_1 闭合时，C_1 仅由有机太阳能电池进行充电，电容器电压在 1s 内从 0 急剧增加到 0.4V，如图 6.24(a)所示。但由于有机太阳能电池较低的输出电压，电容器电压将保持在 0.4V 不变。相比之下，具有高电压输出的摩擦发电机将打破有机太阳能电池的充电极限。随着 S_2 接通，摩擦发电机开始对 C_1 进行充电，电容器电压在大约 360s 内从 0.4V 类线性增加到 0.7V，如图 6.24(b)所示(由于晶体管的阈值电压通常为 0.7V，这里尝试将电容器电压充电至 0.7V)。此外，还测试了仅闭合 S_2 时的情况，仅由摩擦发电机充电的电容器的电压在大约 800s 内从 0V 非线性增加到 0.7V，如图 6.24(c)所示。

光伏-摩擦复合式能量采集系统以嵌入的方式集成到衣服中，图 6.25(a)为采集能量的具体步骤。在测试过程中，通过在阳光下摆动手臂由器件从顶部采集太阳能，从底部采集人体运动的机械能。当挥动手臂时，嵌入衣服中的光伏-摩擦复合式能量采集系统会在运动过程中由于惯性主动接触皮肤以采集机械能。同时，

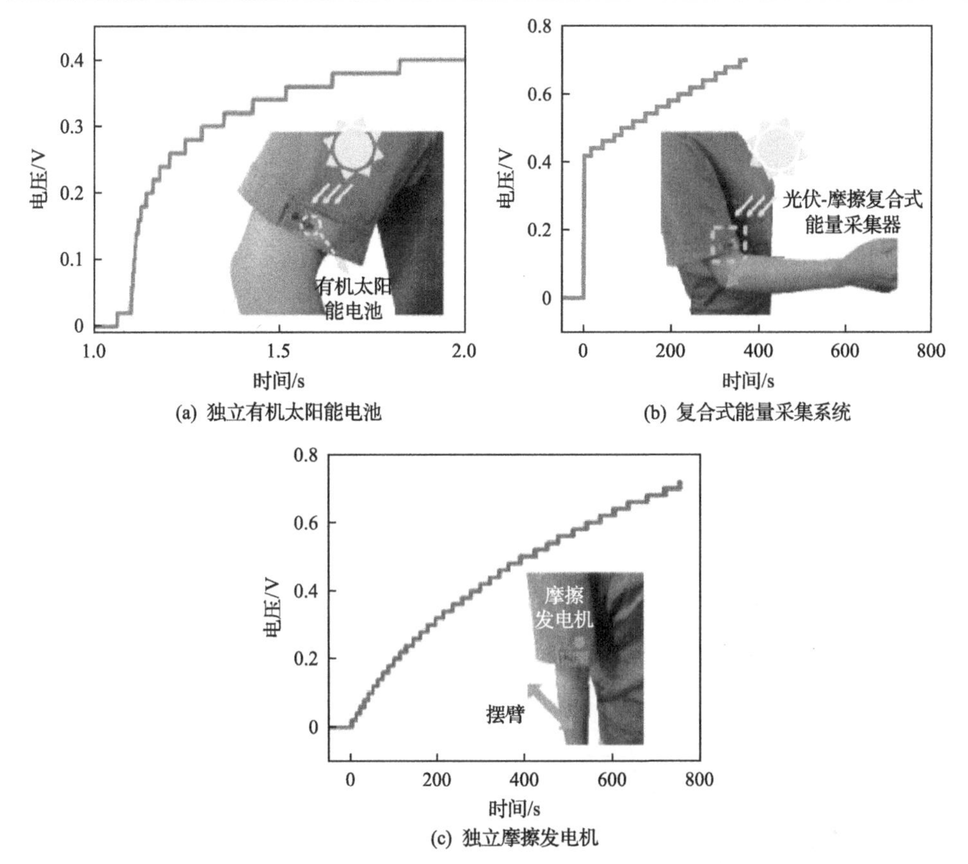

(a) 独立有机太阳能电池　(b) 复合式能量采集系统

(c) 独立摩擦发电机

图 6.24　光伏-摩擦复合式能量采集系统对 10μF 的电容器充电

系统顶部的有机太阳能电池通过采集外部阳光转换为电能，经过柔性能量管理电路整合并输出。

在充电时长一定的情况下，光伏-摩擦复合式能量采集系统拥有比有机太阳能电池更高的充电电压。在电容器充电电压一定的情况下，光伏-摩擦复合式能量采集系统拥有比摩擦发电机更短的充电时间。这在一定程度上实现了太阳能电池的大电流和摩擦发电机的高电压之间的优势互补。每次充电之前，电容器的两端都连接到初始状态。多次循环充电显示出光伏-摩擦复合式能量采集系统良好的稳定性和可重复性，如图 6.25(b)所示。

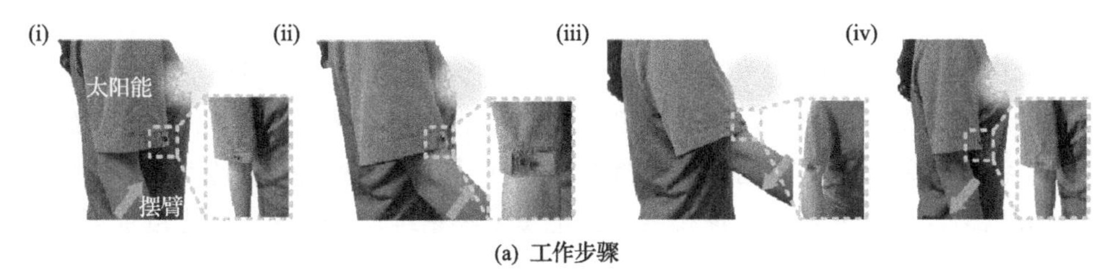

(a) 工作步骤

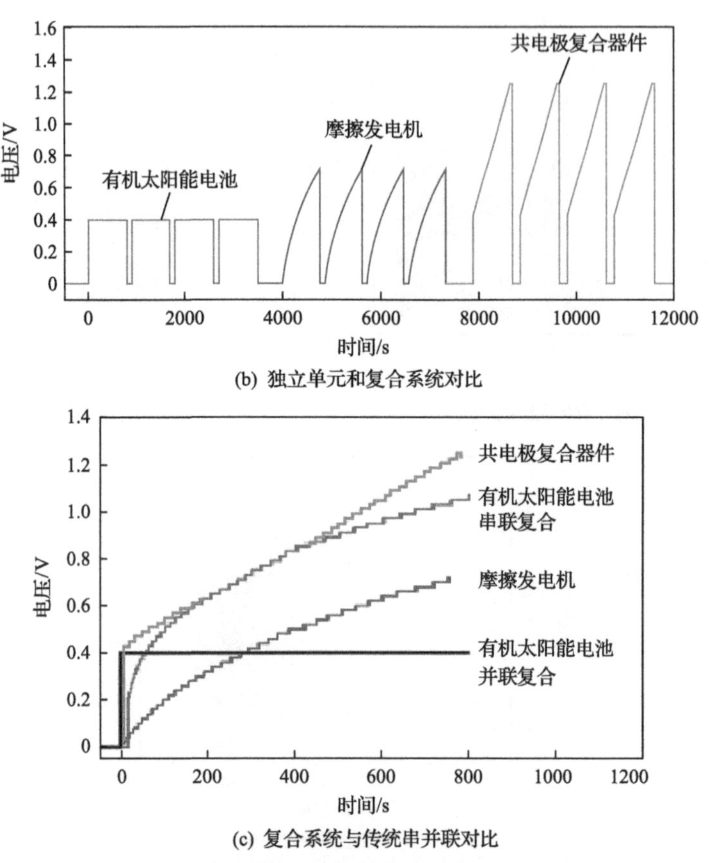

(b) 独立单元和复合系统对比

(c) 复合系统与传统串并联对比

图 6.25　光伏-摩擦复合式能量采集系统的性能分析

PEN/ITO 为有机太阳能电池和摩擦发电机采集和传输电荷的公共电极。有机太阳能电池和摩擦发电机之间产生的耦合效应可能会增加公共电极上有效电荷的密度和电荷积累速率，从而在一定程度上提高系统的输出性能，这是复合系统电压线性升高的原因。图 6.25(c)比较了串联、并联以及共电极等光伏-摩擦复合式复合能量采集系统与传统有机太阳能电池和摩擦发电机的输出。可以看出，共电极的复合系统具有最佳的输出性能。

6.4　本 章 小 结

本章重点讨论了电磁、压电、光伏等与摩擦发电机的复合发电。将电磁、压电原理与摩擦发电机结合，实现了多种复合式能量采集器，并从工作原理、结构设计、制备工艺以及性能测试与分析方面进行了讨论。将光生伏特效应与摩擦起电效应相结合，实现了光伏-摩擦复合式能量采集系统，并引入柔性能量管理电路实现了独立能量采集器件之间的优势互补，增强了系统的输出以及稳定性和可重复性。

参 考 文 献

[1] Zhang C, Tang W, Han C, et al. Theoretical comparison, equivalent transformation, and conjunction operations of electromagnetic induction generator and triboelectric nanogenerator for harvesting mechanical energy. Advanced Materials, 2014, 26(22): 3580-3591.

[2] Han M, Zhang X S, Sun X, et al. Magnetic-assisted triboelectric nanogenerators as self-powered visualized omnidirectional tilt sensing system. Scientific Reports, 2014, 4: 4811.

[3] Wang S, Wang Z L, Yang Y A. A one-structure-based hybridized nanogenerator for scavenging mechanical and thermal energies by triboelectric-piezoelectric-pyroelectric effects. Advanced Materials, 2016, 28(15): 2881-2887.

[4] Han M, Chen X, Yu B, et al. Coupling of piezoelectric and triboelectric effects: From theoretical analysis to experimental verification. Advanced Electronic Materials, 2015, 1(10): 1500187.

[5] 韩梦迪. 三维复合能量采集原理及其在自驱动传感系统中的应用研究[博士学位论文]. 北京: 北京大学, 2017.

[6] Han M D, Zhang X S, Liu W, et al. Low-frequency wide-band hybrid energy harvester based on piezoelectric and triboelectric mechanism. Science China Technological Sciences, 2013, 56(8): 1835-1841.

[7] Han M, Zhang X S, Meng B, et al. r-shaped hybrid nanogenerator with enhanced piezoelectricity. ACS Nano, 2013, 7(10): 8554-8560.

[8] Chen J, Huang Y, Zhang N, et al. Micro-cable structured textile for simultaneously harvesting solar and mechanical energy. Nature Energy, 2016, 1(10): 1-8.

[9] Cao R, Wang J, Xing Y, et al. A self-powered lantern based on a triboelectric-photovoltaic hybrid nanogenerator. Advanced Materials Technologies, 2018, 3(4): 1700371.

[10] Chen Y L, Liu D, Wang S, et al. Self-powered smart active RFID tag integrated with wearable hybrid nanogenerator. Nano Energy, 2019, 64: 103911.

[11] Wen D L, Liu X, Deng H T, et al. Printed silk-fibroin-based triboelectric nanogenerators for multi-functional wearable sensing. Nano Energy, 2019, 66: 104123.

[12] Cui Y, Yao H, Zhang J, et al. Over 16% efficiency organic photovoltaic cells enabled by a chlorinated acceptor with increased open-circuit voltages. Nature Communications, 2019, 10(1): 1-8.

[13] Sun J, Jasieniak J J. Semi-transparent solar cells. Journal of Physics D: Applied Physics, 2017, 50(9): 093001.

[14] Ren Z, Zheng Q, Wang H, et al. Wearable and self-cleaning hybrid energy harvesting system based on micro/nanostructured haze film. Nano Energy, 2020, 67: 104243.

[15] Li J, Zuo L, Pan H, et al. Texture design of electrodes for efficiency enhancement of organic solar cells. Journal of Materials Chemistry A, 2013, 1(7): 2379-2386.

[16] Ren Z, Zheng Q, Chen X, et al. Self-cleaning organic solar cells based on micro/nanostructured haze films with optical enhancement effect. Apply Physics Letters, 2019, 115: 213902.

第 7 章　主动传感技术

能量采集器的输出电信号中与外界环境施加的激励存在直接或者间接的联系，可以作为一种传感器使用，而且能量采集器可以自发地产生电信号而无须电源，所以这种传感方式属于主动传感。本章将重点介绍基于能量采集器的主动传感原理，结合能量采集器的种类、结构等，设计多功能的主动传感器。

7.1　主动传感原理

根据传感器信号类型不同，主动传感器可以分为模拟式和数字式两种[1]，这里分别介绍它们的工作原理。

7.1.1　模拟式主动传感原理

模拟式主动传感器是最早提出且用途最为广泛的传感类型，能量采集器的输出波形可以直接进行分析。如图 7.1 所示，模拟式主动传感器可以分为三类：基于

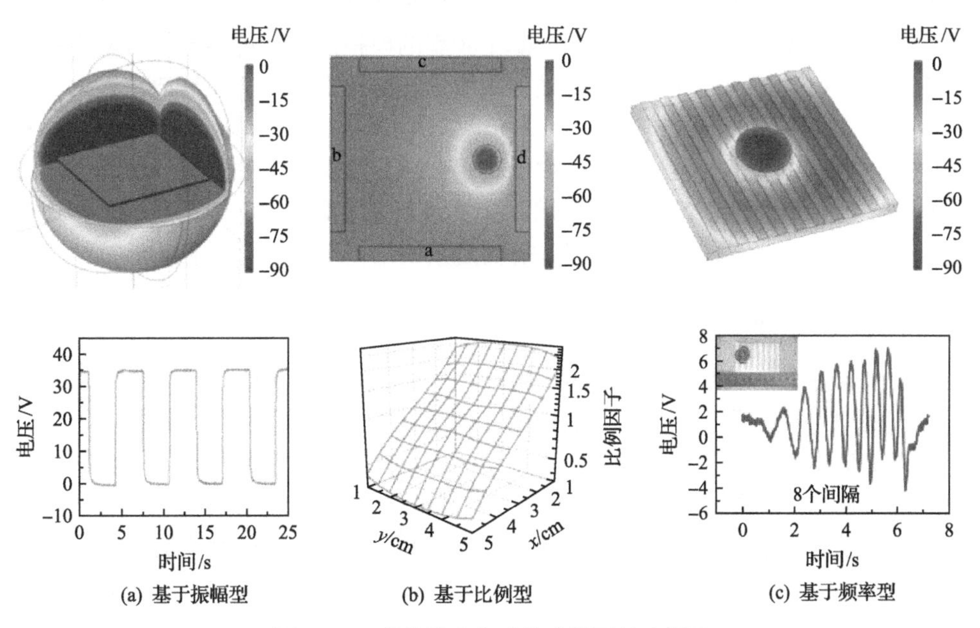

(a) 基于振幅型　(b) 基于比例型　(c) 基于频率型

图 7.1　三种模拟式主动传感器原理示意图

振幅型、基于比例型和基于频率型。

基于振幅的模拟式主动传感器如图 7.1(a)所示，往往可以直接通过能量采集器输出信号的峰峰值等信号，实现待测信号的探测。第一个摩擦式主动传感器本身就是一个垂直分离式的摩擦发电机，仅仅通过对输出信号的分析及后期标定，即可实现外界压力的主动探测。尽管基于振幅的主动传感器工作原理简单，但是其输出信号易受各种外界信号的干扰，使其可靠性和稳定性大大降低，在真正实现传感功能上还有待优化。

为了解决基于振幅的模拟式主动传感器易受干扰的问题，研究人员提出了基于比例的主动传感原理。基于比例的模拟式主动传感器需要包含 2 个及以上的能量采集器来计算输出振幅的比例，如图 7.1(b)所示。通过将多个能量采集器输出振幅进行比例化运算后，由外界环境造成的干扰可以被抵消掉，从而提高了器件的可靠性。然而，在经过比例化运算之后，振幅本身的信息被消除，而且需要多个能量采集模块构成一个传感器使得器件设计和加工的复杂性大大增加，因此基于比例的主动传感器只适用于某些特殊应用，如定位等。

除了基于比例的模拟式主动传感原理，基于频率的主动传感原理也是一种有效的模拟式主动传感原理。不同于基于振幅的模拟式主动传感原理和基于比例的模拟式主动传感原理，基于频率的主动传感器可以有效地保留时间相关的信号，从而丰富了传感信息，如图 7.1(c)所示。此外，尽管基于频率的模拟式主动传感器仍然需要波形，但是波形振幅信息仅仅用于表示峰谷位置，而有关振幅的具体大小并不重要，因此基于频率的模拟式主动传感原理也有效避免了环境对振幅的干扰，提高了器件的可靠性。然而，基于频率的模拟式主动传感器因为需要足够多的信息来反映频率，提高器件灵敏度，所以在结构设计上较为复杂，为加工和微型化带来了不便。

总体来说，基于振幅的模拟式主动传感器结构简单，用途广泛，功能多样，但是稳定性和可靠性不足；基于比例和基于频率的模拟式主动传感器可以有效避免环境造成的不稳定性等问题，但是需要复杂的结构设计，且功能有所局限。

7.1.2　数字式主动传感原理

数字式主动传感器是另一类主动传感器。能量采集器的输出并不稳定，但是可以切实地反映当前环境是否有其他形式的能量作用在器件上，因此可以将能量采集器的输出信号作为开关信号，用于检测环境中是否存在某种形式的能量。如图 7.2 所示，数字式主动传感器根据信号类型可以分为开关模式和比较模式两种。

开关模式是最简单的常见的数字信号开关模式[2]。通过检测能量采集器是否产生输出，从而判断其工作的环境是否存在所采集的能量形式，如图 7.2(a)所示。因此，开关模式主动传感器常用于预警等工作领域，由于其结构简单、灵敏度高、反应速度快的特点，且无须外部供电，可以长期对工作环境中的特定信号做出响应。

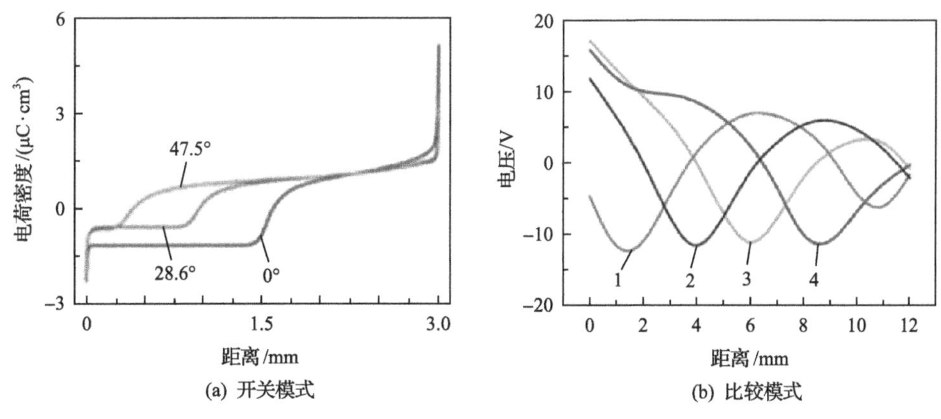

(a) 开关模式　　(b) 比较模式

图 7.2 两种数字式主动传感器原理示意

比较模式是另一种数字式主动传感器[3]。与仅仅反映是否存在的开关模式相比，比较模式可以进一步反映两个或者多个参数之间的相对值，如图 7.2(b)所示。很多能量采集器输出为交流信号，在进行数字化处理后，仅用 0/1 难以完全描述交流信号的特征，而用比较模式则可以体现交流信号最大值和最小值，因此能够获取更多层面的信息。

数字式主动传感器的优点非常突出，在于检测方便、灵敏性高、可靠性高。但是其缺点也十分明显，即数字式主动传感器可以反映的信息过于简单，只能适用于特定场景，如果需要更多信息，将会大幅增加设计上的复杂化。

接下来将逐一对上述五类主动传感器的结构设计、加工制备、性能测试和应用展示等部分进行详细介绍。

7.2 基于振幅的主动压力传感器

摩擦发电机可以将机械能转化为电能。通过特定的设计，摩擦发电机输出的电能可以定量地反映外界压力作用的大小，从而实现主动传感。

7.2.1 基于振幅的主动压力传感器的工作原理与设计

图 7.3 为基于振幅的主动压力传感器的结构设计[4]。如图 7.3(a)所示，基于摩擦发电机的柔性透明的主动压力传感器由 5 层结构组成。以 PET 层为器件的中心，上下各有一层透明导电的氧化铟锡 ITO 电极层。底部为尼龙层，用作衬底。顶部为带有微纳结构的 FEP 层，用于与外部压力对象接触。根据电负性可知，氟元素

是电负性最强的元素，FEP 中含有大量的氟元素，因此在与外部其他物体接触时，氟总是得电子的一方。FEP 经过处理之后，表面可以得到顺排的聚合物纳米线，平均直径和长度分别为 150nm 和 1.5μm，如图 7.3(b)所示，这些顺排的纳米线可以在摩擦起电的过程中产生更多的电荷。器件的实物图如图 7.3(c)所示，其具有良好的透光性，且使用的材料皆为工业上成熟的传统材料，使得器件成本非常低廉，便于大规模生产应用。

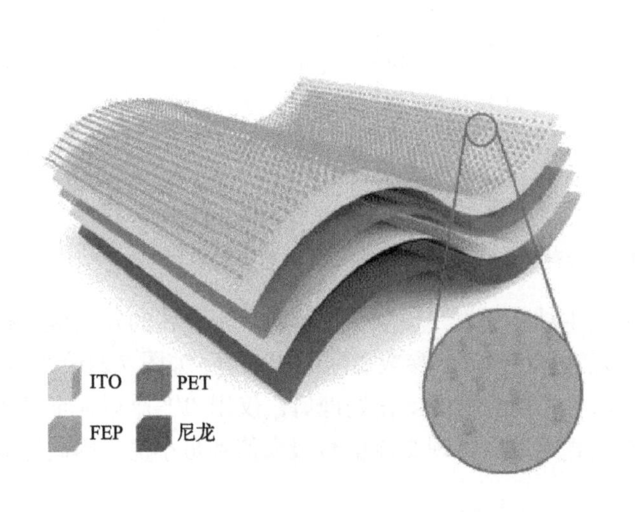

(a) 器件的结构示意

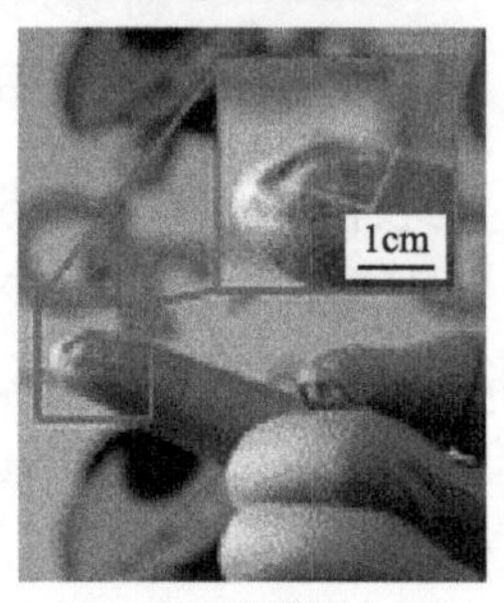

(b) 经过处理后的FEP顺排纳米线扫描电镜照片

(c) 实物图

图 7.3 基于振幅的主动压力传感器结构设计[4]

通过有限元仿真来解释基于振幅的主动压力传感器的工作原理，如图 7.4 所示。在外部物体与传感器完全接触时，尽管从宏观上看并没有电势差，但是在两者接触的面上产生了数量相同、符号相反的摩擦电荷，如图 7.4(a)所示。在外部物体与器件分离后，两者携带的电荷将保存在材料本身，因而在外部物体和传感器之间产生了电势差，如图 7.4(b)所示。抽象的二维模型如图 7.4(c)所示，据此，电势差 V 可以表达为

$$V = U_{\mathrm{top}} - U_{\mathrm{bottom}} = \frac{-\sigma t}{2\varepsilon_0 \varepsilon_{\mathrm{r}}} \tag{7.1}$$

式中，U_{top} 为上电极的电势；U_{bottom} 为下电极的电势；σ 为表面电荷密度；t 为两个接触层之间的间距；ε_0 和 ε_{r} 分别为真空介电常数和 PET 的相对介电常数。

在外力作用到传感器的过程中，一方面 FEP 表面的微纳结构将被压缩，体现为等效表面电荷密度的变化；另一方面，当表面结构完全被压缩之后，两个电极层之间的 PET 将会继续被压缩，最终皆反映为摩擦发电机的开路电压输出的大小。

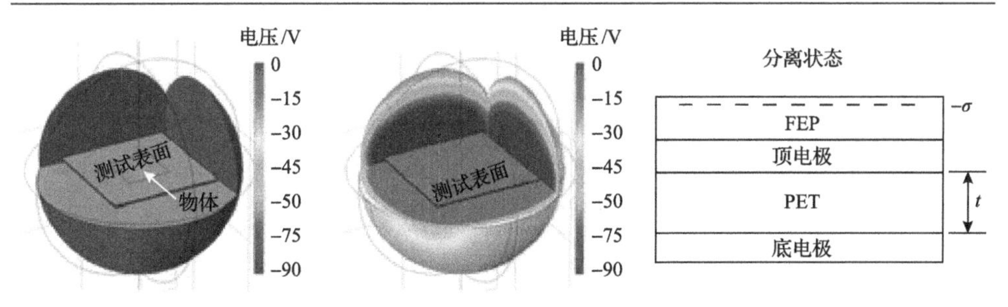

(a) 接触状态下电场分布仿真　(b) 分离状态下电场分布仿真　(c) 二维模型示意图

图 7.4　基于振幅的主动压力传感器工作原理的有限元仿真

7.2.2　基于振幅的主动压力传感器的制备工艺

器件的组成材料皆为商业材料，因此器件整体的加工过程较为简单。首先用激光刻蚀的方法将厚度为 50μm 的 PET 薄膜加工成所需尺寸，然后在 PET 的两侧用射频溅射的方式沉积厚度为 150nm 的 ITO 透明电极，并用导线从电极上引出。然后在电极两侧分别黏附厚度为 50μm 的尼龙层和 FEP 层。最后，采用等离子体刻蚀的方法加工出 FEP 表面的纳米线结构。FEP 纳米线制备工艺流程如图 7.5(a) 所示。

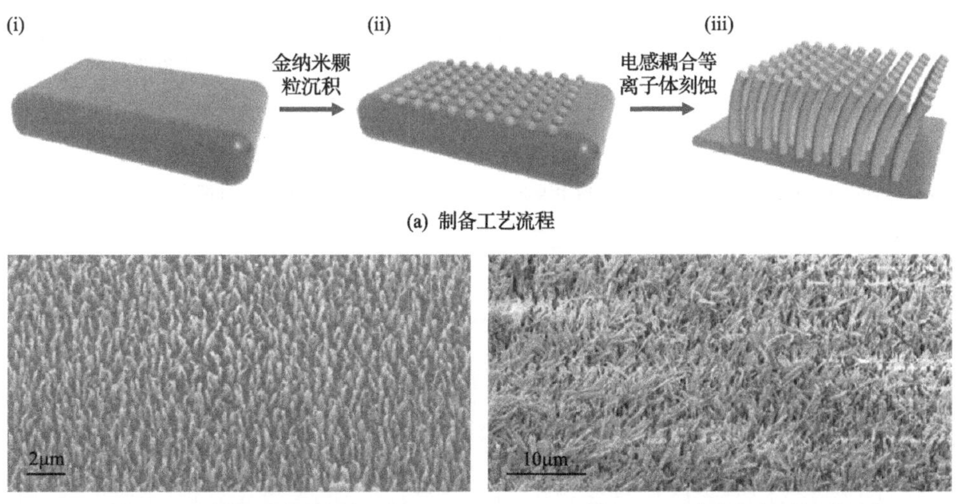

(a) 制备工艺流程

(b) 刻蚀2min后的纳米线扫描电镜照片　(c) 刻蚀10min后的纳米线扫描电镜照片

图 7.5　FEP 纳米线的加工制备

在准备好的 FEP 上用溅射的方式沉积金纳米颗粒，从而形成一层纳米级别的掩模用于制备聚合物纳米线。然后，在氧气和氩气以 1∶5 比例的混合气体环境中利用电感耦合等离子体刻蚀的方法处理一定时间，从而形成排列规则的 FEP 纳米线。电感耦合等离子体刻蚀处理 2min 和 10min 后的纳米线扫描电镜照片如图

7.5(b)和(c)所示。可以看出，在处理时间过长后，纳米线呈现坍塌的状态，难以为摩擦发电机提供更高效的起电效果。因此，控制合适的电感耦合等离子体刻蚀处理时间，是提高器件整体性能的关键工艺步骤。

7.2.3　基于振幅的主动压力传感器的性能与应用

如工作原理部分所述，该基于振幅的主动压力传感器实质上是将压力的变化体现在摩擦发电机开路电压的变化，因此在测试传感器性能时主要研究外部压力与输出电压的关系。

在利用线性马达以 20mN 的力将 2.5cm×2.5cm 的圆形金属物体压在 5cm×5cm 的方形主动传感器上，电压的输出结果如图 7.6(a)所示。可以看出，器件产生规则稳定的方波，幅值为 35V，验证了传感器的稳定性。

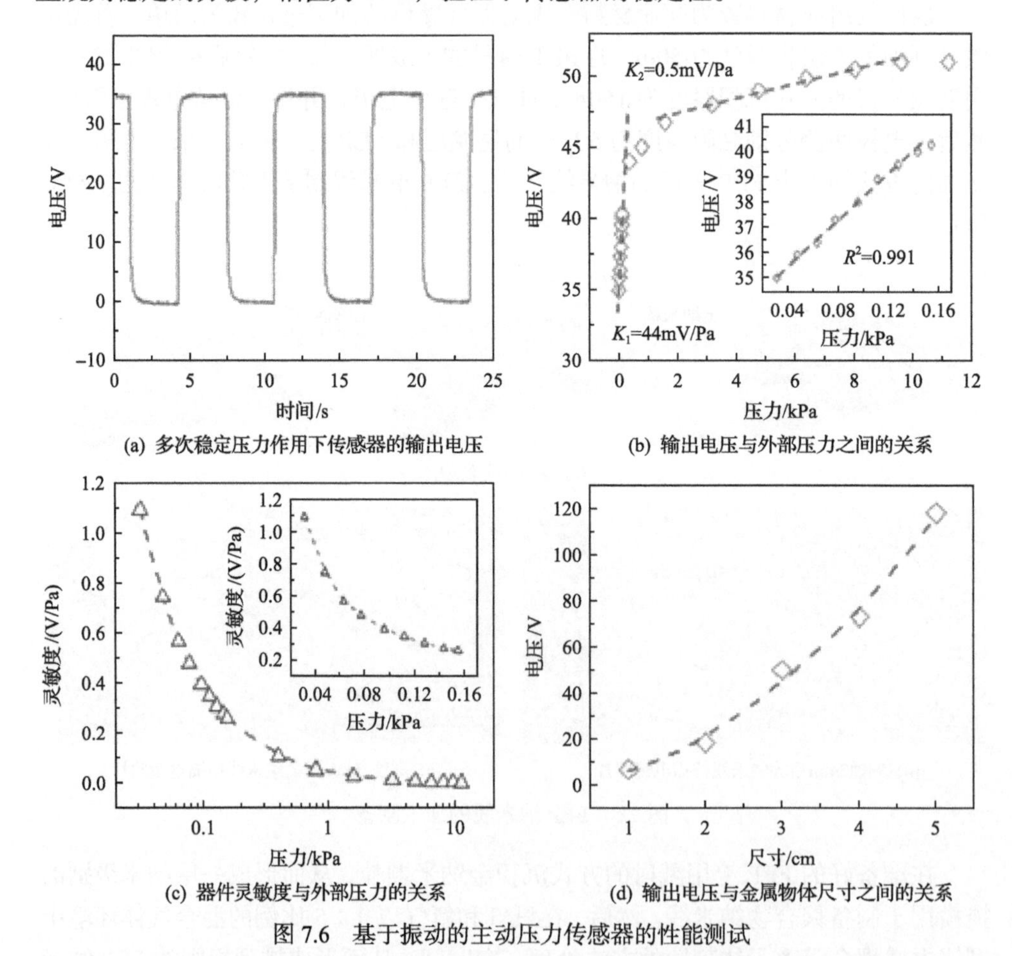

(a) 多次稳定压力作用下传感器的输出电压　(b) 输出电压与外部压力之间的关系

(c) 器件灵敏度与外部压力的关系　(d) 输出电压与金属物体尺寸之间的关系

图 7.6　基于振动的主动压力传感器的性能测试

随着外部压力逐步增加，输出电压也随之逐步提升，并在 50V 左右达到饱和，此时压力约为 10kPa，测试结果如图 7.6(b)所示。可以看出，压力与电压的关系存在两个线性区。在第一个区域内，随着压力的增加，与 FEP 产生更多的基础面积，从而提高了器件的表面电荷密度。在这段区域内(小于 0.15kPa)，灵敏度可达 44mV/Pa，线性相关系数 $R^2=0.991$。而在压力超过 2kPa 的范围内，灵敏度下降到了 0.5mV/Pa，依然保持较好的线性关系(R^2=0.974)。为了进一步表征传感器的性能，灵敏度与外部压力的计算结果如图 7.6(c)所示。可以看出，在外部压力很小时器件就具备高达 1.1V/Pa 的灵敏度。

由于摩擦起电效应的关系，施加压力物体的尺寸也会影响器件的输出。测试用的圆形金属物体直径从 1cm 增加到 5cm，器件输出的电压随着尺寸呈平方关系增加，如图 7.6(d)所示，这与接触面积产生更多的摩擦电荷的理论符合。所以，为了避免外部尺寸对器件输出造成的影响，应尽可能地减小传感器尺寸，使其小于绝大多数待测物体，以保证待测物体可以完全覆盖传感器表面，从而消除尺寸效应带来输出上的变化。

主动传感器的输出为电压信号，可以直接被外部电路读取，通过设计相应的电路，可以简单快速地实现多种功能。如图 7.7(a)～(e)所示，通过将主动传感器

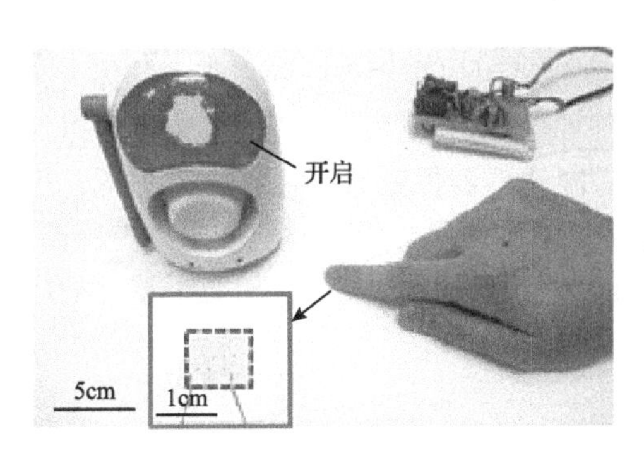

(a) 通过手指按压远程触发报警装置的照片

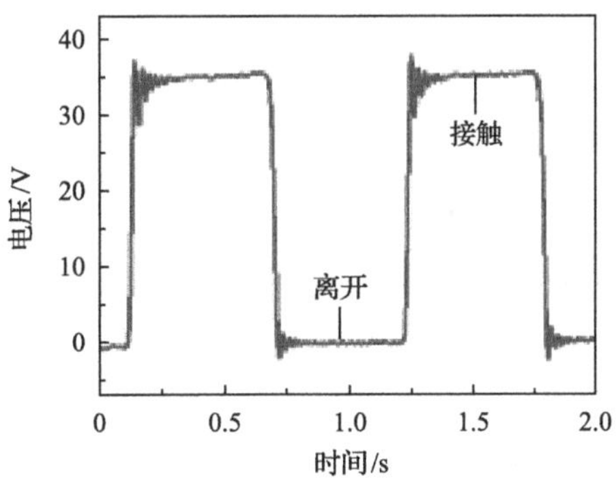

(b) (a)的输出波形

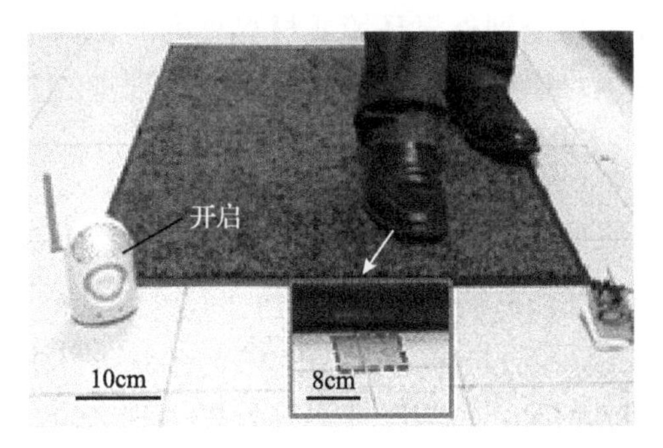

(c) 通过脚踏地毯下的传感器远程发出报警装置的照片

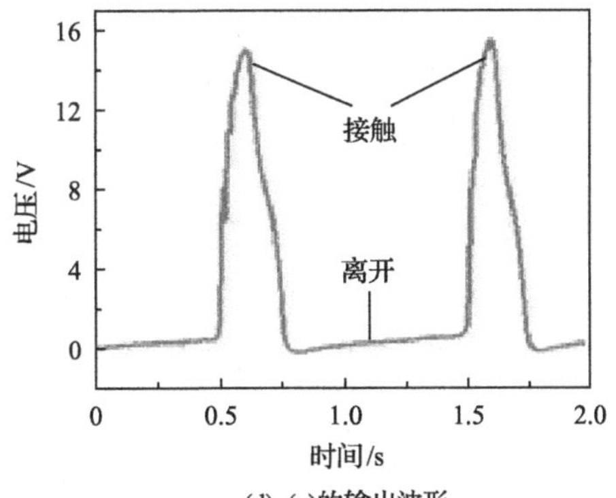

(d) (c)的输出波形

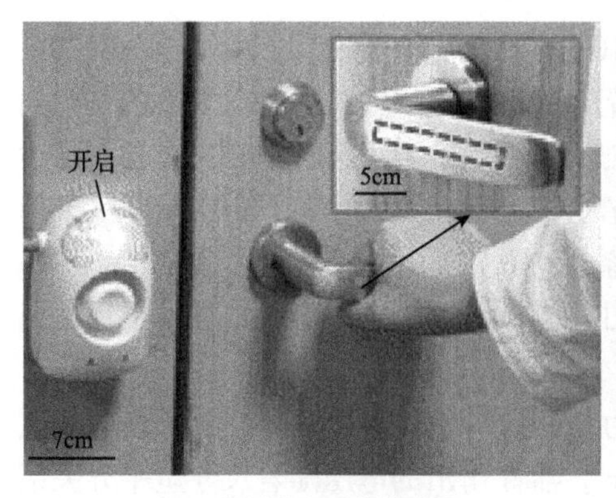

(e) 贴附在门把上的传感器

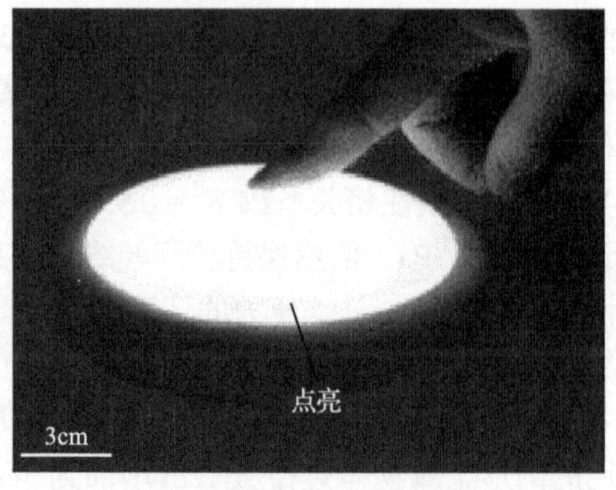

(f) 贴附在照明设备上的传感器

图 7.7　基于振动的主动压力传感器的应用展示

与集成电路定时器通过电路连接，可以控制无线传输模块对报警器发出信号，用于远程无线启动报警装置。图 7.7(b)和(d)分别为在用手指压按传感器触发的输出信号和脚踩在地毯下的传感器触发的输出波形，证实了传感器可以有效地进行反馈。通过对电路的调整，可以灵活设置报警阈值，大幅提高了传感器的实用性。

此外，由于该主动传感器具有良好的柔性，可以牢固地贴附在很多物体上，这里以门把为例，如图 7.7(e)所示。器件即使在略微弯曲的情况下依然可以保持良好的工作状态，实现远程预警功能。同时，器件还具有良好的透光性，可以与发光器件相结合，如图 7.7(f)所示，在照明设备发光面上贴附该主动传感器，触发发光之后器件本身并不会影响照明设备正常发光，进一步拓宽了器件的应用场景。

7.3　基于比例的主动定位传感器

由于基于振幅的主动压力传感器往往容易受到外界环境或材料种类的影响，幅值大小往往包含多个影响因素，因此幅值难以完整准确地反映待测物理量的大小。为了解决以上问题，Shi 等[5]提出基于比例的主动定位传感器。

7.3.1　基于比例的主动定位传感器的工作原理与设计

基于比例的主动定位传感器的结构如图 7.8(a)所示[5]，方形 PET 层为衬底层，在 PET 层上面四个边缘有四条基于银纳米线(Ag nanowire, AgNW)的条状柔性电极，电极上方为带有微型金字塔结构的 PDMS层，作为摩擦层与外界物体接触。器件的实物图如图 7.8(b)所示，具有较好的透光性。

该主动定位传感器的工作原理如图 7.9 所示。基于比例的主动定位传感器必

(a) 结构示意图　(b) 实物图

图 7.8　基于比例的主动定位传感器[5]

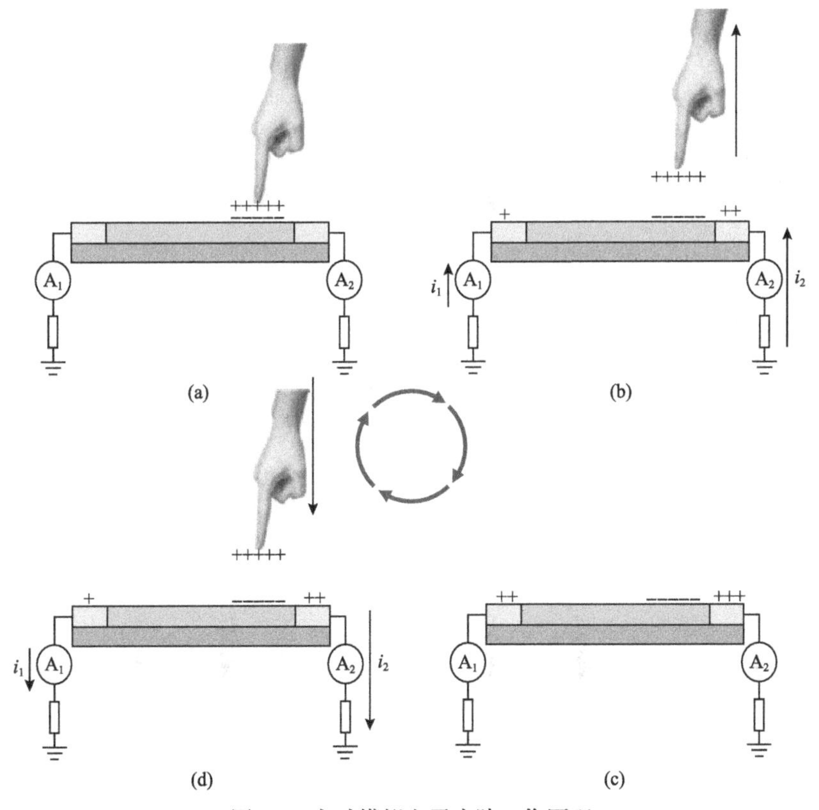

图 7.9　主动模拟电子皮肤工作原理

须要有成对的电极才能进行比例运算从而进行信号探测。当电子皮肤工作时，手指首先与 PDMS 摩擦层相互接触，产生等量异种摩擦电荷。当手指与摩擦面分离时，两摩擦面间电场减弱，摩擦面上的负电荷在四个电极会分别感应出正电荷。由于四个电极与摩擦位置的距离不同，各个电极上的电荷量不同，信号的强度也不同。当手指远离摩擦表面时，电极上的电荷量达到最大值。当手指再次靠近电子皮肤表面时，两摩擦面间电场重新增强，电极上的电荷重新被释放回地。在以上过程中，电荷会以相反方向流过每个负载电阻两次，形成两个极性相反的脉冲输出。峰值电压的高度随着与摩擦位置距离的增加而增加。通过分析相对的两个电极输出峰值的相对大小(即比值)即可得到摩擦点在一个方向的位置，由此，使用两对电极即可实现在二维空间中的定位。

当接触面积比较小时，摩擦电荷可以等效为点电荷。图 7.10(a)为点电荷模型下模拟电子皮肤各个参数的示意图。当摩擦结束后，PDMS 薄膜与手指所带电量分别为$-Q$与$+Q$。设手指离摩擦表面的距离为 h，PDMS 薄膜表面摩擦电荷与左侧电极间距离为 x，对电极距离为 L，这一对电极的电势分别为 U_1 与 U_2。根据点电荷在空间中的电势分布以及电势叠加原理，忽略电极电荷对空间电场的影响可以得到 U_1 与 U_2 的表达式，即

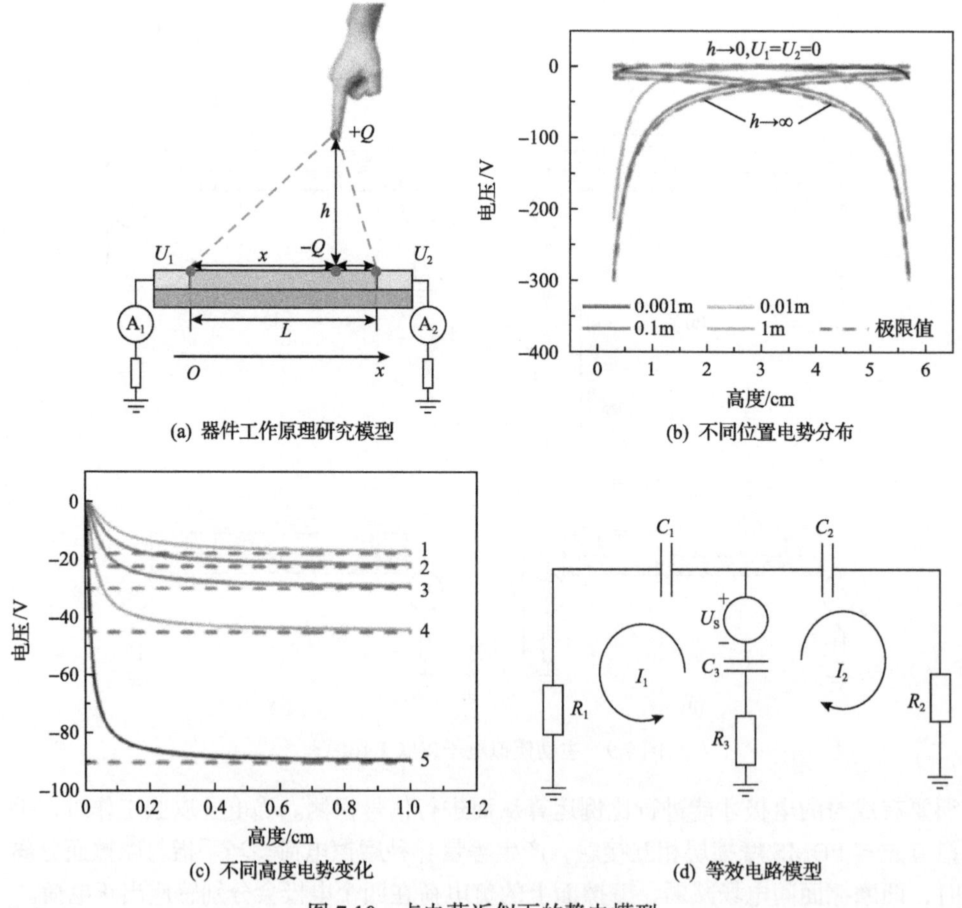

图 7.10　点电荷近似下的静电模型

$$U_1 = -k\frac{Q}{x} + k\frac{Q}{\sqrt{x^2+h^2}} = kQ\left[-\frac{1}{x} + \frac{1}{\sqrt{x^2+h(v,t)^2}}\right] \tag{7.2}$$

$$U_2 = -k\frac{Q}{L-x} + k\frac{Q}{\sqrt{(L-x)^2+h(v,t)^2}} = kQ\left[-\frac{1}{L-x} + \frac{1}{\sqrt{(L-x)^2+h(v,t)^2}}\right] \tag{7.3}$$

式中，k 为库伦常数。

从式(7.2)和式(7.3)可以看出，摩擦位置与电极间的距离会显著影响接收电极上的电势。当 h 不断增大时，电极上的电势不断减小(绝对值增大)。当 h 趋于无穷时，$U_1 = -k\frac{Q}{x}$ 且 $U_2 = -k\frac{Q}{L-x}$，即只有摩擦表面上的 $-Q$ 对电极上的电势产生影响。

当高度 h 相同时，不同的电极距离使电极上的电势有明显区别，随着摩擦位置靠近电极，电极上的电势迅速下降。图 7.10(b)中插图为两个电极的电势之比，可以看出，电极电势的比例随着位置的变化单调变化，与距离一一对应，因此利用一对电极电势之比就可以确定摩擦点的位置。高度对电极电势的影响如图 7.10(c)所示。在电极距离 x 相同时，随着高度增加，电极上的电势不断下降，趋于极限值，即手指上的摩擦电荷对电极电势的影响逐渐减小。

基于比例的主动定位传感器的等效电路模型如图 7.10(d)所示。模型中只考虑相对的两个电极，其中，C_1 与 C_2 分别为摩擦点与相应电极之间的等效电容，R_1 与 R_2 为负载电阻，C_3 与 R_3 为人体的等效电容与电阻。

根据基尔霍夫定律有

$$\begin{cases} \dot{U}_s = \dot{U}_1 + \dot{U}_{C1} + \dot{U}_{R3} + \dot{U}_{C3} \\ \dot{U}_s = \dot{U}_2 + \dot{U}_{C2} + \dot{U}_{R3} + \dot{U}_{C3} \end{cases} \tag{7.4}$$

式(7.4)的解为

$$\begin{aligned} \dot{U}_1 &= \dot{U}_s \frac{\mathrm{j}\omega^2 R_1R_2 + \omega\frac{R_1}{C_2}}{\mathrm{j}\omega^2\left(R_1R_2+R_2R_3+R_1R_3\right)+\omega\left(\frac{R_2}{C_1}+\frac{R_1}{C_2}+\frac{R_2}{C_3}+\frac{R_3}{C_2}+\frac{R_1}{C_3}+\frac{R_3}{C_1}\right)-\mathrm{j}\left(\frac{C_1+C_2+C_3}{C_1C_2C_3}\right)} \\ \dot{U}_2 &= \dot{U}_s \frac{\mathrm{j}\omega^2 R_1R_2 + \omega\frac{R_2}{C_1}}{\mathrm{j}\omega^2\left(R_1R_2+R_2R_3+R_1R_3\right)+\omega\left(\frac{R_2}{C_1}+\frac{R_1}{C_2}+\frac{R_2}{C_3}+\frac{R_3}{C_2}+\frac{R_1}{C_3}+\frac{R_3}{C_1}\right)-\mathrm{j}\left(\frac{C_1+C_2+C_3}{C_1C_2C_3}\right)} \end{aligned} \tag{7.5}$$

因此，这一对电极的电势之比为

$$\frac{\dot{U}_1}{\dot{U}_2}=\frac{\mathrm{j}\omega C_1C_2R_1R_2+C_1R_1}{\mathrm{j}\omega C_1C_2R_1R_2+C_2R_2} \tag{7.6}$$

可以看出，电势比主要受负载电阻、等效电容及信号角频率的影响。由于 C_1、C_2 非常小，式(7.6)可以简化为 $\dot{U}_1/\dot{U}_2=C_1/C_2$。接收电极的电势比主要受摩擦位置与摩擦点等效电容的影响，而该电容主要由距离决定。因此，从式(7.6)可以看出，距离是电极电势比的主要影响因素。

7.3.2 基于比例的主动定位传感器的制备工艺

为制备这种主动定位传感器，需要准备高性能摩擦表面以及透明导电电极和具有微纳结构的硅模板[5]。

为制备具有优异带电能力的摩擦表面，首先使用湿法刻蚀硅模板制备具有金字塔形微结构表面的 PDMS 薄膜，其中硅模板的制备工艺流程如图 7.11(a)所示。

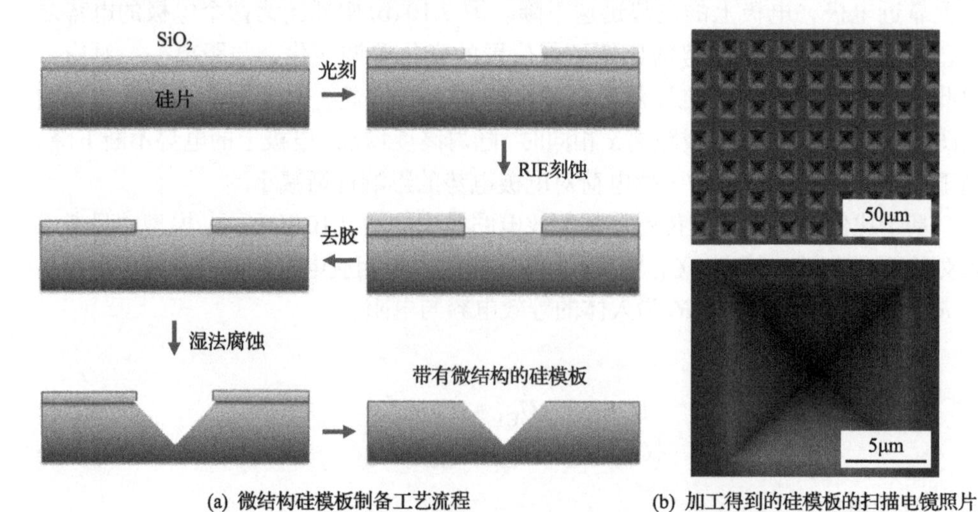

(a) 微结构硅模板制备工艺流程　　(b) 加工得到的硅模板的扫描电镜照片

图 7.11　基于比例的主动定位传感器微结构部分的制备

其次，利用电感耦合等离子体刻蚀工艺在 PDMS 摩擦面上淀积氟碳聚合物，进一步提高摩擦表面获取电子的能力。

在制备硅模板时，使用具有 300nm SiO_2 层(100)晶向的硅片，使用光刻工艺形成刻蚀窗口。在 RIE 工艺中，使用 SF6 气体在流量为 10mL/min、压力为 0.8Pa、功率为 100W 的条件下对硅片刻蚀 280s，形成 SiO_2 硬掩模。去胶后使用质量分数 33%的 KOH 溶液混合异丙醇(30%体积分数)进行湿法刻蚀，刻蚀中使用超声振荡，刻蚀温度为 50℃。刻蚀后使用 HF 溶液去除表面残留的 SiO_2 硬掩模，形成如图 7.11(b)所示倒金字塔结构。

在使用该硅模板倒模制备 PDMS 薄膜前，需要先使用三甲基氯硅烷预处理硅模板 30min。三甲基氯硅烷可以通过在硅片表面反应使 PDMS 与硅模板的亲和力减弱。然后，将 PDMS 基体与交联剂以 10∶1 质量分数混合均匀，以 500r/min 旋涂于准备好的硅模板上。接着，将其放置在 100℃的热板上 10min，使 PDMS 充分固化。最后，将固化后的 PDMS 薄膜从硅模板上揭下。

接收电极采用在 PET 衬底上制作的图形化银纳米线导电电极，其制备工艺流程主要包括银纳米线旋涂和图形化处理两部分。

在银纳米线旋涂工艺中，首先将厚度 12.5μm 的 PET 薄膜固定于玻璃片上。使用 1mg/mL 的银纳米线溶液重复旋涂 10 次(转速为 1500r/min)。通过充分重复旋涂，PET 薄膜表面的银纳米线密度逐渐提高，薄膜电阻率逐渐降低。旋涂完成后将薄膜置于 100℃热板上加热退火 30min，使银纳米线导电网络中的应力得到充分释放，电阻率进一步降低。

然后，将银纳米线薄膜进行图形化处理。在图形化处理过程中，使用标准光刻工艺对退火后的银纳米线薄膜进行光刻。经过曝光显影工艺后，将暴露出的银纳米线薄膜使用氧化剂刻蚀。这里采用质量分数 10%的 $Fe(NO_3)_3$ 溶液对其在常温下进行刻蚀。5min 后，使用去离子水将器件充分洗净，再将其置入丙酮中去除残余的光刻胶。最后将其放入去离子水中充分清洗干净并烘干。

使用上述工艺制作的银纳米线电极的扫描电镜照片如图 7.12(a)所示。可以看出，银纳米线在 PET 衬底上均匀分布，形成导电网络。

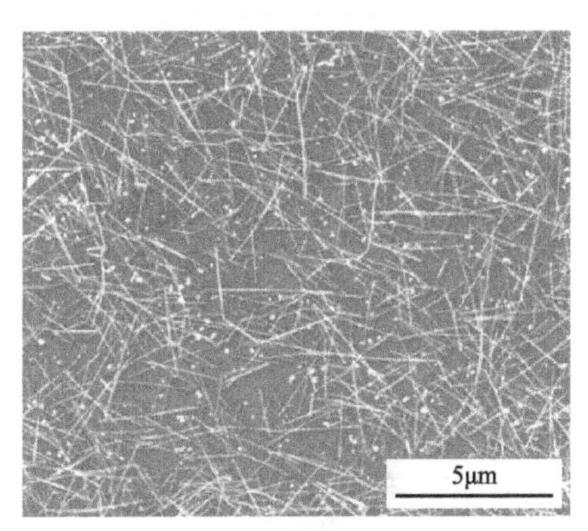

(a) 银纳米线电极的扫描电镜照片

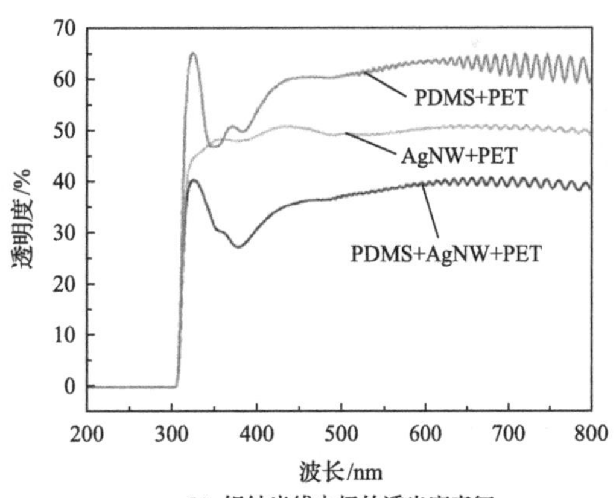

(b) 银纳米线电极的透光度表征

图 7.12　银纳米线电极

制作好图形化的银纳米线电极后，将 PDMS 薄膜覆盖在 PET 薄膜表面。由于 PET 薄膜重量小且 PDMS 薄膜具有一定的黏性，带有银纳米线电极的 PET 薄膜可自行紧密吸附在 PDMS 薄膜表面。

由于采用了 PET、PDMS 以及银纳米线等具有良好透明性的材料，传感器具有良好的透明度。图 7.12(b)为传感器上各层薄膜的透明度。可以看出，占有传感器中央区域的 PDMS+PET 结构具有 60%以上的透明度。处于传感器四周的银纳米线导电电极（AgNW+PET）也有约 50%的透明度。由于银纳米线的尺寸在纳米级，电极在保持导电性的同时对可见光有较高的透过率。在电极上覆盖 PDMS 薄膜（PDMS+AgNW+PET）后透明度降低至 35%，但由于器件表面大范围是无银纳米线的区域，因此器件整体表现出很高的透明性，最终得到的器件如图 7.8(b)所示。

7.3.3 基于比例的主动定位传感器的性能与应用

对于定位传感器，分辨率是表征其性能的重要参量。在进行整体表征之前，首先对器件在特征点的输出特性进行测试。以图 7.13 中传感器左下角为原点，沿

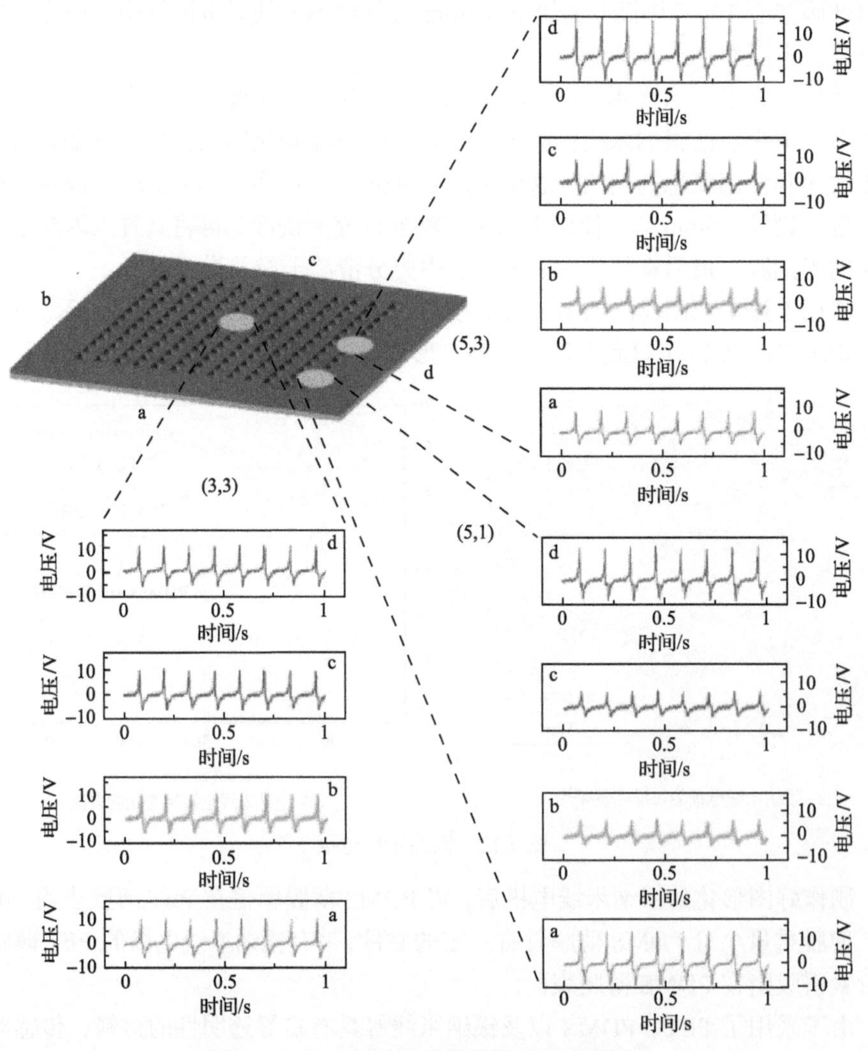

图 7.13　三个特征点出模拟电子皮肤的输出

a 电极方向为 x 轴，b 电极方向为 y 轴，三个特征点包括中心位置(3,3)、靠近电极中心位置(5,3)、拐角位置(5,1)，可以看出在中心位置(3,3)，由于测试位置与电极距离相同，电子皮肤四个电极的输出均为 10V 左右。在点(5,3)，测试位置靠近 d 电极，因此 d 电极的输出远大于其他三个电极。在点(5,1)，测试点与电极 a 和 d 的距离相同，与电极 b 和 c 的距离相同，且离 a 和 d 较近，因此电极 a 和 d 上的输出相同且远大于 b 和 c 上的输出。

完成了特征点的测试之后，对具有特征的 9 个点进行测试，如图 7.14 所示。在按压不同的测试点时，器件输出具有不同的特征，如图 7.14(a)所示。图 7.14(b)为每次按压时各个方向上的对电极电压比值。可以看出在按压 9 个不同的测试点时，两个方向上的比值具有不同的组合。因此，这些不同的点可以根据不同的对电极电压比值 R_{ac} 和 R_{bd} 来确定。

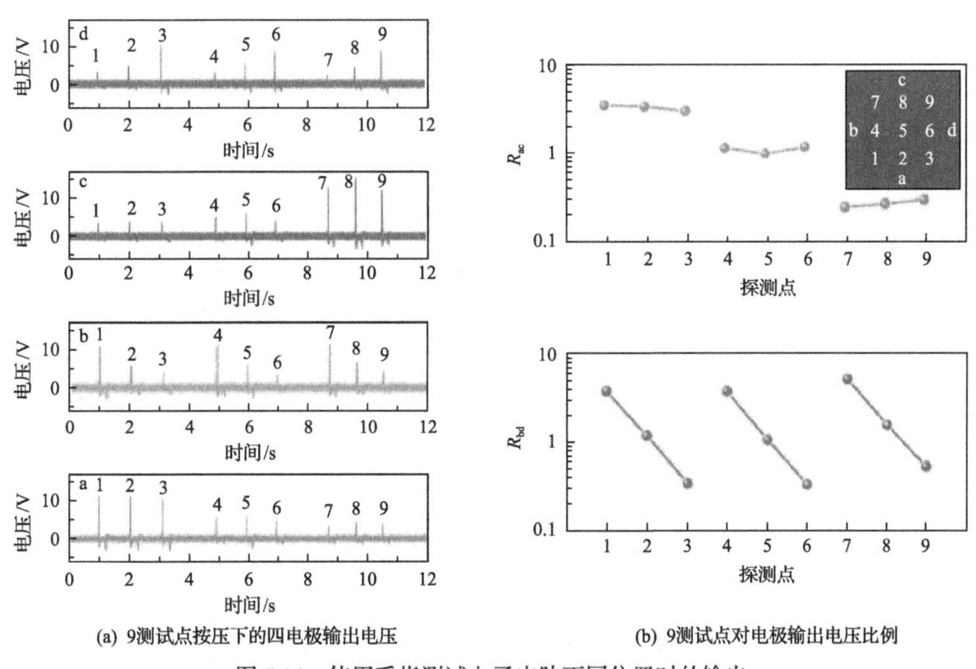

(a) 9测试点按压下的四电极输出电压　　(b) 9测试点对电极输出电压比例

图 7.14　使用手指测试电子皮肤不同位置时的输出

由于噪声等干扰对输出峰值电压的影响，模拟电子皮肤的分辨率不能简单地由单次定位测试确定。本节对定位传感器上 25 个测试点分别进行 160 次重复测试。每次测试中分别得到 x 方向与 y 方向的对电极电压比，从而得到其统计分布，根据测试的统计分布可以确定模拟电子皮肤的分辨率。

以点(1,2)为例，在 160 次重复测试中，由于测试点靠近 b 电极，该电极的输出均大于其他电极，如图 7.15(a)所示。图 7.15(b)为根据这 160 次测试分别计算其对电极电势的结果，可以看出 160 次测试中比值集中度很好，浮动范围在 0.2。利用二维正态分布模型对图 7.15(b) 中的 160 个点进行统计分析，可以得到如图 7.15(c) 所示的概率密度图，图中直观反映了 160 次测试中对电极电压比的统计分布情况。

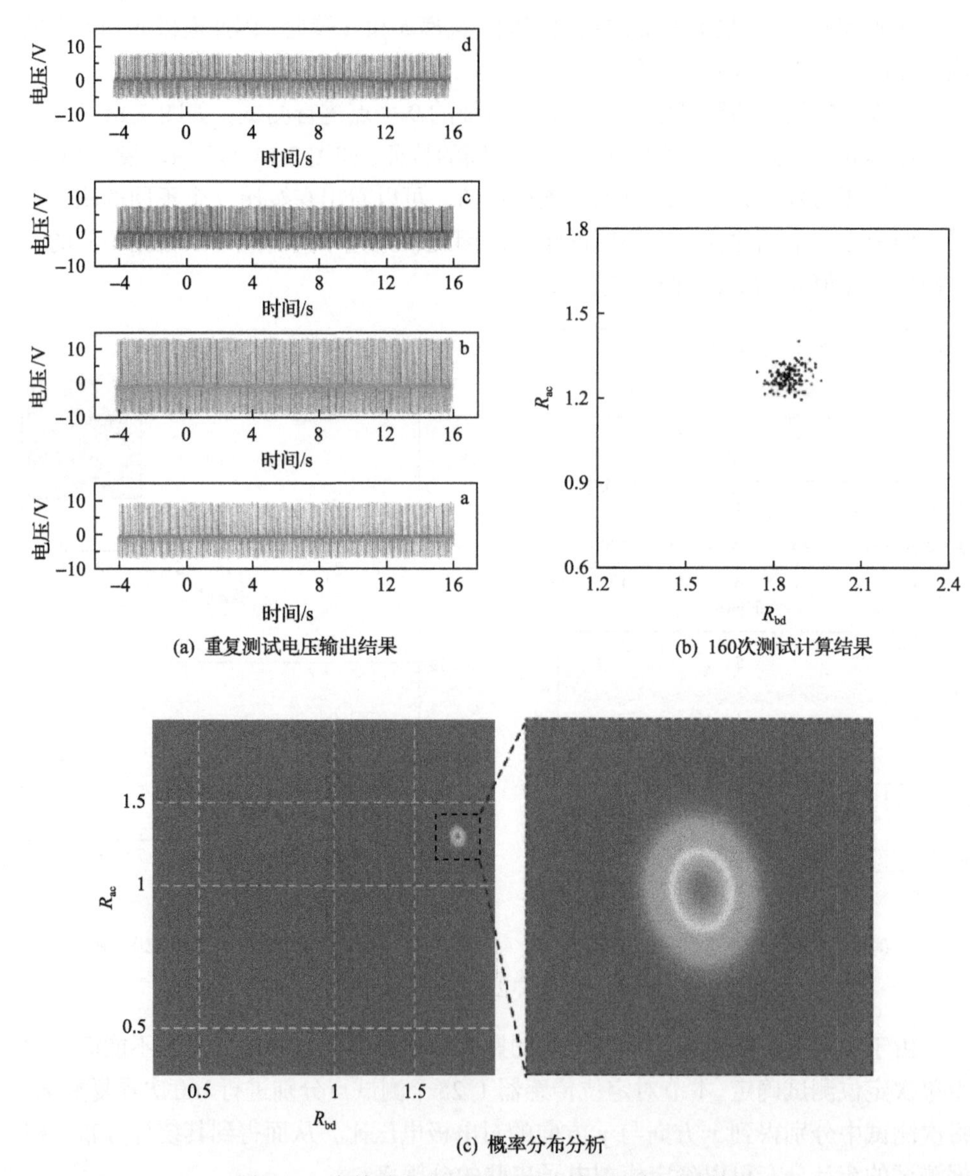

(a) 重复测试电压输出结果

(b) 160次测试计算结果

(c) 概率分布分析

图 7.15　在特殊点(1,2)处电子皮肤的重复测试结果

从图 7.15 的统计分布中可以得到重复测试的平均对电极电压比以及上述概率密度图沿 x 方向与 y 方向的半高半宽值(half width at half-maximum，HWHM，即

在一半峰高时峰宽的一半）。参考分辨率的瑞利判据，定义当相邻两点概率密度在距离为某一值处相等时，此两点不可分辨。此时点(1,2)的沿 ac 电极方向(即 y 方向)分辨率由式(7.7)决定：

$$分辨率=\frac{\text{HWHM}_{\text{ac},12}+\text{HWHM}_{\text{ac},13}}{\mu_{\text{ac},12}-\mu_{\text{ac},13}} \tag{7.7}$$

式中，$\text{HWHM}_{\text{ac},12}$ 为在点(1,2)处 y 方向上的半高半宽值；试验测得为 0.039；$\mu_{\text{ac},12}$ 为在点(1,2)处 y 方向上的对电极电压比的期望，试验测得为 1.27；点(1,3)处两个参量的含义类似，值依次为 0.041 与 1.02。

可得，在点(1,2)与(1,3)之间的区域，电子皮肤的分辨率约为 3.1mm。通过对于从(1,1)至(5,5)，以 1cm 为间隔的 25 个点的逐一分析，可以得到在这 25 个点测试后电极电势比的统计分布，进一步可以得到各个相邻区域的分辨率，取各个区域分辨率的平均值可得，电子皮肤整体的平均分辨率为 1.9mm。

分别取两个方向上的对电极电压比统计分布中的期望值(即二维正态分布中期望的 x 分量 R_{ac}，y 分量 R_{bd})可以得到如图 7.16 所示的 R_{ac} 与 R_{bd} 分布。可以看出，其变化趋势均在平面上保持单调的分布，使得位置与对电极电压比一一对应。因此，如果测得两个方向上的对电极电压比，在图 7.16 的两个图中分别截得比值符合的曲线，其底面投影的交点即按压位置坐标。

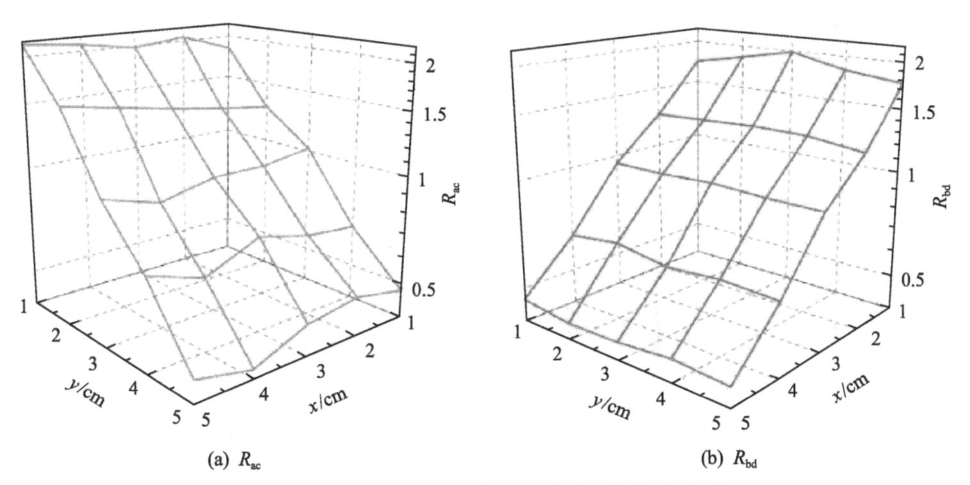

(a) R_{ac}　　(b) R_{bd}

图 7.16　两个方向上对电极电压比在不同位置的分布

对电子皮肤在实际中定位性能进行测试，当使用手指按压电子皮肤(2,4)点时，四个电极的输出如图 7.17(a)所示。此时电极 b 的输出最高，达到 11.28V，电极 a 的输出最低，为 7.59V，电极 a、c 电压之比为 0.679，电极 b、d 电压之比

为 1.240。从峰值电压比值可以看出按压点靠近电极 c 与电极 b。

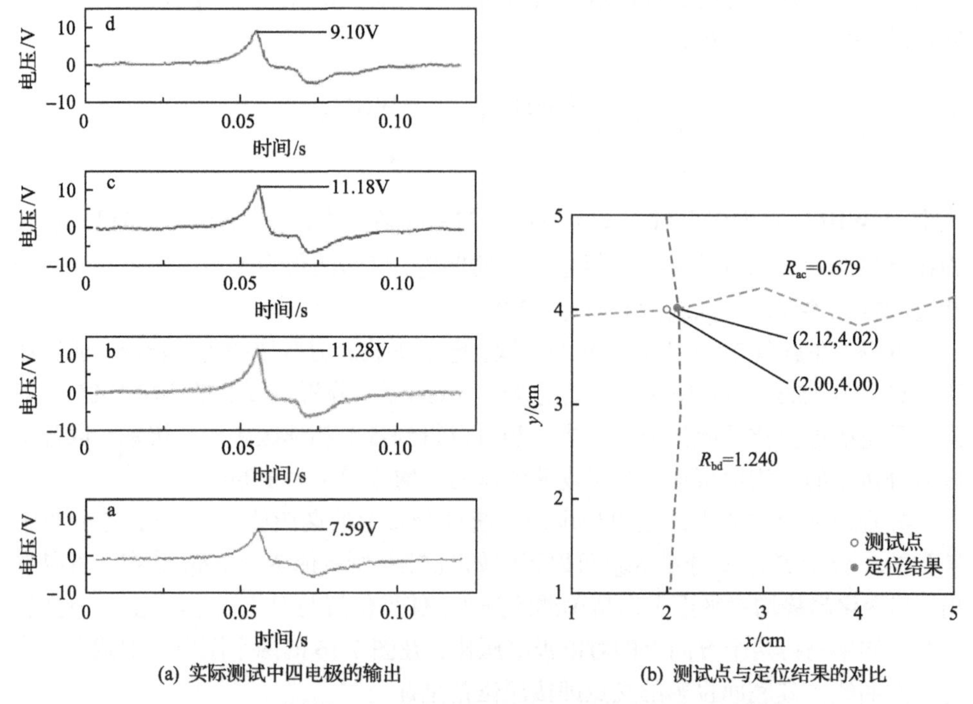

(a) 实际测试中四电极的输出　　(b) 测试点与定位结果的对比

图 7.17　单次按压电子皮肤表面得到的输出信号与定位结果

进一步，将电压比值代入曲面中可以得到两条截线，其投影线如图 7.17(b)所示。这两条线的交点即定位结果，显示为(2.12,4.02)。该定位结果与原始按压位置的偏差为 1.2mm。可以看出，主动模拟电子皮肤在单次定位中也体现出很小的定位误差。

在实际应用中，将电子皮肤固定在假肢手背上，如图 7.18 所示，对其表面 25 个点各进行 160 次试验。经过分析计算，该电子皮肤在弯曲表面上时，对电极电压比会呈现出与平面时略有不同的分布。对电极电压比的畸变可能与电子皮肤附着于曲面上时电极相对位置改变有关；同时，假肢材料的不同或是不均匀会影响电极附近电场的分布，从而改变电极的输出特性。

虽然输出特性有所改变，经过对 25 个测试点的分析，电子皮肤的分辨率依然维持在 1.9mm。这说明虽然对电极电压比发生了变化，但是这并未引起分辨率的退化。图 7.19 为用手指按压固定在假肢上的电子皮肤的输出。按压位置为(2.50, 2.50)，通过前述的定位方法，最终定位结果显示为(2.53, 2.50)。在此次定位测试中误差仅为 0.3mm，显示主动模拟电子皮肤在曲面上也有良好的定位精度。

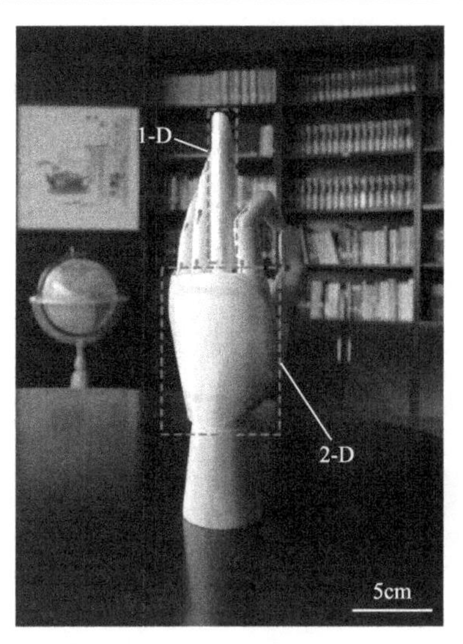

图 7.18　主动式模拟电子皮肤固定在机械手表面

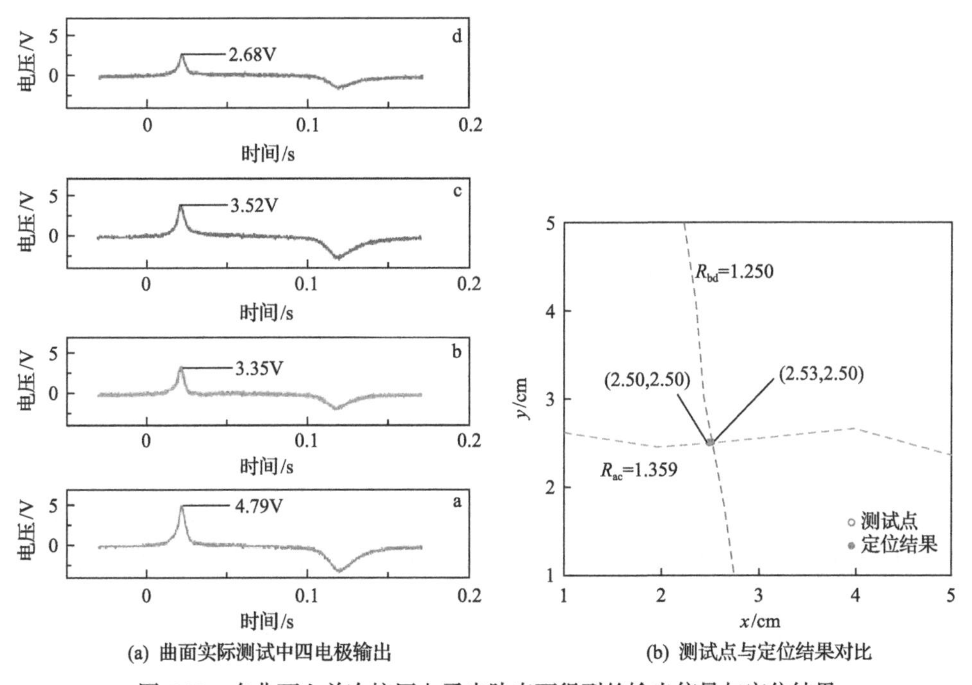

(a) 曲面实际测试中四电极输出　　(b) 测试点与定位结果对比

图 7.19　在曲面上单次按压电子皮肤表面得到的输出信号与定位结果

7.4　基于频率的主动滑动传感器

基于频率的主动滑动传感器主要忽略了输出信号中幅值相关的信息，因为幅值很容易受到外界干扰，而专注于研究频率所反映出来的信息，通过研究频率的特征及变化来实现无须外界供电反映外界环境变化的目标。基于此，Chen 等[6]利用摩擦发电机基于摩擦的工作原理特点，根据其产生的频率信号，设计了可以反映滑动过程中摩擦物体表面粗糙度的主动滑动传感器。

7.4.1 基于频率的主动滑动传感器的工作原理与设计

通过研究人指纹的结构特点，Chen 等[6]设计了一种双电极仿指纹结构静电感应式滑动传感器，其结构如图 7.20 所示。

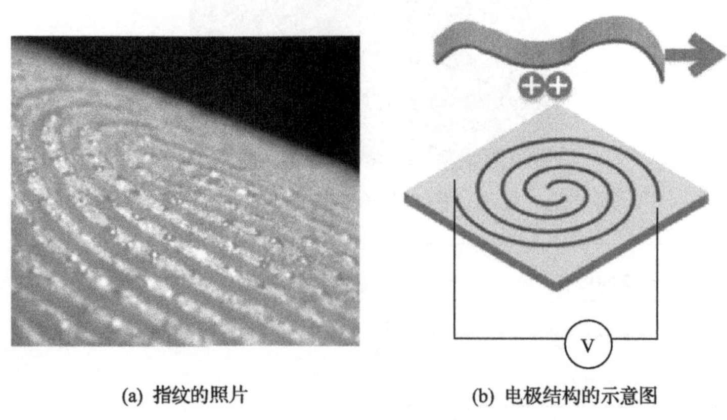

(a) 指纹的照片　　(b) 电极结构的示意图

图 7.20 双电极滑动传感器的结构[6]

器件主要包含两个由碳纳米管与 PDMS 掺杂制成的导电聚合物作为可拉伸平面螺旋电极，器件整体用 PDMS 进行封装，PDMS 一方面充当封装材料，用于保护电极；另一方面也充当电介质的作用，用于与外部物体接触，产生摩擦静电荷。该器件的特点在于，两个螺旋电极相互交叠，当外界物体从上面划过时，必定是往复地经过两个电极，造成电荷在两个电极之间往复转移，从而产生自由滑动式静电感应传感效应。

该滑动传感器可以用于检测外部物体的表面粗糙度，为简化模型，在二维情况下进行分析。图 7.21 为双电极仿指纹滑动传感器的电荷转移过程。螺旋状电极的圈数简化为最少，从二维角度来看仅有两个电极，电极宽度与电极之间的间距相等。工作原理展示以器件滑动通过带有 1 个凹陷的物体表面为例，简要阐述这个过程中电荷转移的情况以及对应的波形。

根据摩擦序列，PDMS 是一种极易携带负电的摩擦材料，而此滑动传感器整体的外部封装都是 PDMS，所以在与外界待测物体接触时，器件表面会携带负电荷，被接触物体将携带正电荷。对于发电机滑动通过单凹陷物体表面的过程中，有 4 个关键位置，在这些关键位置上，电流的方向将发生反转。而最终波形的频率，即电流反转的次数，将会成为判断待测物体表面粗糙度的重要指标。

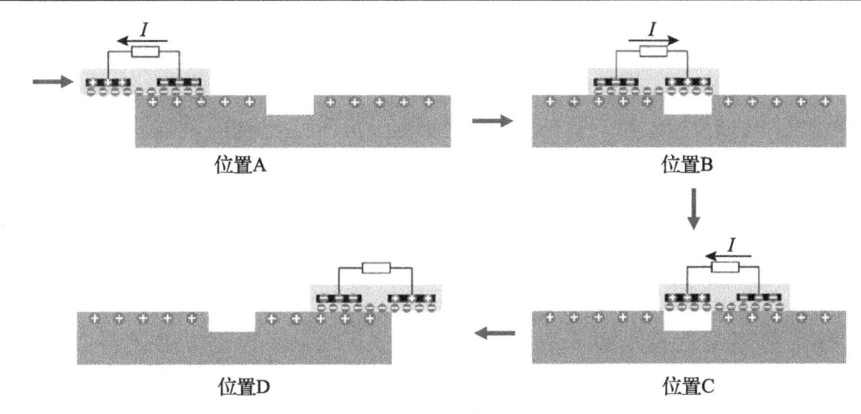

图 7.21　双电极仿指纹滑动传感器的电荷转移过程

四个重要位置分别用 A、B、C 和 D 来表示，位置 A 是指器件移动过程中右侧电极刚好处于待测物体上，而左侧电极还未抵达待测物体；位置 B 是指右侧电极恰好处于凹陷位置的上方，而左侧电极仍然与待测物体接触；位置 C 是指左侧电极恰好处于凹陷处的上方而右侧电极重新接触到物体表面；位置 D 是指右侧电极恰好离开物体表面而左侧电极仍然与待测物体接触。这四个过程不仅能描述凹陷处的位置及大小，而且还可以反映器件从刚开始接触待测物体到器件离开物体的整个过程。

这四个重要位置可以将整个工作过程划分为 5 段，分别为位置 A 之前、位置 A 到位置 B、位置 B 到位置 C、位置 C 到位置 D 和位置 D 之后。而当器件抵达关键位置处时，电流方向进行反转，此时电压达到最大值或者最小值，在每个阶段内电流方向保持一致。相邻的阶段内电流方向一定相反，模拟得到的波形如图 7.22 所示。

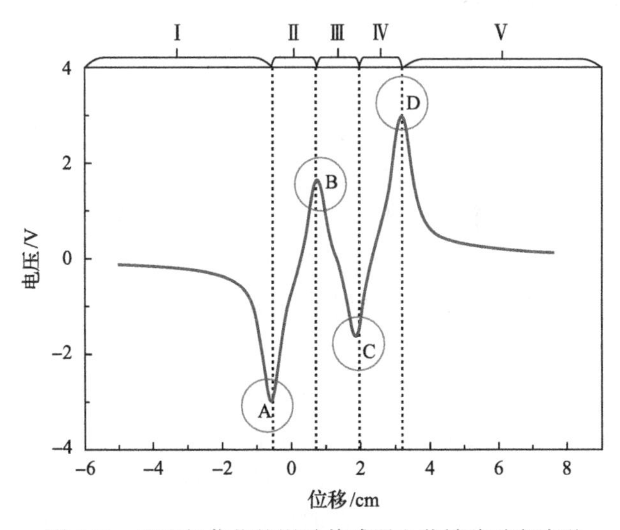

图 7.22　双电极仿指纹滑动传感器电荷转移对应波形

在第一阶段(位置 A 之前)，当滑动传感器靠近待测物体时，更多的负电荷将会感应在右侧电极，从而产生一个自右向左的电流。当器件移动到位置 A 时，电压将第一次抵达最小值 V_1，意味着器件已经开始与待测物体接触，并准备进行待测物体表面粗糙度的检测。

在第二阶段(位置 A 到位置 B)，首先左侧的电极也开始移向目标物体，从而更多的负电荷将会感应以实现静电平衡，产生自左向右的电流。与此同时，右侧电极开始移向凹陷区。由于凹陷区没有与器件进行接触、分离，所以凹陷区部分不携带摩擦静电荷，所以为了达到静电平衡，右侧电极将感应出更多正电荷。同样，在这个过程中，电荷在两个电极中的流向也是自左向右。所以整个过程中电流方向不变。直到器件整体移动到位置 B，即右侧电极完全处于或最大限度地处于凹陷处上方，此时的输出电压首次达到峰值 P_1。在实际探测中，这个峰出现的位置意味着双电极中的第一个电极已经完全处于凹陷位置。

在第三阶段(位置 B 到位置 C)，右侧电极开始远离凹陷区，而左侧电极靠近该区域。与上个阶段类似，只不过左右电极的感应情况相反，从而产生自右向左的电流脉冲。直到左侧电极完全处于或者最大限度地处于凹陷区，电压第二次达到最低值 V_2，意味着第二个电极完全处于凹陷位置。通过研究分析 P_1 和 V_2 出现的时间，结合滑动传感器自身运动的速度和各种几何参数，可以表征凹陷位置和凹陷的长度。

在第四阶段(位置 C 到位置 D)，首先，左侧电极逐渐远离凹陷区，所以正电荷将从左向右移动，于是电流方向在此反转。之后，右侧电极逐渐移动远离待测物体表面，此时更多的正电荷也将感应在右侧电极上，因此仍然是电流自左向右流动。当器件到达位置 D 时，输出电压第二次达到峰值 P_2。通过研究 V_1 和 P_2 出现的时间，结合滑动传感器自身运动的速度和各种几何参数，可以表征整个待测物体的长度信息。

在最后的过程中(位置 D 之后)，右侧电极已经完全处于待测物体表面外侧，而左侧电极正在逐步移出，第五阶段(位置 D 之后)与第一阶段(位置 A 之前)完全对称，所以电流从右向左流动。

在二维简化模型下完成基本的工作原理分析之后，用利于有限元仿真的方法来验证实际的三维双电极仿指纹结构滑动传感器在工作过程中的电势变化，如图 7.23 所示。

在此仿真模型中，滑动传感器的结构与实际器件一致，为便于分析研究，待测物体为栅槽状物体，有周期凹陷。从仿真结果可以看出，当器件处于 x=0.03m 时，位置偏上的电极电势较低，而位置偏下的电极电势较高；当器件移动一个单位的凹陷后，处于 x=0.04m 的位置，此时位置偏上的电极电势较高，而位置偏下的电极电势较低，两个电极上的电势发生了反转，说明在此过程中，电荷在两个电极之间产生了转移，由此可知器件移动通过了一个凹陷。

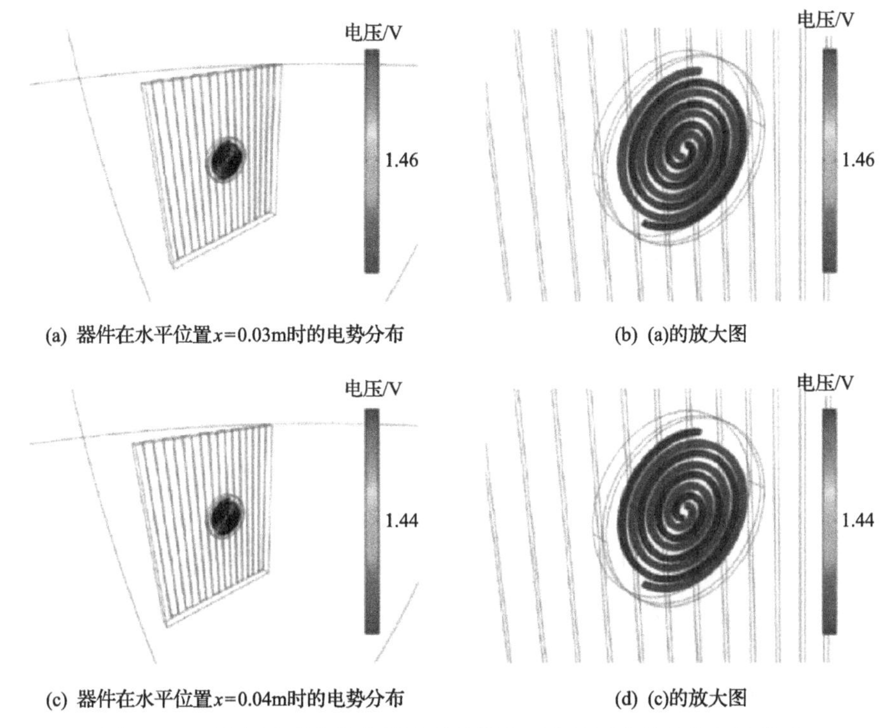

(a) 器件在水平位置x=0.03m时的电势分布　(b) (a)的放大图

(c) 器件在水平位置x=0.04m时的电势分布　(d) (c)的放大图

图 7.23　双电极仿指纹结构滑动传感器在工作过程中的电势变化仿真

为了进一步研究滑动传感器在粗糙度检测上的应用问题，这里研究不同的凹陷个数 n、电极宽度 e_1 和螺旋电极圈数 m 如何对最终的摩擦输出造成影响。

首先，是对待测物体表面凹陷情况的研究。分别研究 n=0、n=1 和 n=2 三种情况，仿真结果如图 7.24 所示。与预期一致，在移动相同的距离下，更多的凹陷个数将使滑动传感器产生更多个电荷转移周期，这就提供了一种检测粗糙度的可视化方法。值得注意的是，即使没有任何凹陷也会产生一组峰谷值，这一点在之前的工作原理中已有介绍，主要原因在于器件刚接触待测物体以及离开待测物体过程中造成的电势重新分布。对于不同凹陷个数的待测物体，其第一个波谷和最后一个波峰的位置都是一样的，由此可以获取待测物体的总体尺寸。

其次，需要研究的是电极尺寸与凹陷区尺寸的相对关系对滑动传感器输出造成的影响。用 e_1 表示电极的宽度，g 表示待测物体上凹陷区的宽度。重点研究三种组合：e_1=2g(即 e_1>g)、e_1=g、e_1=0.5g(即 e_1<g)，相应的仿真结果如图 7.25 所示。

当 e_1=2g 时，除了器件接触待测物体和远离待测物体产生的波峰波谷，在待测物体上滑动过程中，没有任何波动输出，意味着此时滑动传感器无法探测出待

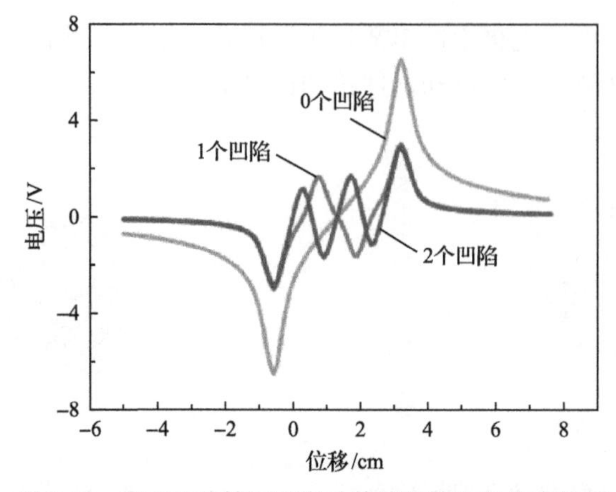

图 7.24　表面凹陷情况对滑动传感器输出的仿真结果

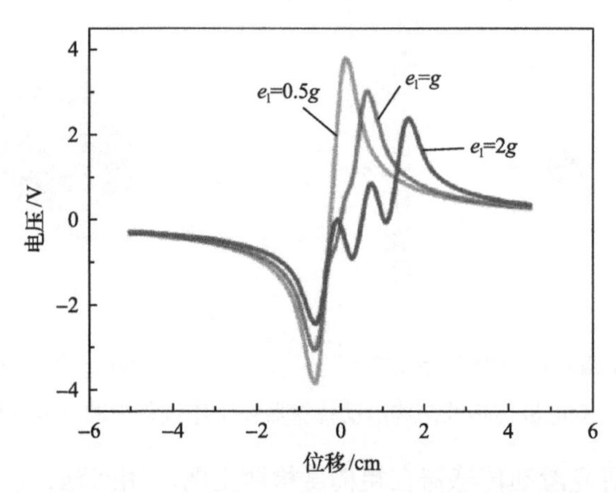

图 7.25　电极尺寸与凹陷区尺寸的相对关系对滑动传感器输出的影响

测物体上凹陷的信息；当 $e_l=g$，即器件在待测物体上滑动时，从波形上隐约可以看出有轻微的波动，此时可以认为滑动传感器刚好可以探测到表面凹陷的状况；当 $e_l=0.5g$ 时，此时滑动传感器可以产生明显的波动，意味着此时电荷在两个电极之间交替移动，滑动传感器可以正确地按照预期的方式工作。通过对比电极尺寸与凹陷区尺寸的相对关系发现，只有当电极尺寸小于凹陷区尺寸时，滑动传感器才能检测到待测物体表面凹陷的情况。因此，电极尺寸是决定滑动传感器粗糙度探测精度最重要的因素。

7.4.2　基于频率的主动滑动传感器的制备工艺

基于频率的主动滑动传感器的核心部分在于 CNT-PDMS 螺旋电极，所以首先需要制备的是 CNT-PDMS 可拉伸导电材料，然后再进行图形化处理，最终使用 PDMS 进行封装，即可完成器件的制备。其制备工艺流程如图 7.26 所示。

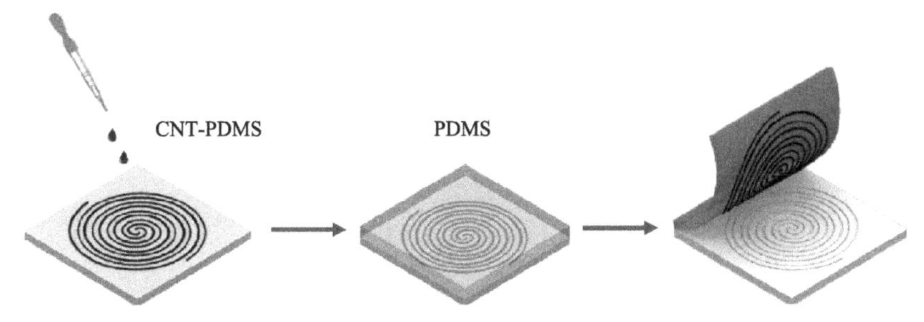

图 7.26　基于频率的主动滑动传感器的制备工艺流程

对于双螺旋状 CNT-PDMS，首先，用三维打印的方式制备树脂模具，双螺旋呈凹陷状。然后，将上述添加交联剂但还未加热的 CNT-PDMS 倒入模具，并用手术刀将凹槽以外的部分清除，使得 CNT-PDMS 只存在于螺旋凹槽之中。待整体稳定之后，将铝合金模具连同上面的 CNT-PDMS 一同放在热板上加热，使 CNT-PDMS 固化。待 CNT-PDMS 固化之后，将液态的 PDMS(原液与交联剂按 10∶1 混合)倒在模具上，在自流平效应的驱使下，PDMS 将在整个模具上铺开，且与凹槽处 CNT-PDMS 相连。通过再次将液态 PDMS 固化，PDMS 与 CNT-PDMS 因为包含同种聚合物而具有良好的黏附性，从而使得 PDMS 与 CNT-PDMS 紧紧相连。如此将 PDMS 连同 CNT-PDMS 一起从模具上揭下。原本的 PDMS 便充当整个器件的衬底部分。最后，用 PDMS 在器件的电极裸露面进行封装，完成器件制备。

7.4.3　基于频率的主动滑动传感器的性能与应用

在上述理论分析和仿真计算的基础上，下面通过实际测试来验证之前的理论分析。首先研究待测物体表面粗糙度对器件输出的影响，即验证器件是否可以准确地判断出待测物体表面凹陷的个数从而反映粗糙度。

利用三维打印制备两个尺寸完全一致的光敏树脂材料的模具，长 6cm、宽 4cm、高 20cm。一个模具上有 5 个凹陷，每个凹陷的宽度为 6mm；另一个模具上面有 7 个凹陷，每个凹陷的宽度为 4mm。器件电极宽度为 1mm，根据之前的仿真分析，该器件可以反映出凹陷情况。

测试结果如图 7.27 所示。在排除了初始接触时和最终分离时造成的峰以及圈数本身带来的影响，可以看出，对于 5 个凹陷的模具，器件从上面滑动过之后，产生了连续接连向上的 5 个峰，反映出了待测物体有 5 个凹陷的情况；对于 7 个凹陷的模具，器件从上面滑动，产生了连续接连向上的 7 个峰，同样与预期相一致。同时，通过测试相邻峰谷之间的间距，可以获得凹陷的宽度信息。

接下来研究待测物体表面凹陷宽度的大小对器件输出的影响。利用三维打印制备尺寸完全一致的光敏树脂模具，长 6cm、宽 4cm、高 20cm，每个模具上有 15 个凹陷。模具 1 上的凹陷宽度为 1.5mm，模具 2 上的凹陷宽度为 0.5mm。按照之前的仿真结果，只有当电极宽度小于待测凹陷宽度时，器件才能正常工作。

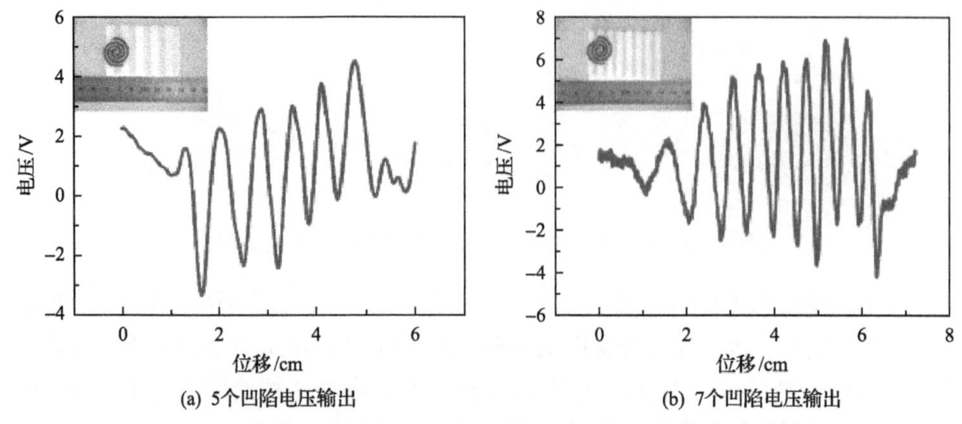

(a) 5个凹陷电压输出　　(b) 7个凹陷电压输出

图 7.27　测试结果验证待测物体表面粗糙度对器件输出的影响的测试结果

测试结果如图 7.28 所示，对于模具 1，因为凹陷宽度大于电极宽度，输出模型可以完全反映待测物体表面的凹陷个数；而对于模具 2，因为凹陷宽度小于电极宽度，在输出波形中看不出明显的波峰波谷，而无法完全反映待测物体的表面信息。

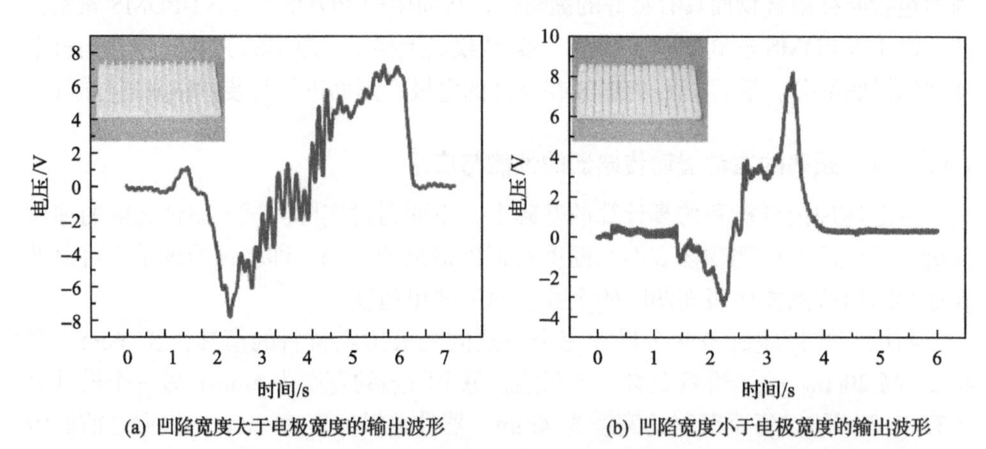

(a) 凹陷宽度大于电极宽度的输出波形　　(b) 凹陷宽度小于电极宽度的输出波形

图 7.28　验证电极宽度与待测物体表面凹陷宽度之间关系对输出的影响的测试结果

基于上述测试，利用双电极仿指纹滑动传感器进行日常生活中的粗糙度检测。如图 7.29 所示，分别有牛津纺布、明显条纹状的毛衣，其中毛衣表面的粗糙度远大于牛津纺布。利用滑动传感器分别在两种布料上滑动，得到相应的输出波形。通过输出波形能够看出，牛津纺布的表面特别平整，而毛衣表面则非常粗糙。

通过毛衣的测试波形可以看出，稳定运动下输出频率约为 8Hz，而器件移动速度保持在 1cm/s，因为电极宽度为 1mm，电极之间的间距也为 1mm，所以通过两个峰出现的时间差经过的距离，就是毛衣表面纹理的尺寸。经过计算，得到毛衣表面纹理之间的凹陷区尺寸约为 1.25mm，与实际测量一致这证实了利用滑动传感器可以反映不同粗糙度，而且可以准确计算表面凹陷的大小。

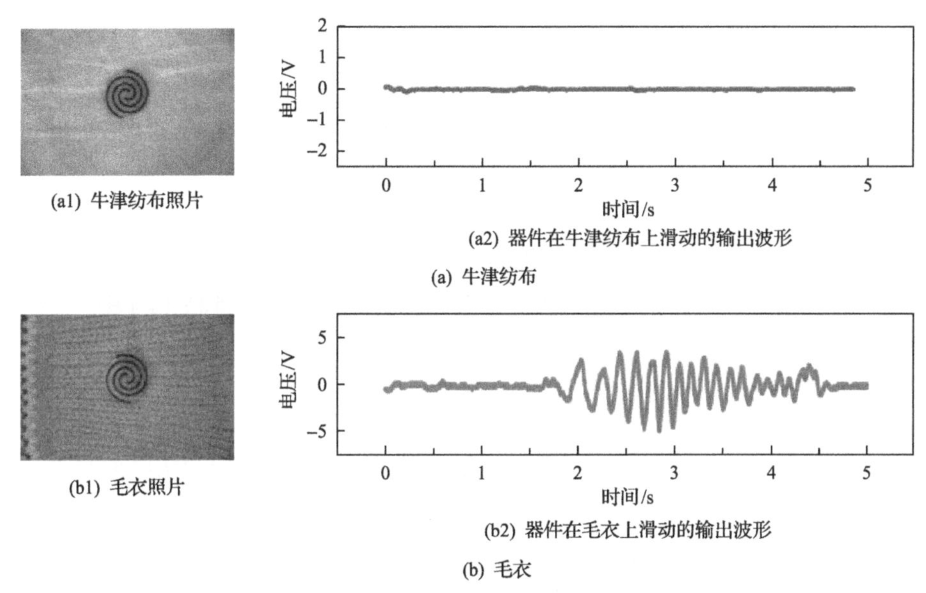

(a1) 牛津纺布照片

(a2) 器件在牛津纺布上滑动的输出波形

(a) 牛津纺布

(b1) 毛衣照片

(b2) 器件在毛衣上滑动的输出波形

(b) 毛衣

图 7.29　对比不同粗糙度织物的测试结果

此外，由于器件是各向同性的，在进行表面粗糙度检测时，对表面纹理的排布方向有一定的要求。仍然以之前测试过的毛衣为例，因为毛衣的纹理是沿特定方向排布的，所以在垂直于纹理方向进行滑动时，可以明确检测出毛衣的粗糙度；而如果沿毛衣纹理排布方向进行测试，那么准确度大大降低，如图 7.30 所示。

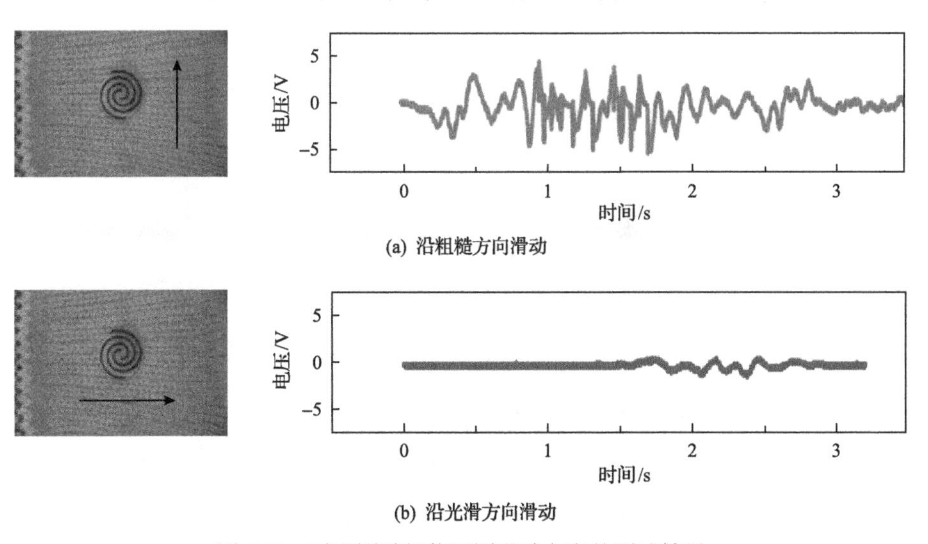

(a) 沿粗糙方向滑动

(b) 沿光滑方向滑动

图 7.30　对于同种织物不同滑动方向的测试结果

7.5　基于开关模式的主动判别传感器

除了模拟式主动传感器，数字式主动传感器也有其独特的用途，基于开关模式的主动判别传感器是非常典型的数字式主动传感器，用于特定场景、特定行为等的识别。因为仅仅需要传感器给出一个脉冲式的判别信号，所以结构简单和集成度高是在设计过程中最需要认真考虑的问题。

7.5.1　基于开关模式的主动判别传感器的工作原理与设计

基于开关模式的主动判别传感器用途灵活，结构简单，且易于与其他传感器集成。通过将开关模式的主动判别传感器与传统的电阻式传感器集成，实现了对外部作用类别(压力还是弯曲)的快速、准确、简易识别。传统的压力和弯曲的探测皆基于电阻式的传感原理，然而，仅仅依靠电阻的变化难以分辨外界作用的方式是压力还是弯曲，因此 Chen 等[7]提出了将开关模式的主动判别传感器与电阻式传感器集成的方式，协助传统传感器区分信号类型，提高检测准确性。

基于开关模式的主动判别传感器工作原理如图 7.31 所示[7]。其由两层 PDMS 介质层中间夹着一层多孔碳纳米管-聚氨酯电极组成，电极层接地。利用单电极式摩擦发电机的工作原理，当有外部物体与其接触时，将会在介质层上产生净电荷，而在外部物体撤去后，留存在介质层上的电荷将驱使电极中的电子在电极与地之间转移，从而形成瞬态电压。因此，在外部压力作用下，主动传感器将会产生脉冲信号对压力进行响应；而在弯曲作用下，主动传感器不会产生明显的信号。基于此，可以有效地将压力和弯曲分辨出来。

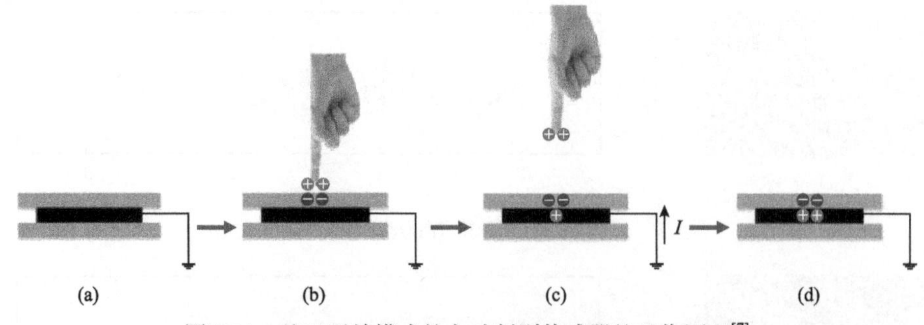

图 7.31　基于开关模式的主动判别传感器的工作原理[7]

7.5.2　基于开关模式的主动判别传感器的制备工艺

基于开关模式的主动判别传感器的制备工艺流程如图 7.32(a)所示。

首先，将聚氨酯海绵裁剪成长 3cm、宽 1mm、厚度为 4mm 的海绵条。然后将该海绵条放入去离子水清洗，并在 100℃烘干，去除水分。然后，将完成清洗

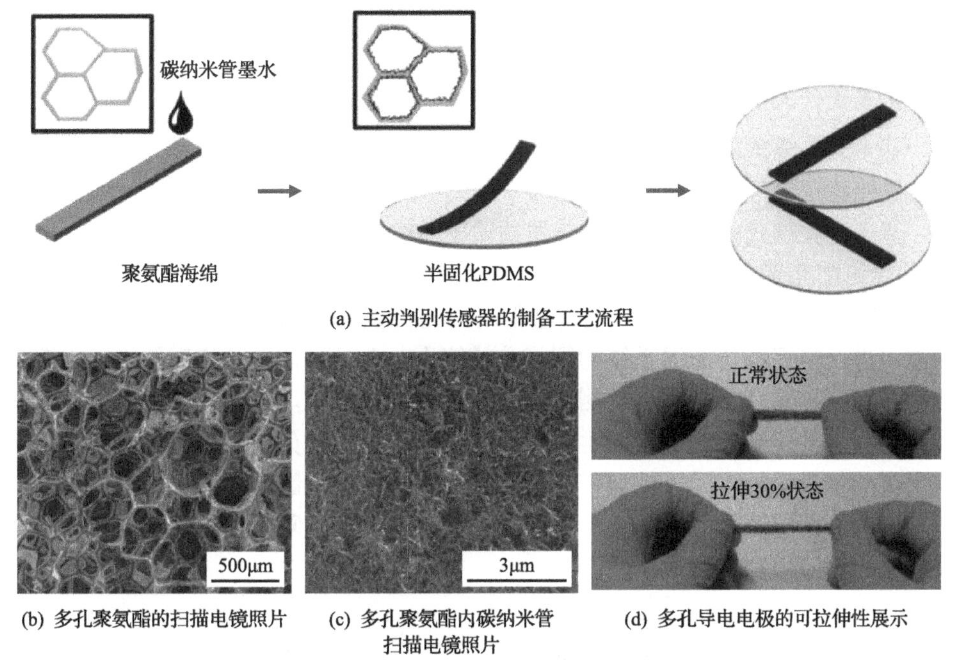

(a) 主动判别传感器的制备工艺流程

(b) 多孔聚氨酯的扫描电镜照片　(c) 多孔聚氨酯内碳纳米管扫描电镜照片　(d) 多孔导电电极的可拉伸性展示

图 7.32　基于开关模式的主动判别传感器的制备

之后的聚氨酯海绵条浸泡在上述制备好的碳纳米管溶液中。因为海绵本身的多孔性，所以在毛细效应下降碳纳米管墨水吸附在自身的多孔结构骨架上，如图 7.32(b)所示。随后，将浸泡在碳纳米管水溶液 1min 的聚氨酯海绵条取出，在 120℃的温度下烘干 15min，将碳纳米管水溶液中的水分去除。因为碳纳米管水溶液分散均匀，所以在水分完全挥发后，碳纳米管也均匀地附着在聚氨酯海绵骨架表面。经过若干次的浸泡和蒸发，可以得到所需电阻的碳纳米管-聚氨酯海绵条。通过扫描电镜可以看到碳纳米管在聚氨酯海面上分布较为均匀，如图 7.32(c)所示。

在完成了单根碳纳米管-聚氨酯海绵条的制备之后，需要将其与 PDMS 衬底进行组装。在组装过程中，一定要确保 PDMS 为半固化状态。如果 PDMS 完全固化，那么碳纳米管-聚氨酯海绵条将无法与 PDMS 黏附并结合。但是如果 PDMS 还完全处于液态，那么当碳纳米管-聚氨酯海绵条放置在上面，在多孔结构毛细效应下，会将 PDMS 吸入多孔结构一起固化，那么将损失掉聚氨酯海绵的多孔性。所以，在 80℃下先对 PDMS 进行 5min 的加热处理，再将碳纳米管-聚氨酯海绵条放上，在实现良好黏附的同时也避免了多孔性的损失。

如图 7.32(d)所示，通过简单的拉伸测试可以发现，碳纳米管-聚氨酯海绵条具有良好的力学稳定性，在拉伸 30%的情况下，海绵条不会断裂。这种良好的拉伸性是由聚氨酯的多孔结构造成的。在整体被拉伸的情况下，首先造成影响的是内部多孔结构的几何形变，之后是材料本身的形变。因为几何形变的效应，器件整体的拉伸性得到提升。

7.5.3 基于开关模式的主动判别传感器的性能与应用

基于开关模式的主动判别传感器电极由多孔的聚氨酯海绵构成，可以有效地对外界接触信号产生响应。

基于开关模式的主动判别传感器的输出曲线如图 7.33 所示。可以看出，碳纳米管-聚氨酯充当电极时的摩擦发电机依然具有明显的输出信号，电压峰峰值约为 20V。基于开关模式的主动判别传感器可以与传统的传感器结合，加入识别判断功能，进一步提高传感器系统的智能分辨能力。在可拉伸电子传感器中，电阻式传感器因为结构简单、便于探测，是最为常用的传感器。然而，外部压力和弯曲皆可对可拉伸传感器的电阻产生变化，如果未能加以区分，则传感器电阻变化反映出来的信号容易混淆，从而带来功能失灵，造成重大影响。通过将开关模式的主动传感器与传统传感器结合，可以在无须外部供电和复杂电路的状态下成功实现信号的判断识别。

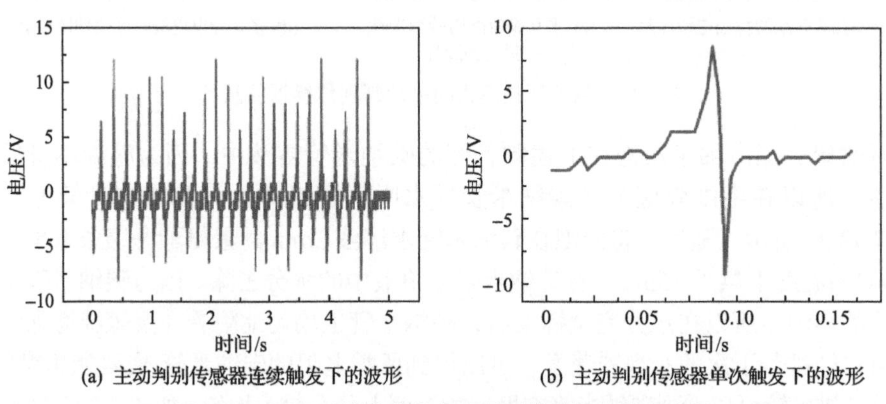

(a) 主动判别传感器连续触发下的波形　(b) 主动判别传感器单次触发下的波形

图 7.33　基于开关模式的主动判别传感器的输出表征

如图 7.34 所示，当外部压力作用在传感器上时，主动判别传感器因为摩擦起电效应，将产生一个脉冲信号，与此同时，电阻式传感器也因压力作用，电阻产生相应的增加。而当外部压力撤除时，主动判别传感器将产生符号相反的脉冲信号，同时电阻式传感器的电阻也恢复原状。由此可以基于主动判别传感器的信号得知造成电阻变化的原因是压力作用，且能够精确地指出压力作用的起始时间。

传感器系统检测弯曲作用的过程如图 7.35 所示。弯曲作用过程中，并不会在主动判别传感器上产生明显的摩擦起电效应，因此在此过程中主动判别传感器不会产生明显的信号，而电阻式传感器会因为器件整体形变而产生电阻变化。因此，通过观测从传感器系统的两个输出，可以得知电阻的变化是压力作用导致还是弯曲作用导致，进一步提高了传感器系统的智能识别功能。

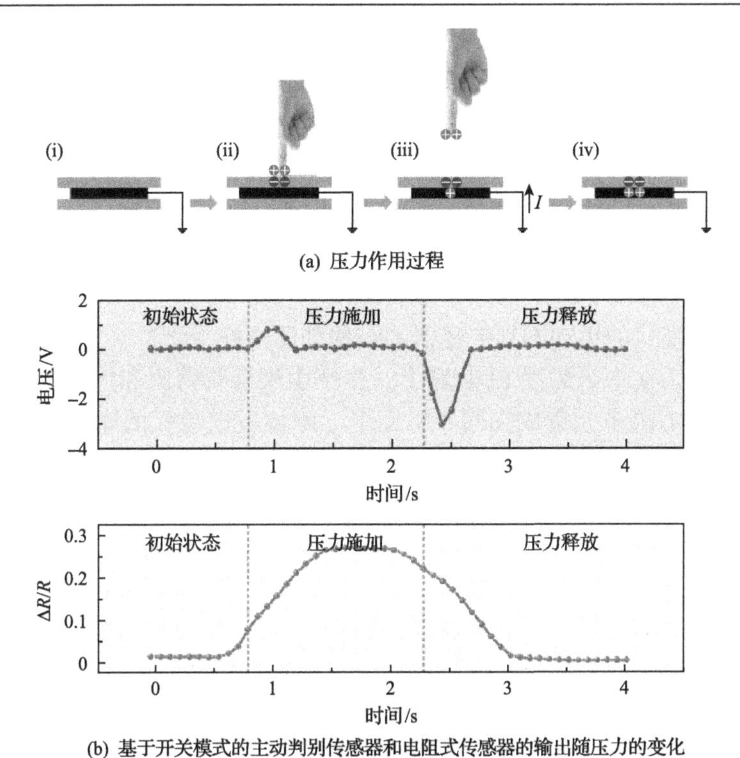

(a) 压力作用过程

(b) 基于开关模式的主动判别传感器和电阻式传感器的输出随压力的变化

图 7.34　压力作用下基于开关模式的主动判别传感器和电阻式传感器的对比

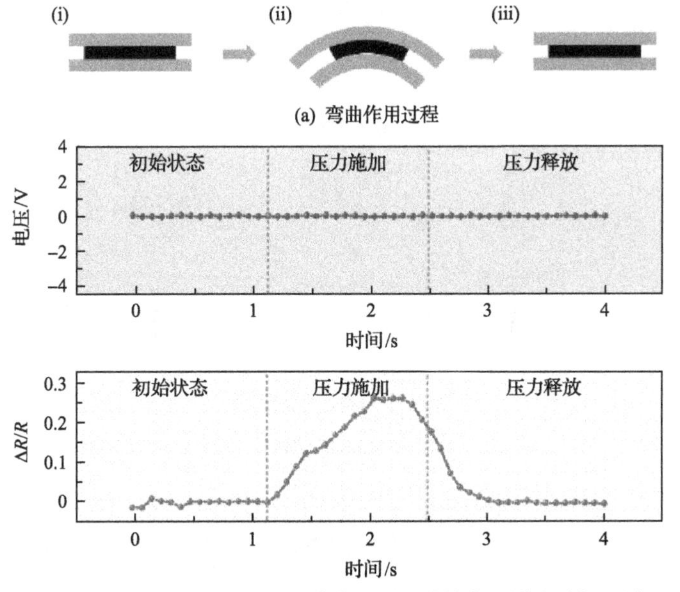

(a) 弯曲作用过程

(b) 基于开关模式的主动判别传感器和电阻式传感器的输出随弯曲的变化

图 7.35　弯曲作用下基于开关模式的主动判别传感器和电阻式传感器的对比

7.6　基于比较模式的主动判别传感器

基于比较模式的主动判别传感器关注输出信号的定性关系(如正负、大小等)而忽略其定量关系，提供了一种简单有效的分类识别功能。

7.6.1　基于比较模式的主动判别传感器的工作原理与设计

基于比较模式的主动判别传感器的结构如图 7.36 所示[8]。其器件结构简单，易于制备实现。在一个柔性 PI 基底上，多个由聚合物薄膜和感应电极构成的单电极式摩擦发电机单元集成在同一平面上。摩擦发电单元的摩擦介质层为依据摩擦序列而选择的不同聚合物薄膜。图 7.36(a)为一个四单元的主动判别传感器，为了减小摩擦发电单元相互之间的干扰，将电极设计为扇形，并使其等间距地规则排列于半径为 10mm 的圆周内。四单元感应电极图形如图 7.36(b)所示，四个扇形电极分别由导线连接至焊盘，以进行信号测试。传感器总厚度近 100μm，其中 PI 基底厚度为 25μm，电极厚度为 18μm，聚合物薄膜厚度约为 50μm。

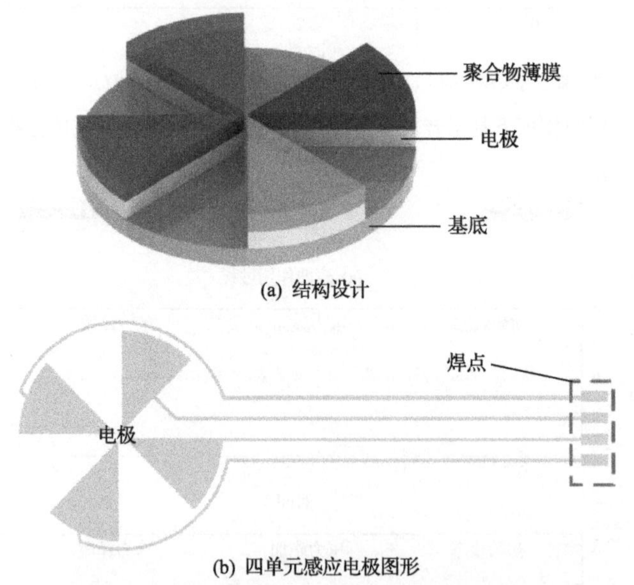

(a) 结构设计

(b) 四单元感应电极图形

图 7.36　基于比较模式的主动判别传感器的结构[8]

通常情况下，两种材料在摩擦序列中的相对位置一般是固定的，也就是说，当分别由两种材料组成的表面相互接触带电后，两个表面宏观上积累的摩擦电荷极性将是恒定的。

如图 7.37(a)所示，当待测样品与单电极结构表面接触时，当样品体现得到电子的趋势从而积累负电荷，在一个接触随后分离的周期内，单电极机构将输出一个“先负后正”的电压波形信号，此处将该波形特征标记为“0”。

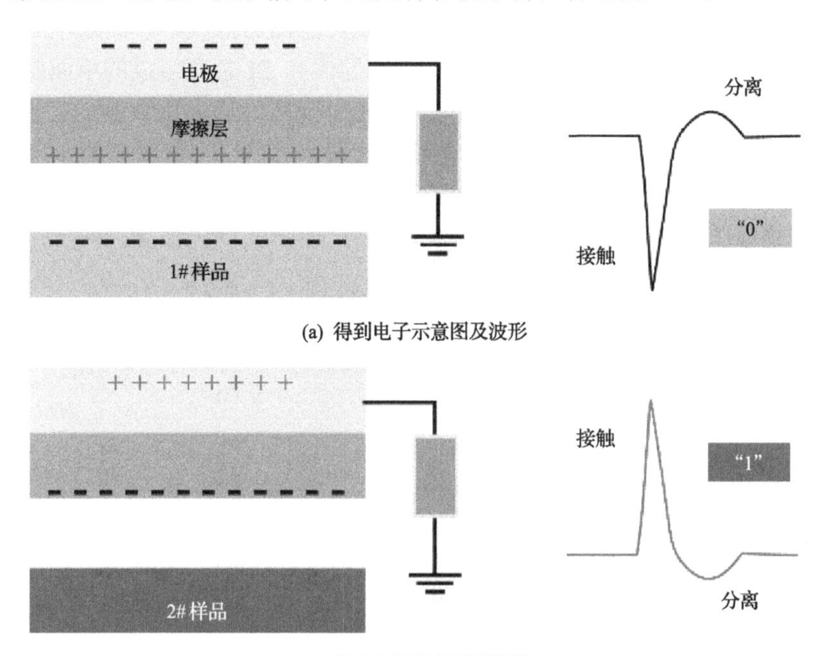

图 7.37　待测样品与传感器表面接触时的波形图

图 7.37(b)为当样品体现失去电子的趋势而积累正电荷的情况下的输出波形，将一个接触-分离周期内“先正后负”的电压波形特征标记为“1”。

对于特定的待测样品，输出电压信号的数值会随着施加作用力、速度及表面形貌等因素的改变而变化；但输出信号波形的极性特征仅取决于待测样品与传感器摩擦介质表面在摩擦序列中的相对位置。反过来，通过针对性的设计，可以依据输出信号的波形特征，确定待测聚合物样品在摩擦序列中的位置，从而确定材料种类。

器件中所用到的聚合物材料及其在摩擦序列中的相对位置如图 7.38 所示。自左向右，各聚合物材料得到电子由易到难的程度依次为 PTFE、PDMS、PI、PE、PS 和 PET。

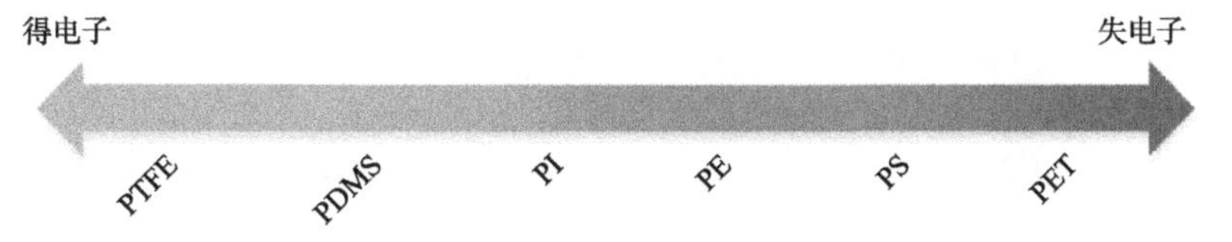

图 7.38　PTFE、PDMS、PI、PE、PS 和 PET 在摩擦序列中的相对位置

7.6.2　基于比较模式的主动判别传感器的制备工艺

基于柔性印制电路工艺，实现了主动判别传感器的低成本、高效率制备。其制备工艺流程如图 7.39 所示。首先，在由铜导体和 PI 基底组成的单面挠性覆铜板上，通过光刻及 $FeCl_3$ 溶液腐蚀出电极图形；随后，通过化学镍金工艺在铜电极表面镀上一薄层金，以改善与测试电路的互联；然后，在电极表面压合一层 PI 薄膜，作为电极的绝缘及防腐蚀保护层，并留出电极窗口；最后，将设计选择的不同聚合物薄膜分别压合到 PI 薄膜上，并与对应的电极重合，制备得到传感器。

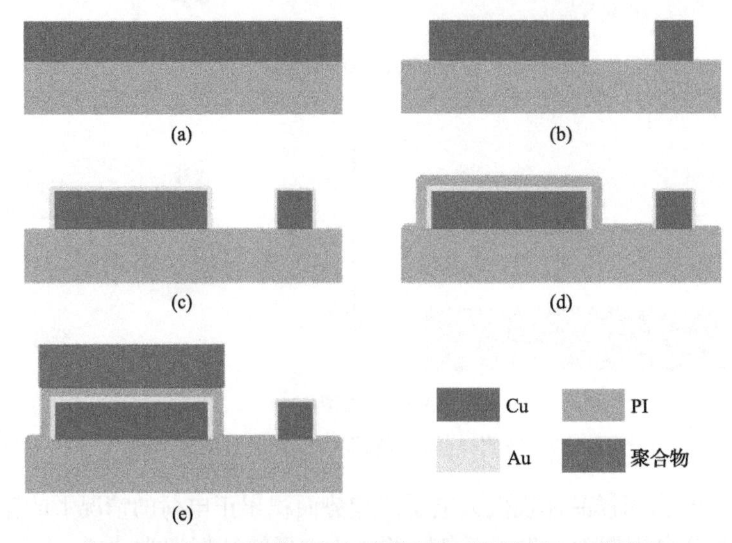

图 7.39　基于比较模式的主动判别传感器的制备工艺流程

图 7.40(a)为制备得到的四单元主动判别传感器的实物图，得益于较小的尺寸以及良好的柔性，器件适用于多种应用场景。图 7.40(b)中，一个主动判别传感器通过一个乙烯-乙酸乙烯酯共聚物基底装配于一只机械手臂上。

(a) 实物图

(b) 传感器与机械臂结合

图 7.40　基于比较模式的主动判别传感器

7.6.3　基于比较模式的主动判别传感器的性能与应用

通过对传感器与待测样品表面之间施加往复的接触分离，对传感器的性能进行测试，接触分离的频率约为 5Hz。传感器的输出电平信号通过数字示波器(DSO-X 2014A，探头阻抗为 10MΩ)进行测试记录。

首先，选 PE 作为摩擦介质层来区分 PET 和 PTFE。图 7.41 为利用传感器判别不同材料，在重复周期下传感器的输出电压波形。当测试 PET 样品时，能够观察到连续的“1”波形，如图 7.41(a)所示；而当样品换成 PTFE 时，则是连续的“0”波形，如图 7.41(b)所示，这与摩擦序列是保持一致的。测试得到的峰值电压绝对值在 1V 左右。

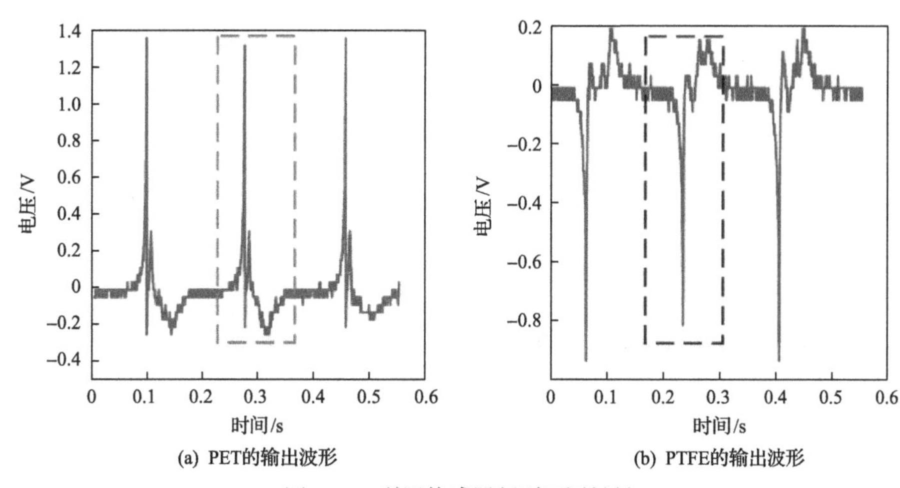

(a) PET的输出波形　(b) PTFE的输出波形

图 7.41　利用传感器判别不同材料

然后，通过一个四单元主动判别传感器来实现 PDMS、PE 和 PET 的区分，依据材料在摩擦序列中的位置，摩擦单元分别采用了两个 PI 摩擦介质及两个 PS 摩擦介质。图 7.42 为用该传感器分别检测三个待测样品时，四个摩擦单元在单个接触分离周期中的输出电压波形。对于图 7.42(a)中 1 号待测样品，按照此前定义的波形特征，得到了“0000”（依次对应的摩擦介质为 PI1#、PI2#、PS1#、PS2#）的输出信号；由此可以判定该样品在摩擦序列中比 PI 和 PS 都更靠左，即 PDMS。从图 7.42(b) 中的 2 号待测样品则产生了“0011”的测试结果，该样品在摩擦序列中位于 PI 和 PS 之间，即 PE。而图 7.42(c) 中 3 号待测样品产生的“1111”信号，即对应较 PI 和 PS 更易失去电子带正电荷的 PET。由于作用力的不均匀，传感器上同种材料摩擦介质输出波形中电压信号的峰值存在一定差异，但波形极性保持了很好的一致性。

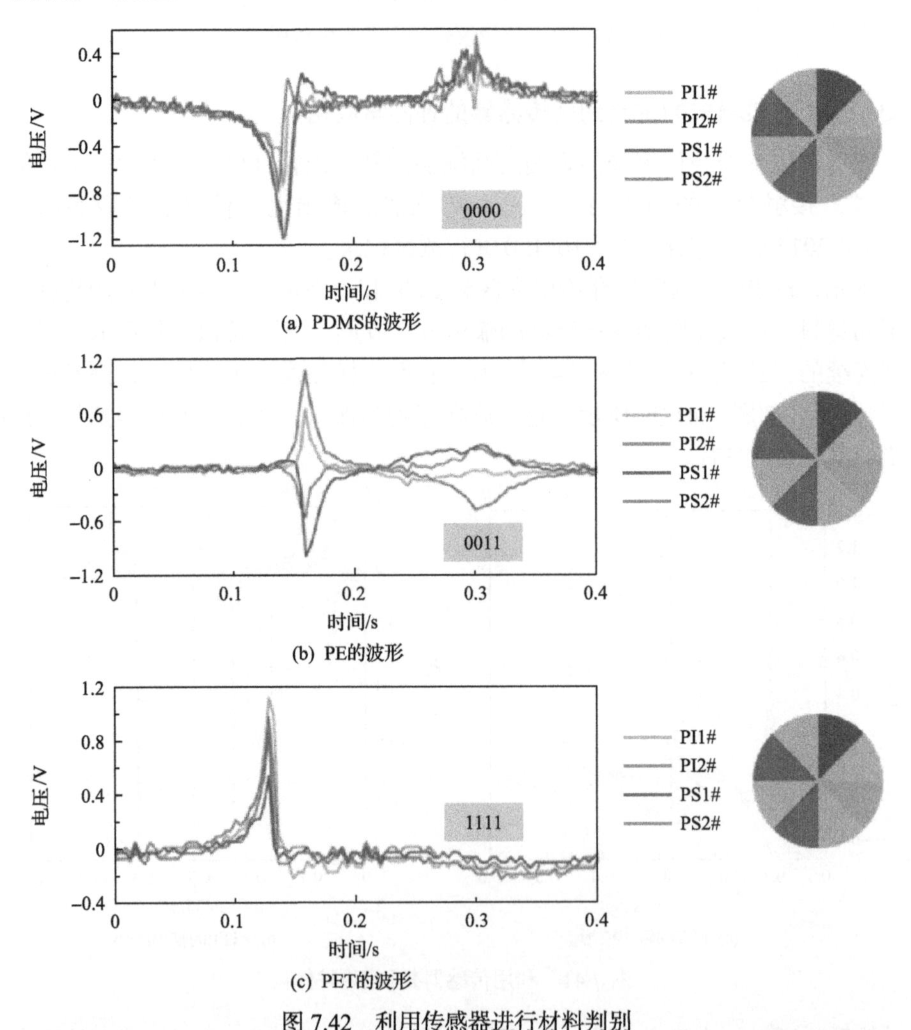

图 7.42　利用传感器进行材料判别

通常情况下，为了实现从限定的 N 种聚合物材料的范围内对材料进行辨识，至少需要根据摩擦序列选择 N–1 种合适的摩擦介质材料。而对于需要辨识的材料在摩擦序列中彼此相邻的情况(图 7.38 中 PI 和 PE，它们之间在摩擦序列中没有第三种材料）则需要利用到更多的摩擦介质层材料，同时需要对部分摩擦介质层进行表面图形化处理。

这种主动聚合物辨识传感器可以广泛应用于材料分选、资源回收及人工智能等领域。材料表面形貌的变化及形变的产生等也会导致材料间摩擦现象的变化，通过构建扩展的摩擦序列，对聚合物材料的辨识也可以衍生到对材料表面形貌，特定类型的材料形变进行一些定性检测。

7.7 本章小结

本章主要介绍了基于摩擦起电效应的主动传感器，并按照传感信号的类别将传感器分为基于振幅、比例、频率、开关模式和比较模式等五类主动传感器，并以压力传感器、模拟式电子皮肤、指纹式滑动传感器、报警开关以及材料的数字化判别等作为每一类主动传感器的代表进行了详细分析，展现了主动传感器的多样性，最后总结了不同传感器在其典型应用场景中的设计、制备以及功能等。

参考文献

[1] Chen H, Song Y, Cheng X, et al. Self-powered electronic skin based on the triboelectric generator. Nano Energy, 2019, 56: 252-268.

[2] Han M, Yu B, Qiu G, et al. Electrification based devices with encapsulated liquid for energy harvesting, multifunctional sensing, and self-powered visualized detection. Journal of Materials Chemistry A, 2015, 3 (14): 7382-7388.

[3] Chen H, Song Y, Guo H, et al. Hybrid porous micro structured finger skin inspired self-powered electronic skin system for pressure sensing and sliding detection. Nano Energy, 2018, 51: 496-503.

[4] Zhu G, Yang W Q, Zhang T, et al. Self-powered, ultrasensitive, flexible tactile sensors based on contact electrification. Nano Letters, 2014, 14 (6): 3208-3213.

[5] Shi M, Zhang J, Chen H, et al. Self-powered analogue smart skin. ACS Nano, 2016, 10 (4): 4083-4091.

[6] Chen H, Miao L, Su Z, et al. Fingertip-inspired electronic skin based on triboelectric sliding sensing and porous piezoresistive pressure detection. Nano Energy, 2017, 40: 65-72.

[7] Chen H, Su Z, Song Y, et al. Omnidirectional bending and pressure sensor based on stretchable CNT-PU sponge. Advanced Functional Materials, 2017, 27 (3): 1604434.

[8] Meng B, Cheng X L, Han M D, et al. Triboelectrification based active sensor for polymer distinguishing//The 28th IEEE International Conference on Micro Electro Mechanical Systems, Castelo Branco, 2015: 102-105.

第 8 章　自驱动智能微系统

自驱动智能微系统是物联网、人工智能和大数据云计算等技术发展的必然趋势和具有代表性的重要新兴领域之一，它主要包括能量模块、感知模块、响应模块等，是能够随时随地实现对环境以及生物体相关的多种信息的采集、分析、处理、反馈和响应等，集“功能+供能”于一体且能够长期独立运行的微型智能系统。

8.1　系统构成

物联网、人工智能和大数据云计算等智能网络的建设引领了时代的发展，三大新兴科技看似独立，实际技术上密切联系而且相互渗透和相互支撑，其发展的最终目标是构建一个服务于人类社会的“智慧网络”，即能够通过海量布设的终端节点主动感知各种外界信息变化，并将之转变为可传输处理的电子信息数据，进而通过大数据云计算进行数据处理；而相应的数据处理结果通过逆向链路回传给人工智能终端和物联网节点，实现有效可控及时的应激响应。而其中最为关键的核心技术之一就是外界信息变化的感知网络和行之有效的应激响应网络的构建，而实现这一目标的核心技术就是 MEMS 与集成电路技术的创新和发展，其中最具有吸引力的就是自驱动智能微系统的实现，如图 8.1 所示[1]。

自驱动智能微系统主要包括能量模块、感知模块、响应模块等，各部分的主要功能如下：

(1)能量模块主要为系统提供长期可靠的能源供给，包括能量采集+能量存储+能量管理电路等。

(2)感知模块主要通过各种传感器(主动传感器+商用传感器)等采集环境中的各种信息并联网进行快速数据处理和分析，从而得到准确的外部信息。

(3)响应模块主要是通过各种微型的执行器、显示器等对外部的变化进行快速响应。

自驱动智能微系统可以随时随地对环境以及生物体的多项指标进行监测，并对上述所采集信息进行分析、处理、反馈和响应，实现集“功能+供能”于一体的单片全集成。

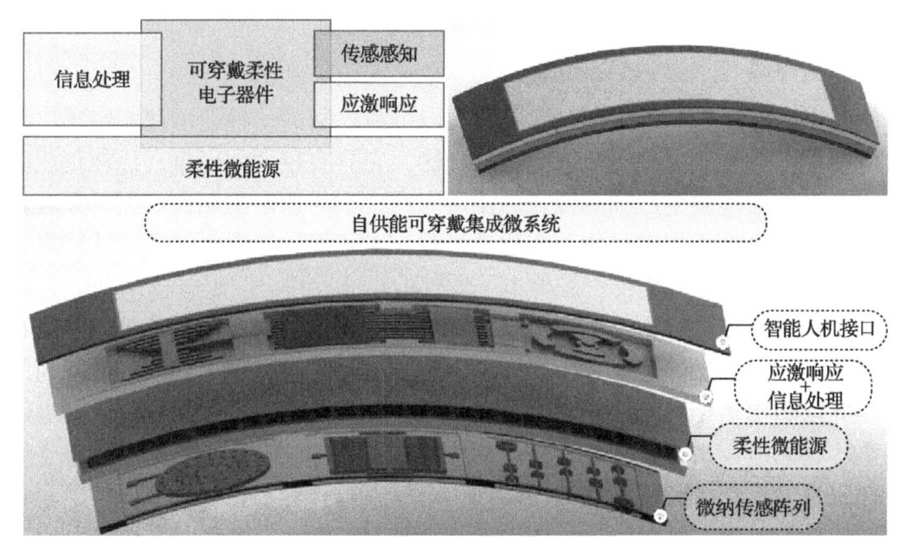

图 8.1　自驱动智能微系统的组成[1]

8.2　能 量 模 块

能量模块是自驱动智能微系统的核心模块，主要为系统提供长期稳定的能源供给。考虑到大多数智能微系统的应用场景在于生物体本身或者人工智能，所以最重要的就是利用其所在环境或者自身产生的能量为可穿戴电子设备供电。例如，将人体所产生的机械能转化为电能，实现无须外部电源、自给自足的自供能式可穿戴电子设备的目标。一般来说，这需要先将摩擦发电机等能量采集器输出的电能存储在电池或者电容器中，得到一个标准的直流电压输出，从而用于驱动用电设备进行长期稳定的正常工作，如图 8.2 所示。能量模块一般需要能量采集、能量存储和能量管理电路等多个组成部分[2]。能量采集器的工作在前面的章节已经有了充分的论述，这里主要介绍针对摩擦发电机的能量存储和能量管理电路的相关工作，其中能量存储以超级电容器为主。

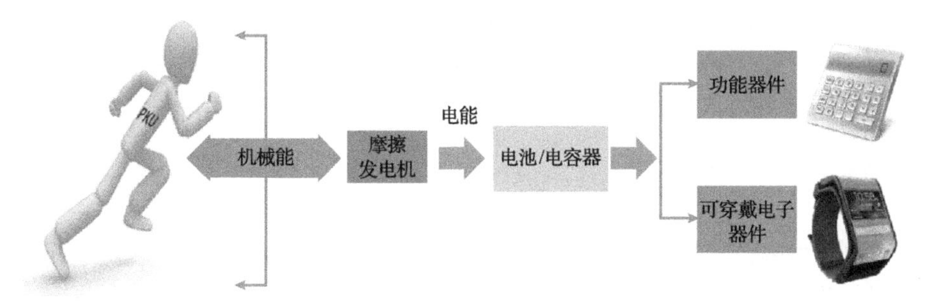

图 8.2　能量模块的示意图

8.2.1 能量存储

超级电容器是指介于传统电容器和充电电池之间的一种新型储能装置，其容量可达几百至上千法拉。与传统电容器相比，它具有较大的容量、比能量或能量密度，较宽的工作温度范围和极长的使用寿命；而与蓄电池相比，它又具有较高的比功率，而且基于物理过程而非化学过程，对环境污染小。基于上述特点，超级电容器更多地被考虑用作可拉伸电子器件的供能元件。

超级电容器可以分为两大类：基于双电层的超级电容器和基于赝电容的超级电容器。基于双电层的超级电容器的电容来自电极与电解质界面间的静电荷的积累，因此强烈依赖于电解质中离子可以与电极相接触的表面积。而基于赝电容的超级电容器的电容来自电活性物质产生快速且可逆的法拉第过程。由于基于双电层的超级电容器更依赖于电极的微结构，对材料选择性不像基于赝电容的超级电容器那样有明显的限制，更多地被用于可穿戴储能单元的设计和制作。

典型的基于双电层的超级电容器的结构如图 8.3 所示[3]。

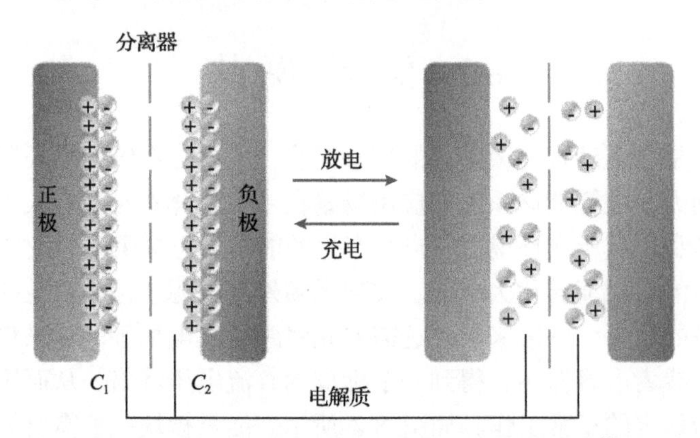

图 8.3　基于双电层的超级电容器的结构示意图[3]

基于双电层的超级电容器的具体工作过程是在外加电压作用下，电介质溶液与电极表面的电子产生作用，导致两个电极材料表面分别携带大量正电荷和负电荷，而电解质中的离子将会吸附在电极表面，从而形成双电层。从图 8.3 可以看出，双电层产生了两个串联的电容器。基于双电层的超级电容器电容公式与平行板电容器的计算公式相同，即

$$C=\frac{\varepsilon_r\varepsilon_0 A}{d} \tag{8.1}$$

式中，C 为电容；ε_r 为电解质的介电常数；ε_0 为真空介电常数；d 为双层电荷分离的有效厚度；A 为电极表面积。

超级电容器总的电容值为

$$\frac{1}{C}=\frac{1}{C_1}+\frac{1}{C_2} \tag{8.2}$$

为了提高基于双电层的超级电容器的电容，电极通常是高比表面积的多孔材料。基于上述特点，制备了基于碳纳米管与织物的多孔电极，以聚乙烯醇-磷酸 ($PVA-H_3PO_4$) 作为凝胶电解质[4]。凝胶电解质是最常用的固态电解质，最典型的优势在于，当固态电解质在外力作用下性质不容易变化，同时相比于液态电解质也没有泄漏的问题，非常适用于可穿戴设备中。图 8.4 为基于碳纳米管-棉布的超级电容器。

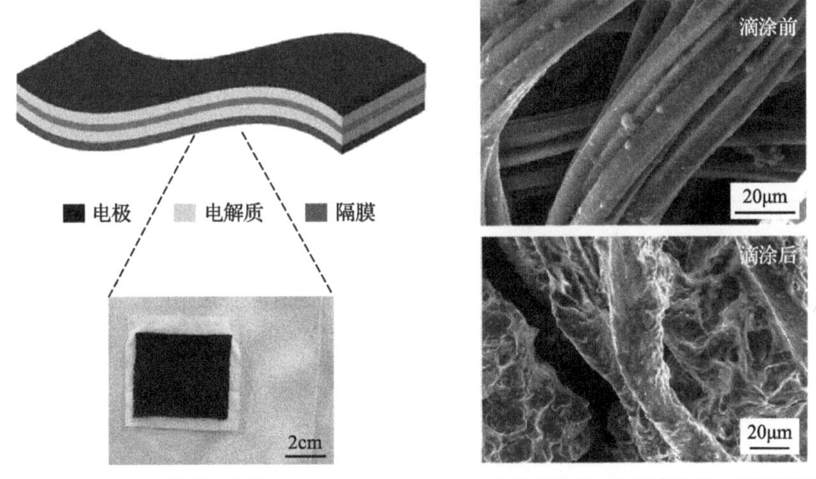

(a) 基于碳纳米管-棉布的超级电容器　(b) 棉布在碳纳米管水溶液滴涂前后的扫描电镜照片

图 8.4　基于碳纳米管-棉布的超级电容器

具体来说，超级电容器的电极是利用碳纳米管水溶液多次滴涂在织物上面形成的“碳纳米管布料”(通过对比碳纳米管水溶液滴涂前后棉布的扫描电镜照片，如图 8.4(b) 所示)。织物本身多孔的特点，大大提高了电极的比表面积，而且在日常生活中随处可见，价格低廉，种类多样，具有相当的柔性和可拉伸性，且易于与可穿戴设备结合，因此织物是非常优秀的基底材料。

对制备得到的超级电容器的性能进行测试，主要包括循环伏安曲线、恒电流充放电曲线、电化学阻抗谱和电容的循环测试性能等，它们的测试结果如图 8.5 所示。

图 8.5(a) 为超级电容器的循环伏安曲线。扫描速率从 10mV/s 到 200mV/s。通过观察循环曲线构成窗口形状和对称性，可以看出器件在 20mV/s 以下时具有良好的双电层电容行为。

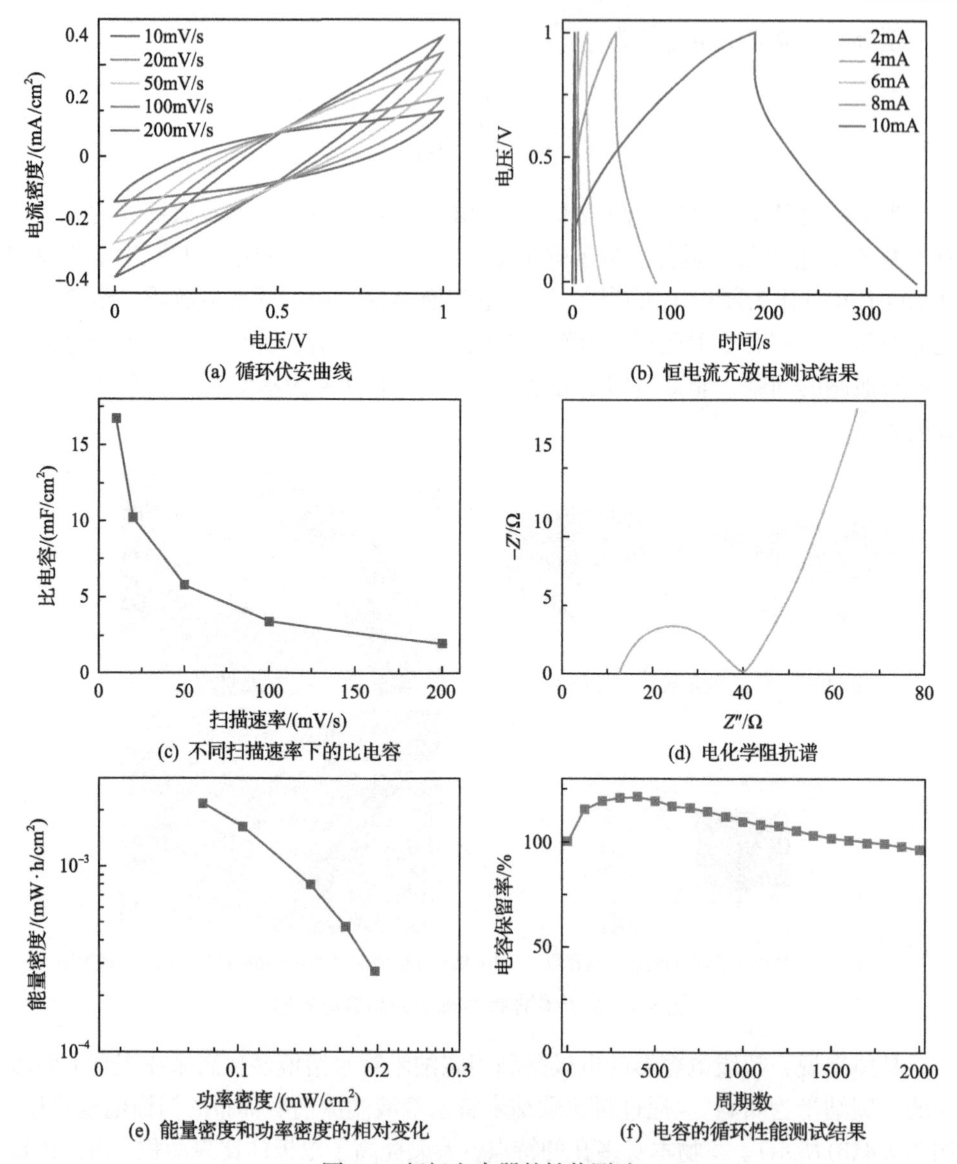

图 8.5　超级电容器的性能测试

图 8.5(b)为超级电容器恒电流充放电的测试结果。充放电电流从 2mA 到 10mA。从恒电流充放电的测试结果可以看出明显的对称性。通过恒电流充放电测试可以计算器件的比电容，计算公式为

$$C_{\mathrm{a}}=\frac{Q}{A\Delta V}=\frac{1}{kA\Delta V}\int_{V_1}^{V_2}I(V)\mathrm{d}V \tag{8.3}$$

式中，C_{a} 为比电容；$I(V)$为不同电压下的放电电流；k 为扫描速率；A 为电极表

面积；ΔV 为在放电过程中的电势；V_1 和 V_2 分别为电压的最小值和最大值。

当扫描速率为 10mV/s 时，比电容计算得出为 16.76mF/cm^2。通过计算不同扫描速率下的比电容，可以得到图 8.5(c)。可以看出，随着扫描速率的增大，比电容不断下降。

接下来需要对超级电容器的阻抗行为进行研究。图 8.5(d)为超级电容器的电化学阻抗谱，能够看出其在不同频率下良好的电荷转移能力。电容器的能量密度和功率密度的计算公式为

$$E = \frac{1}{2 \times 3600} C_{\mathrm{V}} (\Delta V)^2 \tag{8.4}$$

$$P = \frac{E}{\Delta t} \times 3600 \tag{8.5}$$

式中，C_{V} 为电容；ΔV 为在放电过程中的电势；E 为能量密度；Δt 为放电时间；P 为功率密度。

能量密度和功率密度随着扫描速率的变化而产生相反的变化，而二者的相对变化如图 8.5(e)所示。

最后，对器件进行了连续充放电测试。如图 8.5(f)所示，连续充放电 2000 次之后电容仍然能够保持在 96%以上的电容大小，证明了该电容器在多次使用之后仍能保持稳定的特性。

8.2.2　能量管理电路

摩擦发电机具有非常大的内部阻抗，通常为 1～100MΩ，因而造成输出电压很大(通常在 100～1000V)，但输出电流却很小(通常在几微安甚至纳安量级)[5]。而常见可穿戴设备的内阻一般很小，所需电压通常为 1～3V，所需电流相对较大，通常在微安到毫安量级。超高的输出电压和超大的匹配负载是摩擦发电机无法直接为传统电子设备供电的主要障碍，因此，对摩擦发电机的能量管理工作同样将从降低其输出电压和匹配负载两个方面着手。

根据降压方式的不同，变压器分为电感式变压器[6-12]、电容式变压器[13,14]和 LC 振荡电路[15-19]三种，其中电感式变压器非常适用于工作频率较高且中心频率固定的摩擦发电机，但大多数摩擦发电机工作在低频，且中心频率不固定，因此通用性较差。电容式变压器能够实现低频且中心频率不固定的摩擦发电机的高效能量管理，但其结构十分复杂，且需要根据摩擦发电机结构进行定制化设计，限制了其实用推广。基于过渡电容及 LC 振荡的方法适用于不同工作模式的摩擦发电机，且具有较高的能量转换效率，但过渡电容的使用限制了其通用性与能量转换效率的进一步提高。

要实现对摩擦发电机所产生能量的高效利用，关键是实现对其所产生能量的最大能量提取与高效率能量传输，这里介绍利用带有峰值检测的开关电路和 LC 振荡的两步式能量管理方法，可以实现对多种摩擦发电机的最大能量提取和高效率的能量传输[20]。

实现对摩擦发电机的最大能量提取是实现高效率能量管理的首要条件，基于摩擦发电机转移电荷 Q 和内建电压 V 的关系，可以得到摩擦发电机的控制方程。以接触分离式摩擦发电机为例，图 8.6 给出了其位移 x 的定义以及对应的两个电极的相对位置和电荷分布。

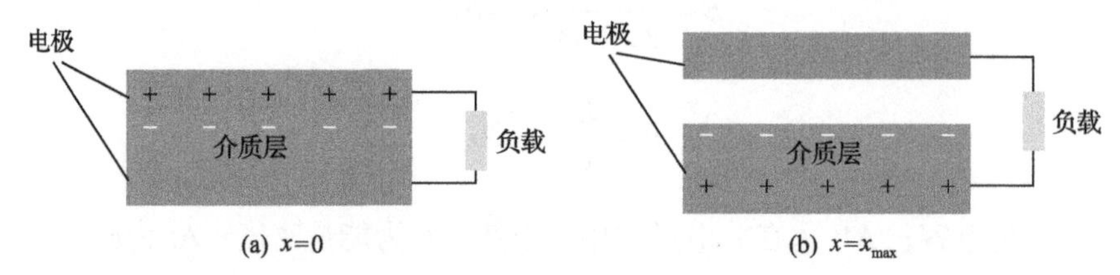

图 8.6　接触分离式摩擦发电机在最小位移 x=0 和最大位移 x=x_{max} 处的电荷分布

当 x=0 时，摩擦发电机的短路转移电荷量 $Q_{sc}(x)$ 的绝对值和开路电压 $V_{oc}(x)$ 的绝对值都为 0，且短路转移电荷量的最大值 $Q_{sc,max}(x)$ 和开路电压的最大值 $V_{oc,max}(x)$ 均在 x=x_{max} 时同时达到[21]。

摩擦发电机在某个特定周期 T 输出的能量 E 为

$$E = \bar{P}T = \int_0^T VI\mathrm{d}t = \int_{t=0}^{t=T} V\mathrm{d}Q = \oint V\mathrm{d}Q \tag{8.6}$$

式中，$\bar{P}$ 为从摩擦发电机获取的平均功率。

因此，可由 V-Q 图中密合的面积计算出摩擦发电机的输出能量。借助 V-Q 曲线，Zi 等[22]提出了在摩擦发电机的输出两端并联开关的方法来实现其最大能量循环，然而仅在摩擦发电机的负载电阻 R=+∞，即开路条件下能够获得最大能量输出，这实际上进一步增大了摩擦发电机的等效负载，进而增加了为其设计配套能量管理电路的难度。

为降低摩擦发电机的等效负载，在小的电阻上也能获得 V-Q 曲线上的最大能量循环，采用了在摩擦发电机的输出两端串联开关的方式。为验证在该方式下摩擦发电机能够实现最大能量循环，采用有限元仿真软件 COMSOL 仿真了接触分离式摩擦发电机的输出电压，采用的摩擦发电机的具体参数设置如表 8.1 所示。将有限元仿真得到的摩擦发电机在不同位移 x 下的输出电压 $V(x)$ 和等效电容 $C_{TENG}(x)$ 关系定义为 SPICE 中新的电压源模型，在该电压源模型两端接上负载即可仿真得到摩擦发电机在不同负载下的输出。

表 8.1　有限元仿真用接触分离式摩擦发电机的参数设置

参数	参数值
绝缘体有效厚度 d_0	10μm
接触面积 S(长度 l×宽度 w)	8cm×12cm
最大位移 x_{max}	3mm
表面电荷密度 σ	80μC/m^2

当摩擦发电机两端负载远小于其内部阻抗时，即当负载小于 100kΩ 时，摩擦发电机转移的电荷量达到最大值 $Q_{sc,max}$，若能在此负载上同时获取 $V_{oc,max}$，即可获得最大能量循环。因此，串联开关的操作步骤如下：

(1)在开关关闭的状态下摩擦发电机的可动部分从位移 $x=0$ 移动到最大位移 $x=x_{max}$，此时其电压 V 也达到最大值 $V_{oc,max}$。

(2)开启串联的开关，使感应电流通过外电路流动达到电中性状态，通过外电路转移的电荷量 $Q=Q_{sc,max}$，当电流为零时关闭开关。

(3)摩擦发电机的可动部分从最大位移 $x=x_{max}$ 移动到初始位置 $x=0$，此时摩擦发电机达到反向的最大电压，即 $V=-V'_{max}$。

(4)再次开启串联开关，使得 $Q=0$，并再次关闭开关。

通过以上步骤，摩擦发电机可以在步骤(2)和(4)开关开启的状态下达到了最大能量循环，在不同步骤下摩擦发电机的仿真输出电压如图 8.7(a)所示。在开关开启前，摩擦发电机两端电压缓慢上升到最大值，而在开关开启之后，摩擦发电机两端电压迅速下降到零。仿真得到的电路负载为 1Ω、1kΩ 和 1MΩ 的 V-Q 曲线如图 8.7(b)所示，在这三个负载条件下，摩擦发电机均达到了最大能量循环。

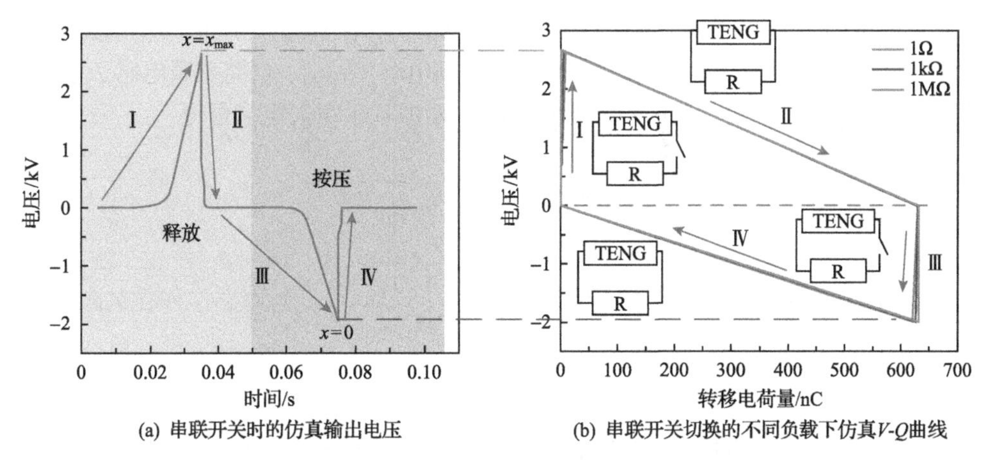

(a) 串联开关时的仿真输出电压　　(b) 串联开关切换的不同负载下仿真V-Q曲线

图 8.7　摩擦发电机两端串联开关得到的最大能量循环

单周期最大输出能量 E_m 的计算公式为

$$E_{\mathrm{m}} = \frac{1}{2} Q_{\mathrm{sc,max}} (V_{\mathrm{oc,max}} + V'_{\mathrm{max}}) \tag{8.7}$$

实现高效能量管理的第二个关键步骤是将摩擦发电机单周期最大能量输出高效转移到能量存储单元中，由于摩擦发电机是电容型能量采集器件，E_m 可视为存储在摩擦发电机内部电容上的能量，对于接触分离式摩擦发电机，其内部电容 C_{TENG} 为

$$C_{\mathrm{TENG}} = \frac{\varepsilon_0 S}{\dfrac{d_0}{\varepsilon_{\mathrm{r}}} + x(t)} \tag{8.8}$$

式中，ε_0 为真空介电常数；ε_r 为电解质的介电常数；d_0 为介电层的厚度；S 为摩擦发电机的接触面积。

存储在内部电容上的能量在 $V=V_{\mathrm{oc,max}}$ 和 $V=V'_{\mathrm{max}}$ 达到两个方向的最大值，分别为

$$E_{\mathrm{s}} = \frac{1}{2} Q_{\mathrm{sc,max}} V_{\mathrm{oc,max}} \tag{8.9}$$

$$E_{\mathrm{c}} = \frac{1}{2} Q_{\mathrm{sc,max}} V'_{\mathrm{max}} \tag{8.10}$$

若该部分能量直接通过整流桥对电容器充电，将会产生巨大的能量损失。本节借助 LC 振荡原理，以互感线圈为中间体，实现该部分能量到存储单元的高效转移。

当摩擦发电机的位移达到最大值时，摩擦发电机两端的电压也同步达到最大值，此时开启电路中开关，摩擦发电机的内部电容 C_{TENG}、电路负载电感 L_p 和电路中寄生电阻 R_p 构成如图 8.8(a)所示电路，根据基尔霍夫定律可得

$$C_{\mathrm{TENG}} \frac{\mathrm{d}u_{\mathrm{c}}}{\mathrm{d}t} + R_{\mathrm{p}} i_{\mathrm{L}} + L_{\mathrm{p}} \frac{\mathrm{d}i_{\mathrm{L}}}{\mathrm{d}t} = 0 \tag{8.11}$$

由于电路中寄生电阻较小，可认为 $R_{\mathrm{p}} < 2\sqrt{\dfrac{L_{\mathrm{p}}}{C_{\mathrm{TENG}}}}$，此时电路工作在欠阻尼状态，可得 C_{TENG} 两端电压为

$$u_{\mathrm{c}}(t) = \mathrm{e}^{-\alpha t} \left[V_{\mathrm{oc,max}} \cos(\omega_{\mathrm{d}} t) + \frac{\alpha V_{\mathrm{oc,max}}}{\omega_{\mathrm{d}}} \sin(\omega_{\mathrm{d}} t) \right] \tag{8.12}$$

式中，

$$\alpha = \frac{R_{\mathrm{p}}}{2L_{\mathrm{p}}},\quad \omega_{\mathrm{d}} = \sqrt{\frac{1}{L_{\mathrm{p}} C_{\mathrm{TENG}}} - \alpha^2}$$

R_{p}

C_{TENG}

L_{p}

$u_{\mathrm{c}}(0)=V_{\mathrm{oc,max}}$

$i_{\mathrm{L}}(0)=0$

(a) 零输入LC振荡电路

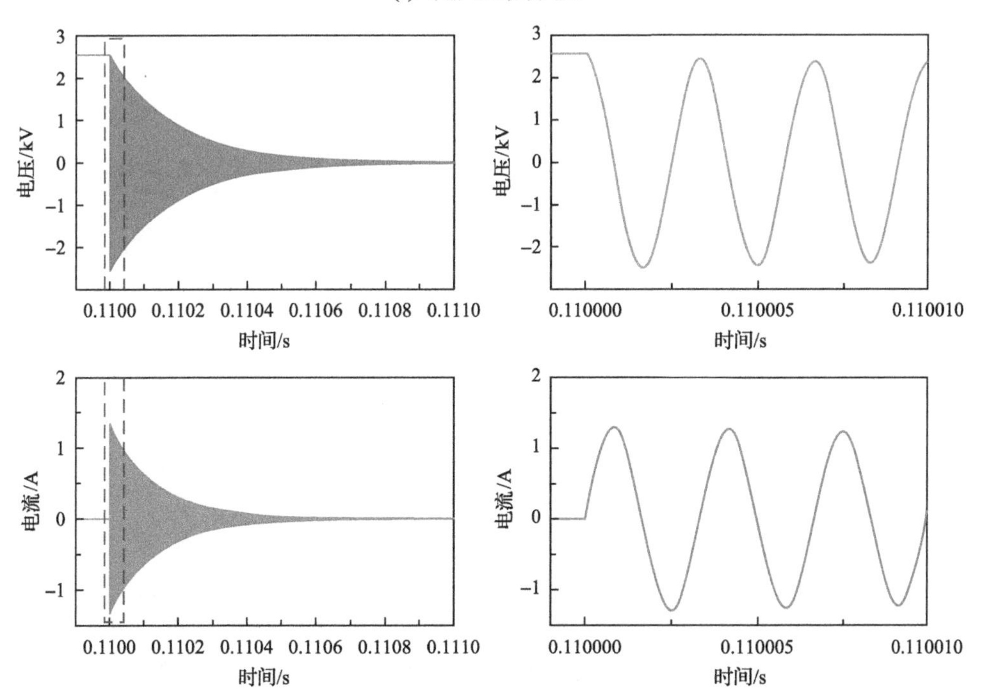

(b) 仿真得到的摩擦发电机输出电压和电感电流

图 8.8　零输入的 LC 振荡仿真

L_{p} 上的电流为

$$i_{\mathrm{L}}(t) = C_{\mathrm{TENG}} \frac{\mathrm{d}u_{\mathrm{c}}}{\mathrm{d}t} = -\frac{\alpha^2 + \omega_{\mathrm{d}}^2}{\omega_{\mathrm{d}}} V_{\mathrm{oc,max}} \mathrm{e}^{-\alpha t} \sin(\omega_{\mathrm{d}} t) \tag{8.13}$$

因此，初始输入能量会在 C_{TENG} 和 L_p 上来回振荡。

采用 SPICE 仿真给定参数的振荡过程，所用摩擦发电机最大位移处电容由摩擦发电机理论模型计算所得，电感参数由 SPICE 模型给出。LC 振荡仿真所用参数设置如表 8.2 所示。

表 8.2　*LC* 振荡仿真所用参数设置

参数	参数值
摩擦发电机最大位移处电容 C_{TENG}	28.2pF
电感的寄生电阻 R_p	3.06Ω
电感 L_p	1mH

仿真得到的 *LC* 振荡波形如图 8.8(b)所示，随着时间的延长，u_c 和 i_L 均逐渐衰减，根据二者的放大图，u_c 和 i_L 有 1/4 周期的相位差，代表摩擦发电机内部电容上存储的能量能在 1/4 周期内转移到电感上。同时从放大图可以看出，振荡周期越小，能量衰减越小，在 1/4 个振荡周期内，能量损耗可以忽略不计。

基于 *LC* 振荡的能量管理电路的操作步骤如图 8.9 所示，可拆分为六步：

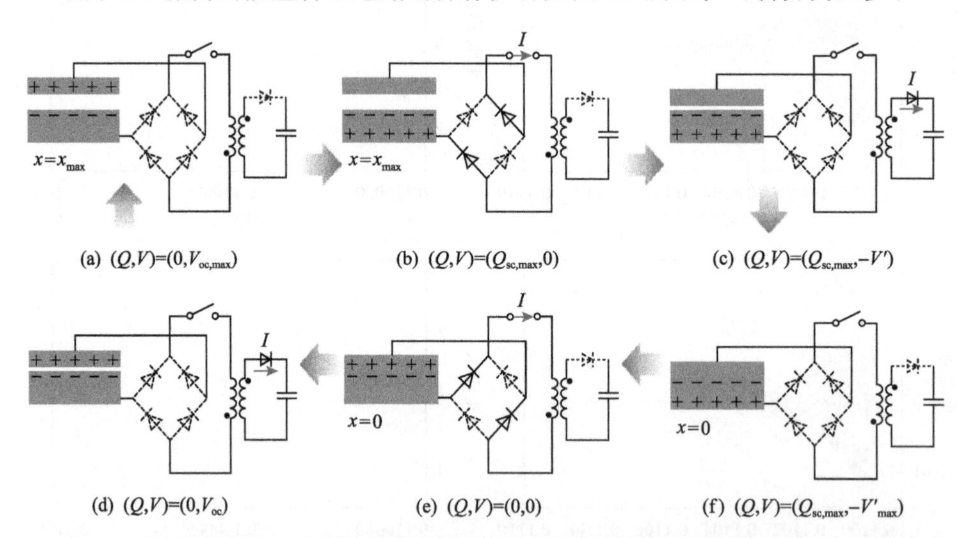

图 8.9　基于 *LC* 振荡的由摩擦发电机获取最大能量并将其传输到能量存储单元的步骤

(1)摩擦发电机的上半部分在开关关闭状态移动到最大位移处，此时 $x=x_{max}$，$(Q,V)=(0,V_{oc,max})$。

(2)开启开关，使得存储在摩擦发电机内部电容上的能量通过 *LC* 振荡转移到互感的初级电感中，从而使得 $(Q,V)=(Q_{sc,max},0)$，之后关闭开关。

(3)摩擦发电机的上半部分在开关关闭的状态下从 $x=x_{max}$ 向 $x=0$ 状态移动，存储在互感初级电感中的能量通过互感转移到次级电感，之后通过次级电感与存

储电容间的 LC 振荡转移到存储电容中，至此实现能量从摩擦发电机内部电容转移到存储电容。

(4)摩擦发电机的上半部分移动到 $x=0$ 状态，使得 $(Q,V)=(Q_{sc,max}-V'_{max})$。

(5)再次开启开关，将存储在摩擦发电机内部电容中的能量通过 LC 振荡转移到初级电感中，使得 $(Q,V)=(0,0)$，之后关闭开关。

(6)摩擦发电机的上半部分在开关关闭状态开始由 $x=0$ 向 $x=x_{max}$ 状态移动，存储于互感初级电感中的能量通过互感转移至次级电感，随后通过次级电感与存储电容之间的 LC 振荡转移到存储电容中，至此实现反向运动产生能量从摩擦发电机内部电容转移到存储电容。

基于 LC 振荡的能量管理电路的设计关键是对摩擦发电机输出电压达到峰值时使开关开启，为此设计了如图 8.10(a)所示的工作流程图来产生开关信号。首先对摩擦发电机产生的输出电压信号进行峰值检测，当其达到峰值时，产生触发信号，使开关信号生成电路输出电路控制信号，控制电路中开关由关闭转为开启。

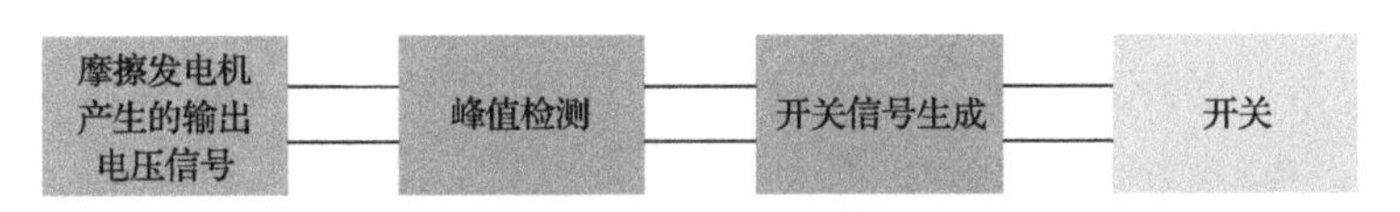

(a) 开关信号生成电路的工作流程图

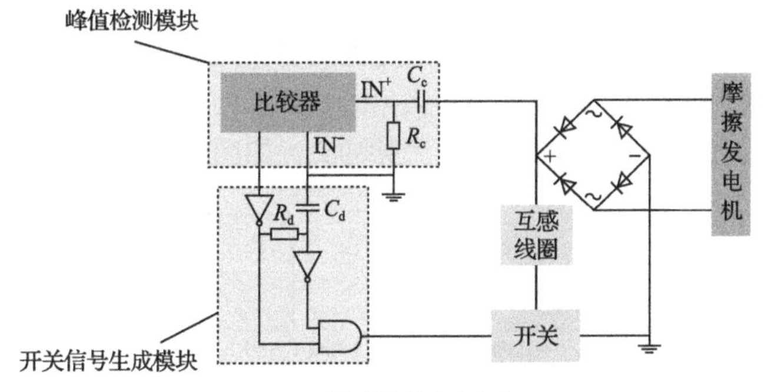

(b) 开关控制信号生成电路

图 8.10　用于摩擦发电机的开关信号生成电路框图及电路构成

图 8.10(b)给出该电路的详细构成，摩擦发电机的输出电压首先经过整流桥转为直流信号，之后经过一个 RC 微分电路进行微分(C_c–R_c)，经过微分的信号使用比较器与 0 进行比较即可完成峰值检测，当摩擦发电机输出电压达到峰值时，比较器输出将发生状态翻转。

同时，微分器的时间常数 $\tau=C_cR_c$ 应远小于摩擦发电机的电压持续时间 t_w，即 $\tau\leqslant t_w/5$。

之后由反相器、与门和 RC 延时电路(C_d–R_d)组成的延时单元在比较器输出状态翻转时产生电路使能信号，使能信号有效时间 T 主要由 RC 延时电路决定：

$$T \approx -R_d C_d \ln \frac{V_i - V_e}{V_e} \tag{8.14}$$

式中，V_i和V_e分别为电容C_d上当比较器变为有效状态时的初态电压和末态电压。

对于一个电压为V_{CC}的CMOS逻辑电路，$V_i=V_{CC}$，$V_e=0.3V_{CC}$。因此

$$T \approx 0.36 R_d C_d \tag{8.15}$$

因此，通过调节RC延时电路(C_d–R_d)中的电阻和电容的参数即可控制开关的开启时间。能量管理电路中主要电子元器件参数如表8.3所示。

表8.3　能量管理电路中主要电子元器件参数

参数	参数值
微分器电容 C_c	1pF
微分器电阻 R_c	100MΩ
延时电路电容 C_d	0.7pF
延时电路电阻 R_d	5MΩ
能量管理模块初级电感 L_p	1mH
能量管理模块次级电感 L_s	1mH

进一步使用SPICE仿真了能量管理电路在各个环节的输出波形，如图8.11所示。在摩擦发电机输出电压V_t达到最大值时，开关使能信号同步输出一个脉冲式的开关信号V_s，初级电感同时有个电流脉冲I_p，如图8.11(a)所示。

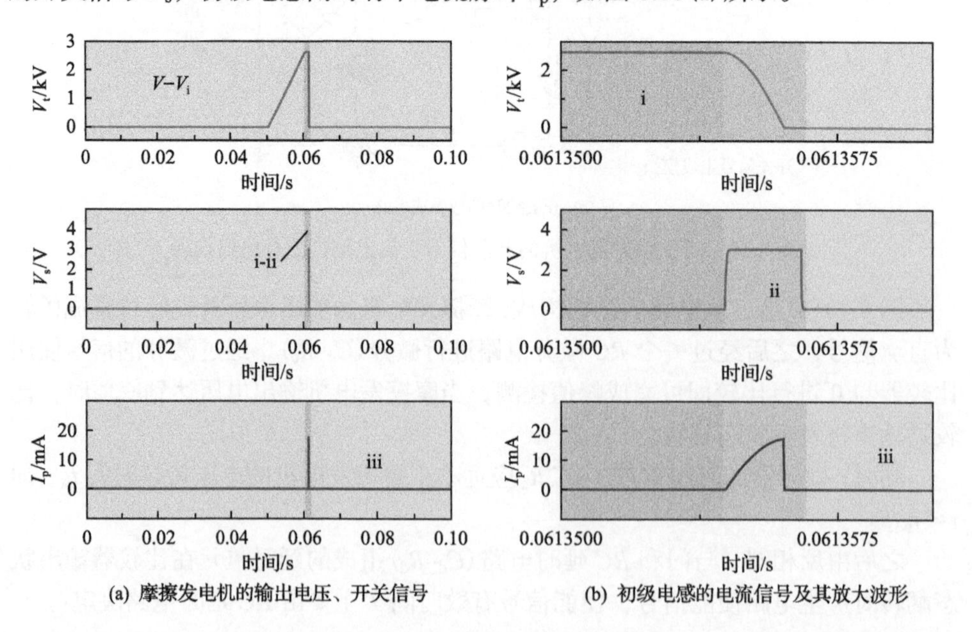

(a) 摩擦发电机的输出电压、开关信号　　(b) 初级电感的电流信号及其放大波形

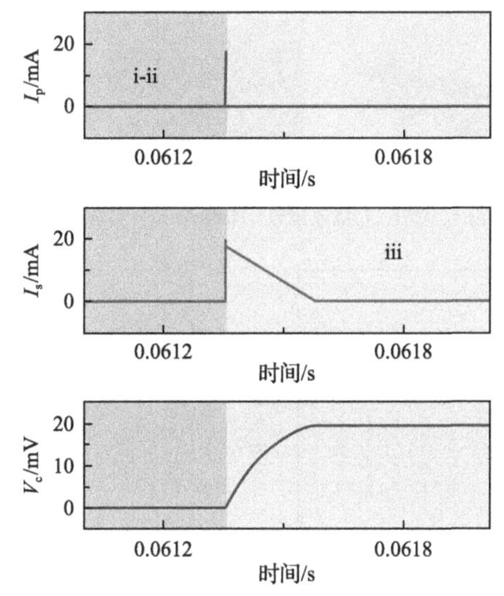

(c) 初级电感的电流波形、次级电感的电流波形及存储电容电压波形

图 8.11　能量管理电路 SPICE 的仿真输出波形

从图 8.11(b)可以看出，在开关信号 V_s 翻转到高位的同时，V_t 迅速下降，同时 I_p 迅速上升，二者波形分别对应正弦信号的 1/4 周期，之后开关信号再次降为零，开关关闭。

从图 8.11(c)的信号可以看出，初级电感的电流迅速通过互感的方式转移到次级电感，并产生电流信号 I_s，之后随着 I_s 的逐渐降低，存储电容电压 V_c 逐渐增加，当 I_s 降为零后，V_c 也逐渐趋于稳态。通过如上过程，验证了通过该电路，摩擦发电机内部电容上的能量通过两次 LC 振荡，即可高效转移到存储电容，达到能量传输的目的。

8.2.3　自驱动能量单元

8.2.2 节从理论和仿真两个角度验证了基于 LC 振荡实现摩擦发电机最大能量提取及高效能量传输的可行性，本节搭建基于 LC 振荡的能量管理电路，测试其对接触分离式摩擦发电机的能量提取、传输效果以及最终的能量转换效率实现高效率的自驱动能量单元[20]。

使用的接触分离式摩擦发电机的三维结构如图 8.12(a)所示，其由两个独立的拱形结构摩擦发电机单元构成，每个拱形摩擦发电机单元使用两片镀有 ITO 的 PET 复合薄膜作为支撑结构及导电电极，位于 ITO 上的氟碳等离子体处理过的带有褶皱结构的 PDMS 薄膜用于增加摩擦发电机的输出性能，单个拱形摩擦发电机的尺寸为 6cm×8cm，摩擦发电机的最大分离距离固定在 3mm。

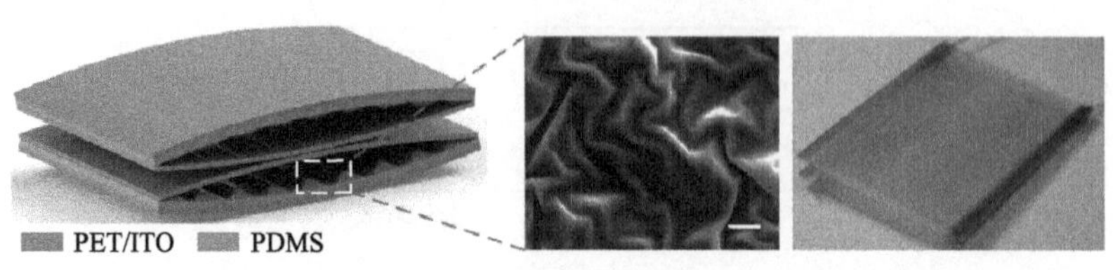

(a) 结构图、扫描电镜照片(标度5μm)及实物图

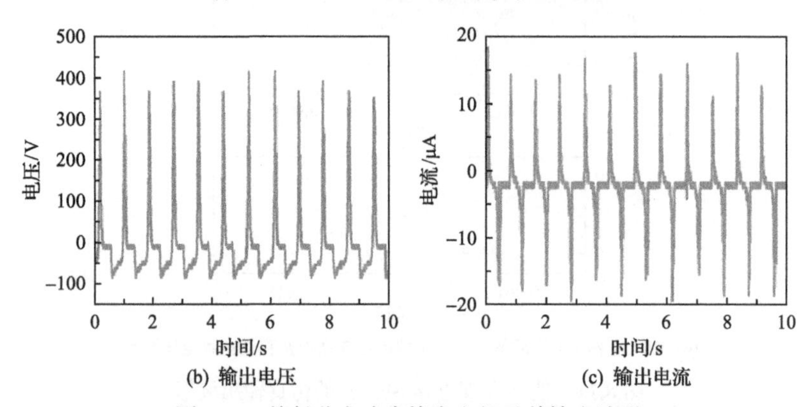

(b) 输出电压　(c) 输出电流

图 8.12　接触分离式摩擦发电机及其输出波形

为保证测试过程中输出信号的一致性，采用振动台测试摩擦发电机的输出性能。在 1Hz 的作用频率下，摩擦发电机可以输出 423V 的峰值输出电压及 19μA 的峰值输出电流，如图 8.12(b)和(c)所示。可以看出，接触分离式摩擦发电机的输出信号呈现脉冲形式，没有固定的中心频率。

测试所用电路能否实现对接触分离式摩擦发电机的最大能量提取。通过将能量管理电路中的电感用普通电阻代替，分别测试摩擦发电机输出电压及经过电阻上的电流，结果如图 8.13(a)和(b)所示。以 1kΩ 负载为例，随着摩擦发电机的运动，其电压逐渐从零增加到最大值的过程中，开关处于关闭状态，电流没有信号产生。当其输出电压达到最大值时，开关开启，电压迅速降到零，并输出一个脉冲式的电流信号。

当其电压达到反向最大值时，再次输出一个电流信号，如图 8.13(a)所示。当开关开启时，等效电路为摩擦发电机内部电容对电路电阻 R_L 放电，即构成一个 RC 电路，放电的峰值电流为

$$I_r = \frac{V_t}{R_L} \tag{8.16}$$

此处摩擦发电机的输出峰值电压是 480V，电路负载是 1kΩ，理论输出的峰值电流是 480mA，而测得的实际峰值电流约为 2.5mA，远小于理论值。其原因是在电路中的开关采用了 CMOS 三极管，当开关信号施加在 CMOS 三极管上时，开关信号有一定的上升时间，故 CMOS 三极管会有一定时间来改变状态，此时 CMOS

三极管两端电阻是逐渐降低的状态，故电路实际电阻会大于电路负载电阻值，使得峰值输出电流小于理论值。

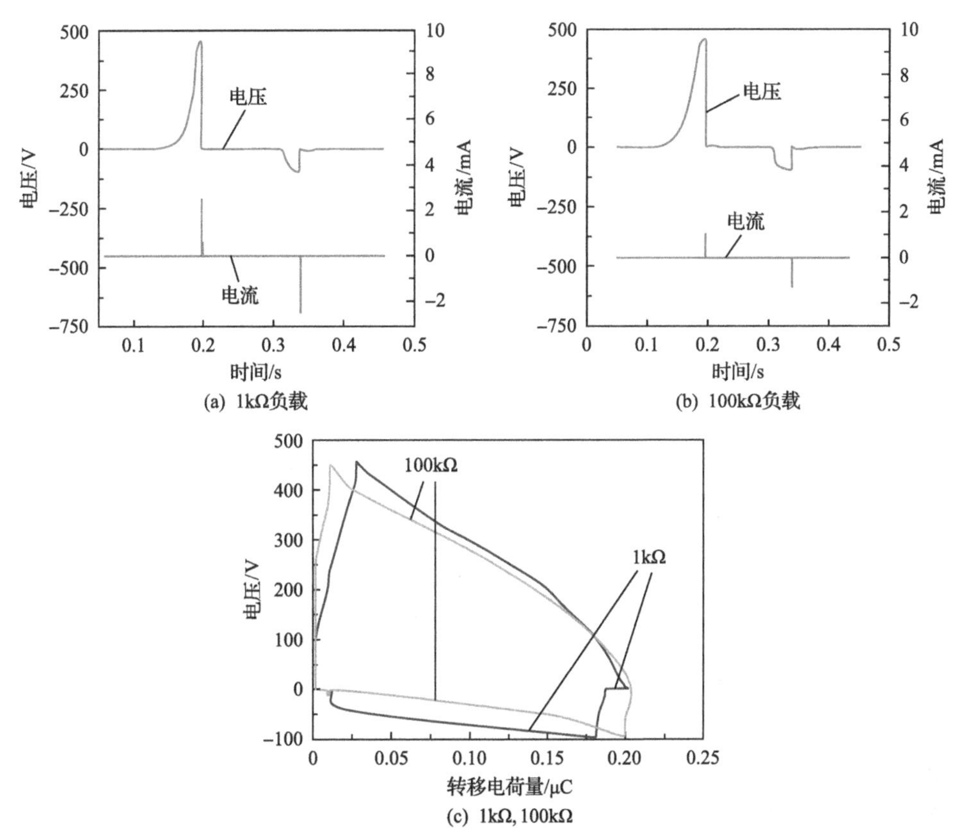

图 8.13　使用带有开关峰值检测、开关电路的摩擦发电机的输出及 V-Q 曲线

使用 100kΩ 负载时，得到的电压波形与 1kΩ 负载时得到的波形具有相同的电压峰值，而由于电路中负载电阻的增大，峰值电流相比有所减小。

通过将测得的电流信号进行积分即可得到电路转移电荷量随时间的变化，去掉时间轴并将其与同时测得的电压信号以转移电荷量为横轴，电压为纵轴，即可得到 V-Q 曲线，如图 8.13(c)所示。可以看出，在电压达到峰值的过程中，即有部分电荷发生了转移，这是因为 CMOS 三极管在关闭状态下的电阻并不是无限大，因此会有部分漏电流产生，使用 100kΩ 电阻为负载时电路中等效负载有所增大，故漏电流相对 1kΩ 较小。由于漏电流的存在，V-Q 曲线的闭合面积小于理论面积，但仍非常接近于理论面积，说明该电路实现了对接触分离式摩擦发电机的最大能量提取。

测试接上互感线圈与存储电容后的输出信号，如图 8.14 所示。与使用电阻负载类似，当摩擦发电机的输出电压达到峰值时，对应输出一个脉冲电流，验证峰值

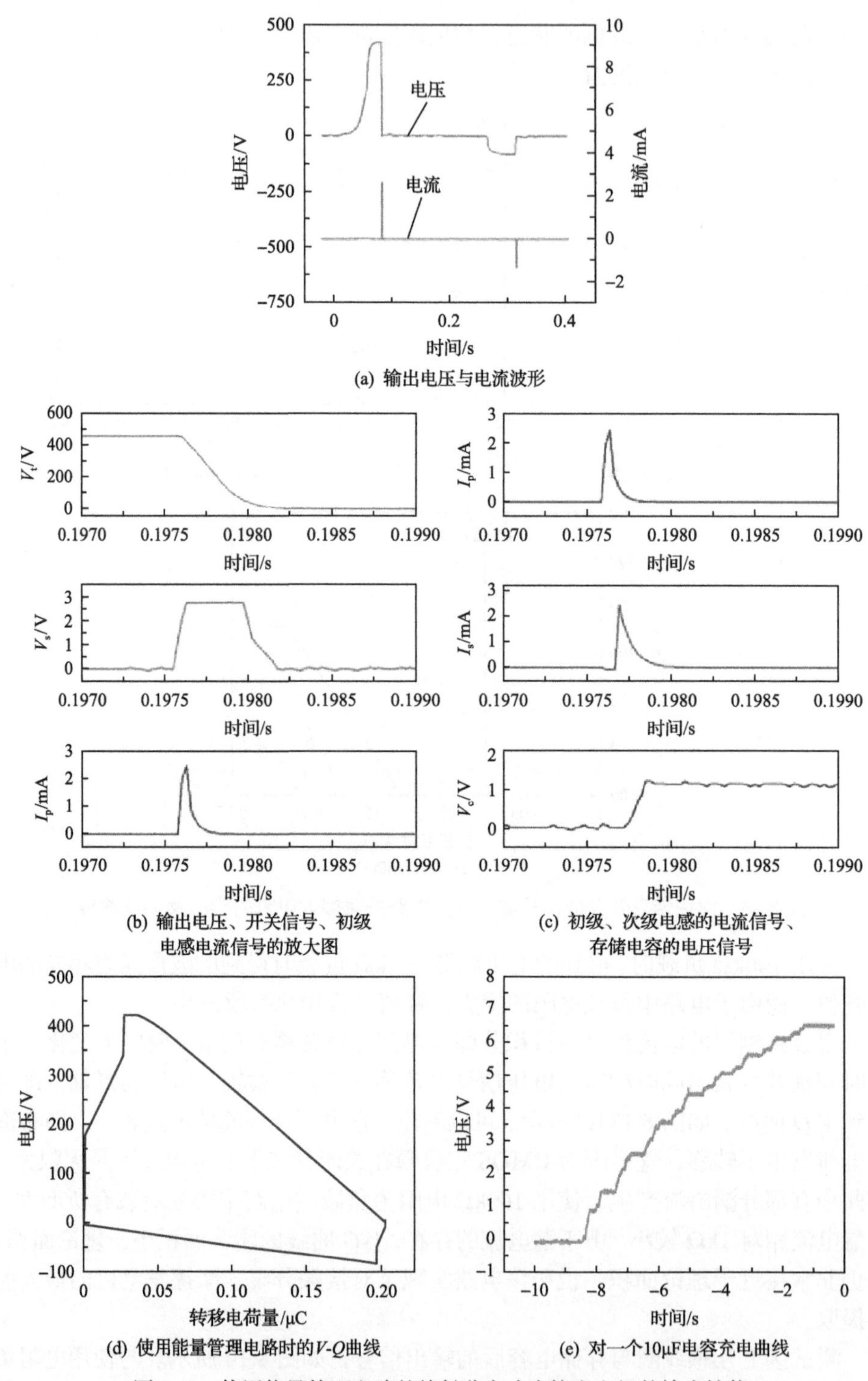

图 8.14　使用能量管理电路的接触分离式摩擦发电机的输出性能

检测及开关信号生成电路的功能，如图 8.14(a)所示。从如图 8.14(b)的放大图可以看出，当摩擦发电机输出电压达到最大值时，开关控制信号 V_s 由低态转为高态，同时，电路中产生一个脉冲电流。随着初级电路脉冲电流的增大，次级电感的电流随后也逐渐增大，表明摩擦发电机内部电容能量经由 LC 振荡和互感作用，传输到次级电感，如图 8.14(c)所示。当次级电感电流达到最大值时，存储电容电压开始逐渐增加，之后次级电感电流开始逐渐降低，当其降为零时，存储电容电压也趋于稳定，由此摩擦发电机内部电容能量转移到了存储电容上来，与仿真结果一致(见图 8.11)，也验证了该能量管理电路能够实现对摩擦发电机的能量传输。

图 8.14(d)为接触分离式摩擦发电机使用能量管理电路时的 V-Q 曲线，由该 V-Q 曲线得到的闭合面积代表从摩擦发电机获取的能量。对应的 $V_{oc,max}$、V'_{max}、及 $Q_{sc,max}$ 分别为 421V、82V 及 202nC，计算得到该摩擦发电机最大输出能量 E_m 是 93.3μJ。

使用该发电机搭配能量管理电路对一个 10μF 电容充电可在 8 个周期将其充到 6.65V，根据公式 $E_c=1/2CV_c^2$，对应存储到该电容中的能量为 221.11μJ，如图 8.14(e)所示，因此单周期存储到该电容器中的能量约为 27.6μJ。该能量管理电路相比于摩擦发电机最大输出能量的能量传输效率 η_e 为 29.6%。

摩擦发电机的常规充电电路一般是将摩擦发电机的两端输出经过一个全波整流桥之后对一个电容器充电，如图 8.15(a)所示。

首先对比使用能量管理电路和常规充电电路对一个 4.7mF 电容充电曲线，在 8 个工作周期内，使用常规充电电路只能将该电容充到 0.025V，而使用能量管理电路可将该电容充到 0.18V，使用能量管理电路的充电电压是常规充电电路的 7.2 倍，如图 8.15(b)所示。对不同大小电容充电方面，使用两种电路的充电电压均随电容的增大而降低，如图 8.15(c)所示。

对应的存储在电容中的电荷量可根据公式 $Q=CV_c$ 计算得到。如图 8.15(d)所示，使用常规充电电路存储的电荷量几乎不随电容的改变而改变，使用能量管理电路存储的电荷量随电容容量的增加迅速增加。在 4.7mF 时使用常规充电电路存储了 19.8μC 的电荷，使用能量管理电路存储了 846μC 的电荷，同比提升 41.73 倍。

使用能量管理电路存储的能量随电容的增加下降得不明显，从 196.02μJ 下降到 76.14μJ，而使用常规充电电路存储的能量随电容的增大迅速下降，从 89.78μJ 下降到 0.034μJ，如图 8.15(e)所示。当电容增大到 4.7mF 时，使用能量管理电路存储的电能是使用常规充电电路存储电能的 2640 倍。

与常规充电电路相比，能量管理电路实现了从摩擦发电机到存储电容的能量传输，且几乎不随电容的变化而变化。而常规充电电路充电时，实际上完成的是电荷的转移，单次转移的电荷量几乎不随电容大小变化。

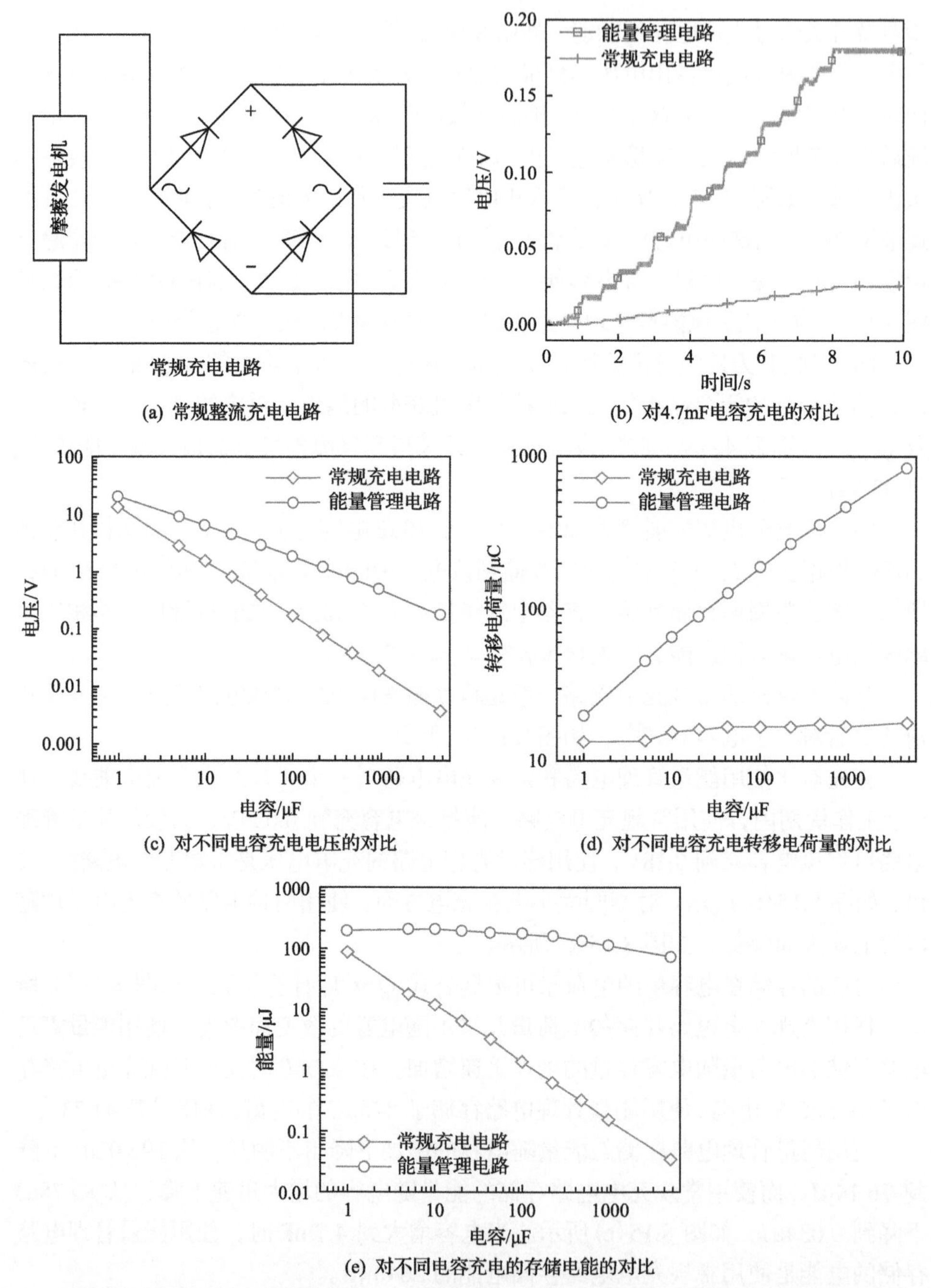

(a) 常规整流充电电路

(b) 对4.7mF电容充电的对比

(c) 对不同电容充电电压的对比

(d) 对不同电容充电转移电荷量的对比

(e) 对不同电容充电的存储电能的对比

图 8.15　接触分离式摩擦发电机采用能量管理电路与常规充电电路的充电效果对比

对于连续工作的摩擦发电机，其有效输出功率是最重要的参数。如图 8.16(a)所示，摩擦发电机的有效功率通常通过在电路中串联一个电阻，测试电路中的电流的有效值或者最大值，再通过欧姆定律计算得到在该电阻上的有效功率或最大功率，通过改变电阻大小，即可得到摩擦发电机的功率曲线。

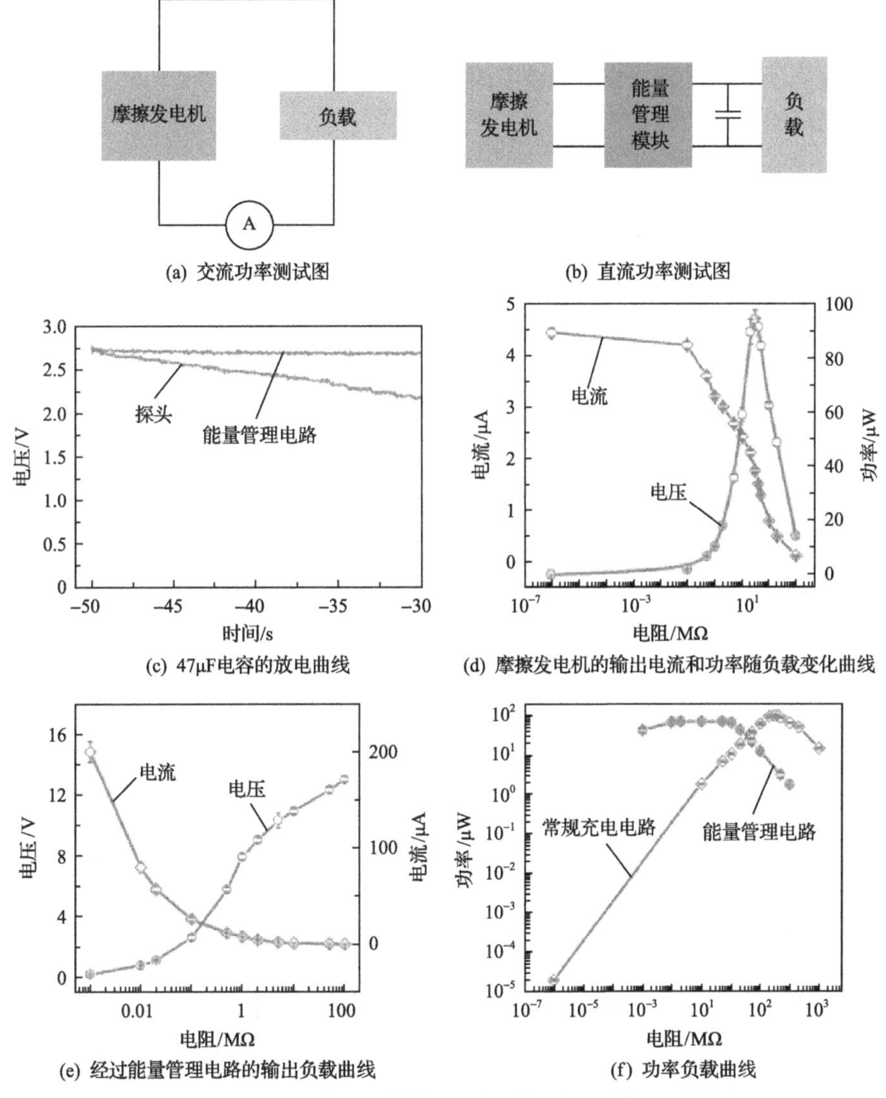

图 8.16　接触分离式摩擦发电机的交直流功率测试图

对于能量管理电路，最重要的参数是其将摩擦发电机输出的交流功率转换为直流输出功率的效率，因此需要获得其直流有效输出功率，测试方法如图 8.16(b)所示。通过在存储电容两端并联一个电阻，使摩擦发电机处于连续工作状态，测试电阻上的稳态电压，根据欧姆定律计算得到在该电阻上对应的功率，再通过改变并联在电路中电阻值的大小，即得到直流功率曲线。

由于能量管理电路中存在一个由与非门、比较器等逻辑电路构成的控制电路，均选取超低功耗器件，实际使用该能量管理电路时，可使用存储电容上的电能为其供电。图 8.16(c)为当能量管理电路连续工作时使用 47μF 电容为其供电的放电曲线。从图中可得，仅对探头放电时，电容上电压在 20s 内从 2.74V 降到了 2.20V，而当能量管理电路正常工作时，该电压在 20s 内从 2.74V 降到了 2.67V。因此，能量管理电路的平均功耗为

$$P_{\mathrm{PMM}} = \frac{E_{\mathrm{PMM}} - E_{\mathrm{Probe}}}{t} \tag{8.17}$$

式中，E_{PMM} 和 E_{Probe} 分别为特定时间 t 内能量管理电路和探头所消耗的能量。

能耗的计算公式为

$$E = \frac{CU_{\mathrm{s}}^2}{2} - \frac{CU_{\mathrm{e}}^2}{2} \tag{8.18}$$

式中，U_{s} 和 U_{e} 分别为所用电容上初态电压和末态电压。

可得，E_{PMM}=62.69μJ，E_{Probe}=8.91μJ。因此，能量管理电路的平均功耗 P_{PMM} 是 2.69μW。

测试得到的接触分离式摩擦发电机的电流的方均根值(RMS，即交流有效值)随电阻的增大而降低，功率的有效值先随负载电阻的增大而增大，在负载电阻为 30MΩ 时达到最大值，最大有效功率为 93.99μW，之后随着负载的增大开始逐渐减小，如图 8.16(d)所示。

通过能量管理电路得到的直流电压同样随着负载电阻的增大而增大，直流电流随着负载电路的增大而减小，如图 8.16(e)所示。最大直流功率在负载电阻为 100kΩ 时达到，最大直流功率为 67.6μW，如图 8.16(f)所示。因此，能量管理电路对该接触分离式摩擦发电机的能量转换效率为 71.9%，减去控制电路自身功耗，则该效率仍高达 69.1%。同时，对比图中交直流功率曲线可以看出，其交流功率曲线顶部较尖，在电路中负载电阻从 30MΩ 减小到 100kΩ 的过程中，有效功率迅速降低。而使用能量管理电路获得的直流功率曲线顶部较为平缓，当电阻从 10kΩ 增大到 1MΩ 的过程中，直流有效功率始终大于 62μW，说明使用能量管理电路后，其匹配负载被有效降低，且负载曲线明显展宽。

程晓亮[2]采用此能量管理电路对横向滑动式摩擦发电机进行了试验，其交直流能量转换效率为 75.5%，若考虑控制电路功率在内，则有效转换效率也为 74.45%。

8.3 感知模块

感知模块主要通过各种传感器(主动传感器+商用传感器)等采集环境中的各

种信息并联网进行快速数据处理和分析，从而得到准确的外部信息；其中的传感器包括第 7 章介绍的各种主动传感器以及其他传感器(包括商用传感器)，本节不讨论以上器件，将主要介绍一种采用基于空间静电感应的模拟式定位原理的非接触式电子皮肤[23]，其具有透明性、可拉伸性、自驱动等特点，在自驱动智能微系统中具有广阔的应用场景和实用价值。

8.3.1　非接触式电子皮肤的结构设计

基于叠层 PDMS-AgNW 结构的非接触式电子皮肤的结构如图 8.17(a)所示。该结构由两层 PDMS 衬底上的图形化银纳米线电极阵列垂直交叠而成，在器件的最上层还有一层 PDMS 以完成对电极的保护和器件封装。该电子皮肤的带电体为基于 PTFE 薄膜的驻极体。电子皮肤的具体参数为：PDMS 薄膜为 120mm×120mm 的正方形，电极为平行排列的宽 2mm、长 108mm 的长方形，间距为 25mm，并在两端设有 4mm×4mm 的接触点以引出电极。带电体为厚度 500μm 的 PTFE 驻极体，形状为直径 20mm 的圆形。

(a) 结构示意图

(b) 实物图

图 8.17　非接触式电子皮肤的结构示意图与实物图

银纳米线具有良好的导电性，当使用掩模喷涂工艺散布于 PDMS 表面时可形成任意图形的电极，且具有良好的透明度。其中条形电极两端的平均电阻约为 1kΩ，PDMS-AgNW 薄膜平均透光率约为 51%，而 PDMS 薄膜透光率为 86%，因此由三层薄膜构成的器件整体透光率小于 51%。驻极体可将电荷束缚在其表面，形成长期稳定的电势与电场分布，因此采用其作为电子皮肤的带电体可以提升测试的稳定性与精确度；且驻极体的表面电势较高，因此在其余条件不变的情况下能够产生较大的感应电流从而增加信噪比。电子皮肤具有透明性与可拉伸性，而 PTFE 驻极体薄膜具有柔性。这些优良特性使得非接触式电子皮肤的两个部分均适合作为可穿戴电子设备使用。图 8.17(b)为非接触式电子皮肤及带电驻极体的实物图。

从图 8.17 可以看出，电子皮肤采用上下两层交叠、层内等距平行、层间垂直、中心对称的电极结构。这样的设计主要目的在于在无限长近似成立的前提下利用按坐标轴分解的方式确定带电体沿各坐标轴的位移；之后采用按坐标轴分解速度方向的方式确定带电体位移方向与坐标轴所成的角度；进而完全确定带电体在电子皮肤范围内任意的位移矢量。

根据非接触式传感器定位原理[24]，需要从相关电极的电压波形图中提取负峰值、负峰半高宽以及正峰积分值(即面积)等数据，进而计算带电体速度、感应电流以及归一化后的感应电荷量等参数，以计算带电体的位移矢量。

当位移终点落在由任意四个电极 E_a、E_b、E_c、E_d 形成的方框内时，沿 x 方向和 y 方向的位移即可由以下无量纲标定函数求出：

$$f\left(x(t)\right)=\frac{\int_{t_0}^{t} I_{\mathrm{a}}(t)\mathrm{d}t+\int_{t_0}^{t} I_{\mathrm{b}}(t)\mathrm{d}t}{A_{\mathrm{a}}\Delta t_{\mathrm{a}}} \tag{8.19}$$

$$g\left(y(t)\right)=\frac{\int_{t_0}^{t} I_{\mathrm{c}}(t)\mathrm{d}t+\int_{t_0}^{t} I_{\mathrm{d}}(t)\mathrm{d}t}{A_{\mathrm{c}}\Delta t_{\mathrm{c}}} \tag{8.20}$$

式中，$I(t)$ 为瞬时电流；积分上下限对应峰的半高宽；A 为最大负峰幅值；Δt 为负峰半高宽。

在标定测量时对于任意的位移终点 x，由波形可知结束时间 t，因此可根据以上函数在实际使用中反推出位移终点 x。

在理想情况下，位移与坐标轴所成夹角与速度分量之比呈反正切函数关系：

$$\alpha=\arctan\frac{v_y}{v_x},\quad \alpha\in\left[0,\frac{\pi}{4}\right] \tag{8.21}$$

$$\alpha=\frac{\pi}{2}-\arctan\frac{v_x}{v_y},\quad \alpha\in\left[\frac{\pi}{4},\frac{\pi}{2}\right] \tag{8.22}$$

式中，v_x 和 v_y 为速度沿坐标轴的分量；α 为位移及速度方向与 x 轴的夹角。

由于电极电势在不同位置下存在较小的偏差，实际使用中会将每对互相垂直的电极所对应的关系曲线测出以实现标定。

8.3.2　标准化测试与性能表征

为实现电子皮肤定位功能，需要进行标准化测试，以及体现分辨率及可靠性的性能表征。注意到任意两个相邻的上层电极与任意两个相邻的下层电极均可围成大小为 25mm×25mm 的方格；而由于这里介绍的非接触式电子皮肤具有 16 个结构类似且具有部分对称性的方格，只对中心的四个格子之一进行表征，其余的两种类型可以依照此处的结果进行类比。本节将按照 x 方向位移(设为垂直于上层电极的位移方向)、y 方向位移(设为平行于上层电极的位移方向)、位移与坐标轴所成角度 α 的顺序依次给出标准化测试结果。

图 8.18(a)为当 y 坐标固定为 y =15mm 时的 $f(x)$ 函数(放宽的匀速近似成立的

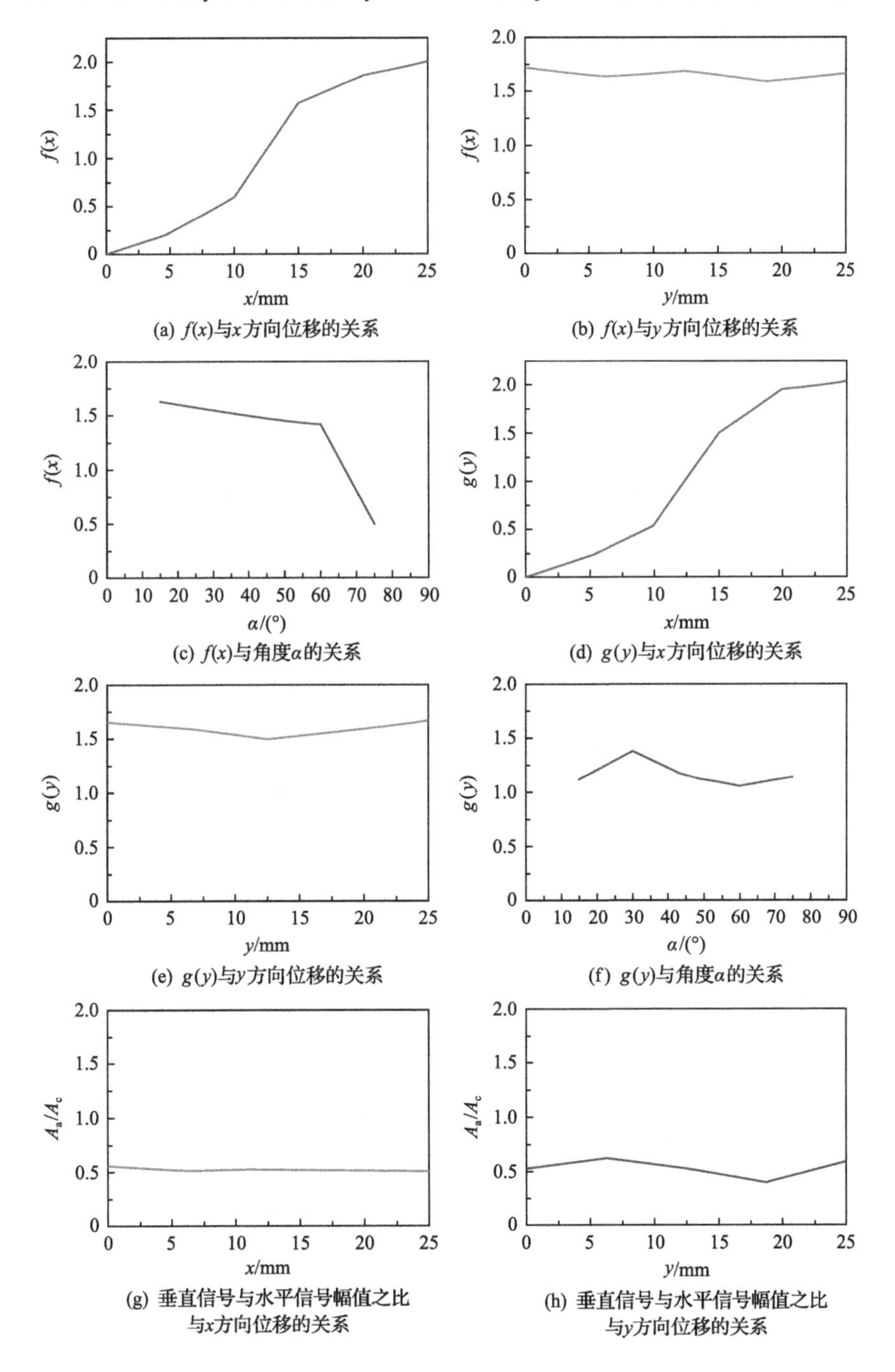

(a) $f(x)$与x方向位移的关系　(b) $f(x)$与y方向位移的关系

(c) $f(x)$与角度α的关系　(d) $g(y)$与x方向位移的关系

(e) $g(y)$与y方向位移的关系　(f) $g(y)$与角度α的关系

(g) 垂直信号与水平信号幅值之比与x方向位移的关系　(h) 垂直信号与水平信号幅值之比与y方向位移的关系

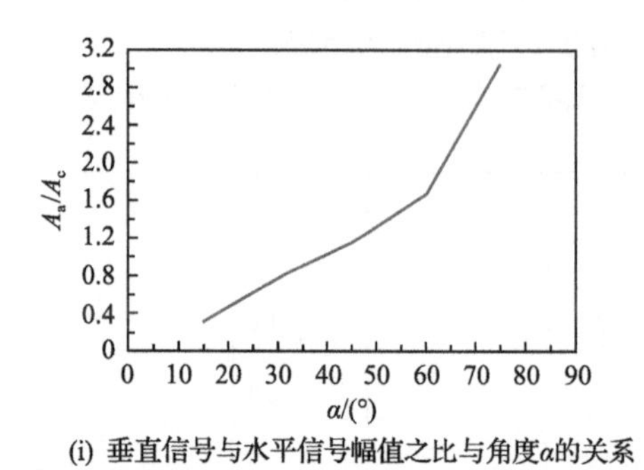

(i) 垂直信号与水平信号幅值之比与角度α的关系

图 8.18　标准化测试中各未知量与对应函数的关系及相互之间的独立性

情况下只与 x 有关而与 v 无关)，可以看出其线性度及梯度较高，因此可以较为精确地进行位移计算。

图 8.18(b)则说明当 x 坐标固定时，改变 y 坐标，$f(x)$ 函数几乎不变。

从图 8.18(c)可以看出，位移角度 α 对 x 坐标固定时的函数 $f(x)$ 有一定的影响，但不影响定位。

从图 8.18(d)～(f)可以看出，对于垂直底层电极的沿 y 方向的位移函数 $g(y)$，也同样满足以上对 x 方向成立的条件。

从图 8.18(g)、(h)可以看出，带电体位移在其他自由度上的改变对 α 的定位结果稍有影响，但可以通过计算的位移终点坐标来确定单一的关系曲线，因此沿坐标轴分解的位移以及角度的测量方式成立。

从图 8.18(i)可以看出，代表沿坐标轴速度分量的两互相垂直的电极对应电压波形的负峰幅值之比 A_a/A_c 能够以较高的线性度与梯度反映位移方向与坐标轴所成的夹角 α，且近似为正切函数关系。

值得注意的是，如果在某些状况下前述近似无法满足，具体表现为各独立参数对彼此的定位函数存在互相影响的情形，此时可以采用绘制二维定位曲面再取交线及交点的方式进行位移计算。

之后对同一个坐标点(12.5mm, 12.5mm, 30°)进行了 100 次的重复测试。从图 8.19(a)可以看出，对测试数据进行分析，定位结果的平均位置为(11.1mm, 12.8mm, 27.3°)，数据的标准差为(1.6mm, 1.3mm, 4.9°)。因此，可以抽样得到该电子皮肤的位移终点分辨率约为 2.1mm，位移角度分辨率约为 4.9°。从图 8.19(b)可以看出，全部测试数据的定位结果的落点分布。以上数据显示了电子皮肤较高的定位精度及可靠性。从图 8.19(c)可以看出，电压绝对幅值与各未知量计算结果的无关性。从图 8.19(d)可以看出，半高宽与定位结果的无关性。

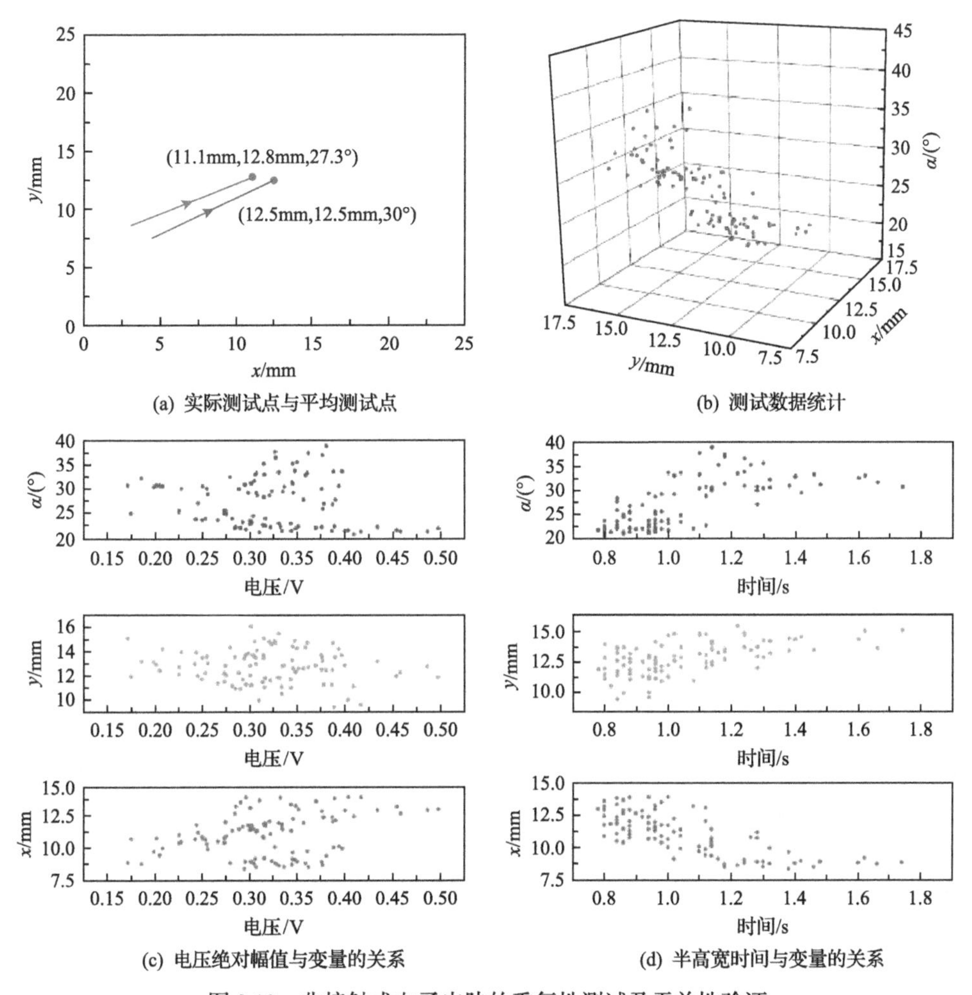

图 8.19　非接触式电子皮肤的重复性测试及无关性验证

8.3.3　多通道人机交互界面的实时游戏平台

为展示电子皮肤作为多通道人机交互界面的实际应用场景，Wu 等[24]自行研发了基于 MATLAB 的实时游戏平台。游戏为自制的简易“飞机大战”游戏，使用者需通过手指在电子皮肤上的位置控制游戏中飞机的速度方向和大小。实时游戏平台由一台安装 MATLAB 的计算机、三台 HS4 多通道数据采集卡、若干连接线以及非接触式电子皮肤组成。该程序采用并行结构，即利用数据采集的延迟时间进行上一个周期数据的分析处理，从而降低了总的时间消耗。对于 0.5s 的采样周期，该实时游戏平台的额外时间损耗约为 10%。图 8.20 为实时游戏平台的实景照片，插图为贴附于指套上的半径为 2cm 的圆形 PTFE 驻极体薄膜。

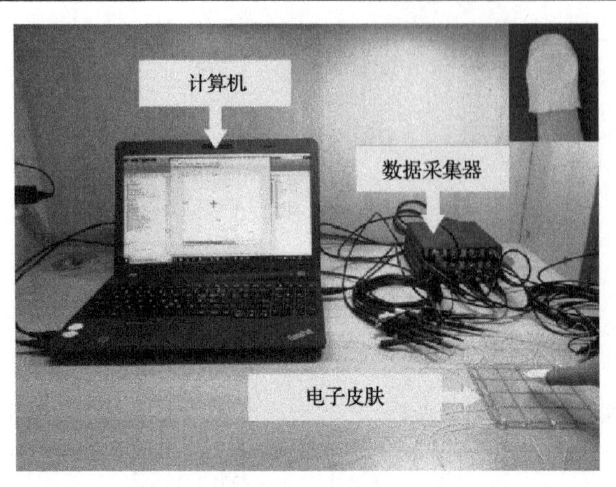

图 8.20　实时游戏平台的实景照片

在使用中，基于驻极体的圆形带电体被贴附于指套表面，非接触式电子皮肤平放于桌面。使用者的手指在电子皮肤的上空滑动而不接触，10 条电极上所产生的电信号被数据采集卡实时地传输到计算机软件 MATLAB 中进行分析和处理。游戏程序根据手指在电子皮肤上的位置判定飞机在每个周期的速度，即电子皮肤起到了虚拟游戏手柄的用途。在附加视频中，使用者可以通过手指在电子皮肤上的位移流畅地操纵飞机进行运动，这展示了该非接触式电子皮肤作为多通道实时人机交互界面的可行性。

图 8.21 为使用者通过电子皮肤操纵游戏中的飞机的原理示意图，以及每种位移所对应的各相关电极的电压波形。以电子皮肤的中心为飞机速度矢量起始点，手指及带电体中心所处位置在电子皮肤上的投影为矢量的终点；电子皮肤通过计算手指位移的方式得出该时间范围内使用者意图操控飞机的移动方向和速度。因此，电子皮肤具有作为人机交互界面的能力，在未来有极大的应用前景。

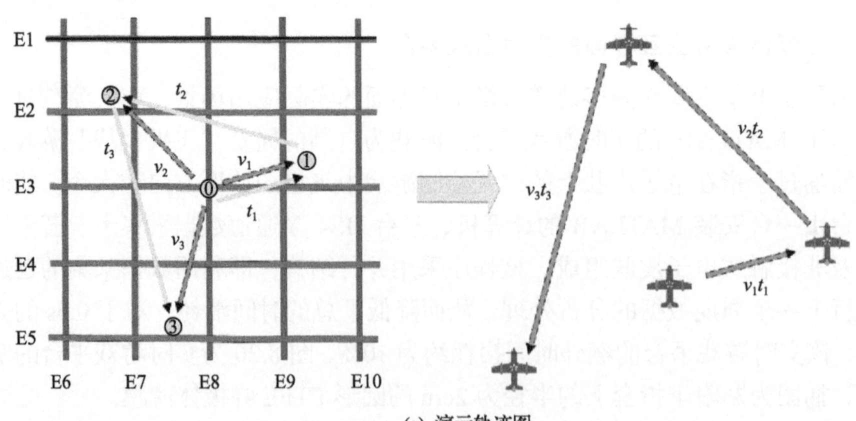

(a) 演示轨迹图

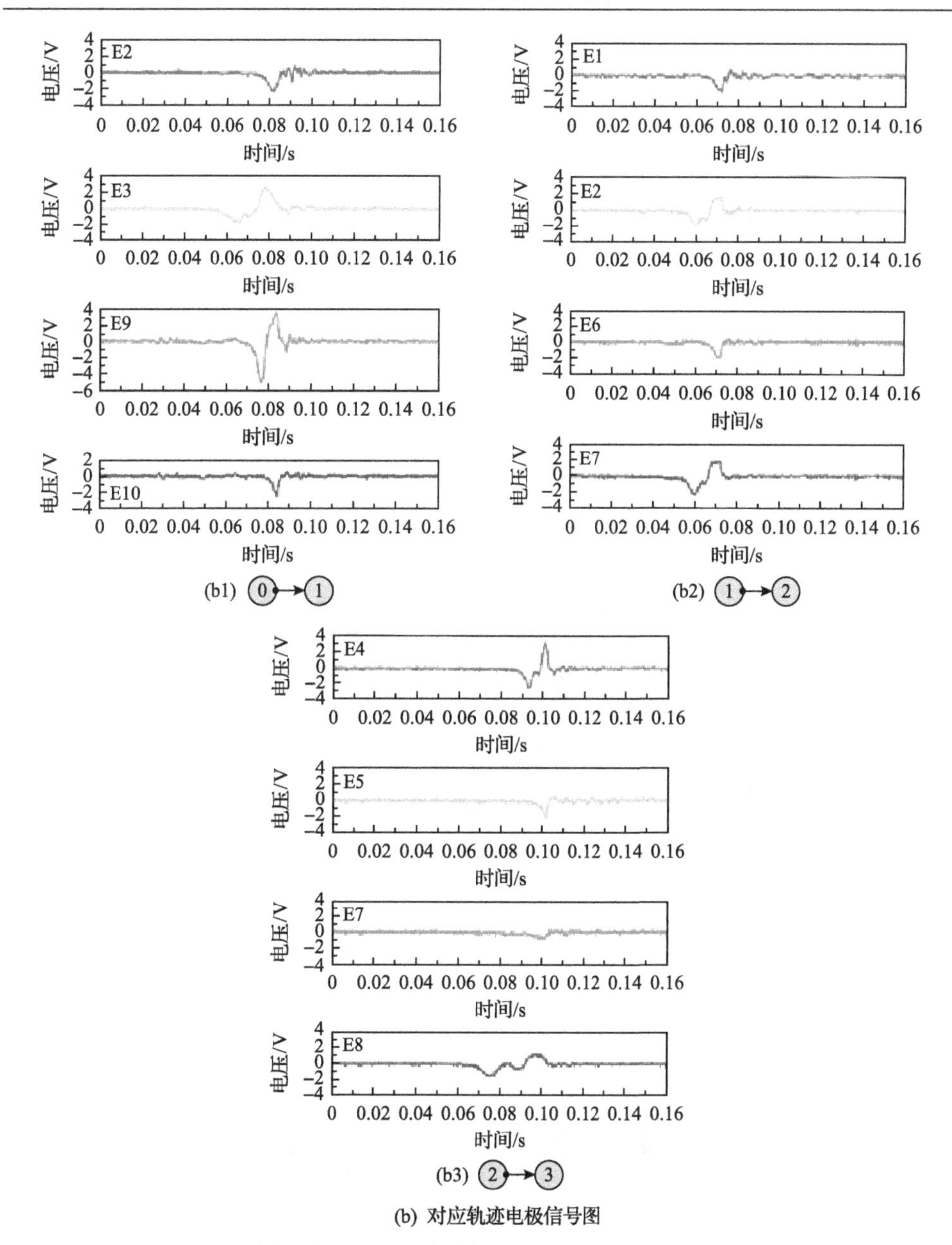

(b) 对应轨迹电极信号图

图 8.21　使用者通过电子皮肤操纵游戏中的飞机的原理示意图

8.4　响 应 模 块

响应模块主要是将系统对感知模块所获得的信息进行处理后通过数据传输，激励各种微型的执行器、显示器等来对外部的变化进行快速响应的功能模块，它包括数据传输、功能执行、信息显示等。本节将介绍两种在响应模块中非常重要的技术，一种是适用于自驱动的无线传输技术[25]，另一种是自驱动可视化传感技术[26]。

8.4.1 基于无线传输的人体运动监测系统

因为基于无线传输的人体运动监测系统具有无须导线连接、便携性好、寿命长、易集成化等特点，在人工智能、可穿戴设备领域具有特别的优势。自驱动无线传输系统可以以两种不同的方式工作：①系统通过无线传输的方式将能量供给储能器件，再通过储能器件“化零为整”的特性，使用聚集起的能量驱动电子器件如传感器以及显示器件；②考虑到人体各种物理量如运动状态等本身就会使自驱动系统中摩擦发电单元的输出产生变化，因此可以直接使用接收电极接收到的信号对人体的状态进行分析。从无线传输的对象上来看，第一种方式通过无线传输传递的只是能量，并不对其波形信号进行分析，这里将其称为自驱动无线能量传输方式；第二种方式通过无线传输传递的是信号，其中包含有与被测物理量相关的信息，这里将其称为自驱动无线信号传输方式，这种方式适用于摩擦发电机。

在摩擦发电机的输出信号中除了具有能量，还包含人体的相关状态信息，尤其是运动强度信息可以直观反映在接收信号的频率、幅值、半高宽等参数上，因此可以直接将两个摩擦表面组成的摩擦系统作为检测人体运动的自驱动传感器使用，再通过无线信号传输系统采集相关信号进行分析，得到具体的运动状态，如图 8.22 所示。

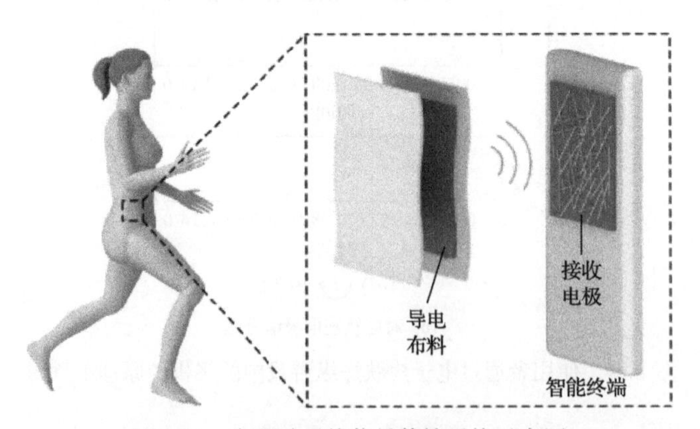

图 8.22　自驱动无线信号传输系统示意图

图 8.23 为各种运动状态下的输出信号。可以看出，在行走状态、慢跑状态以及起立—坐下过程中的输出电压波形有显著区别。行走过程总体比较平稳，峰值稳定，且由于步伐较慢，波形峰宽较大。

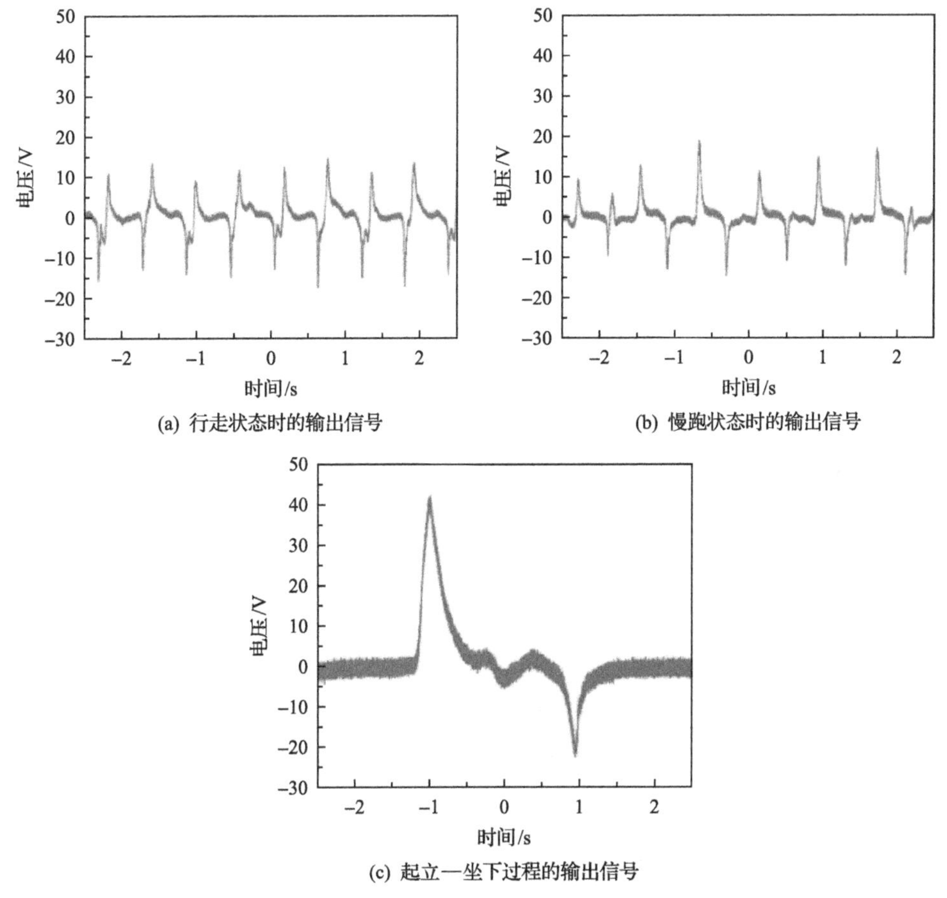

(a) 行走状态时的输出信号

(b) 慢跑状态时的输出信号

(c) 起立—坐下过程的输出信号

图 8.23　在不同运动状态下的输出信号

慢跑过程中，由于身体稳定性不如行走状态，电压峰值波动较大，且由于步伐速度较快，波形的半高宽相对较小。在起立—坐下过程中，动作的速度远小于行走或者慢跑状态，因此动作周期长。另外，由于起立—坐下过程中身体运动幅度很大，接收电极上信号的幅值和半高宽均比较大。

在人体监护尤其是老年人监护设备中，跌倒检测对于及时发现其异常状态并进行救治从而提高救治成功率有重要意义。在跌倒检测中，一般有两种情况：一种为快速跌倒，被检测者的跌倒动作在不足 1s 中即完成；第二种为缓慢跌倒，对应于被检测者在跌倒的过程中倚靠墙壁等，因此动作时间较长。利用无线信号传输系统可以分别对这两种情况进行检测，如图 8.24 所示。在快速跌倒过程中，信号峰值较大、持续时间短且由于运动状态变化负载使输出信号产生多个不规则的峰。在缓慢跌倒过程中，信号宽度大，但幅值小，且由于摔倒过程剧烈程度小，输出信号较为平滑。在测试过程中，实际测量到的信号的强度大于本书制备的摩擦发电单元的输出，可能是除了摩擦发电单元具有摩擦输出，人体其他部位之间的摩擦电荷所产生的电场也会对接收电极产生影响，进一步加强接收电极的输出。

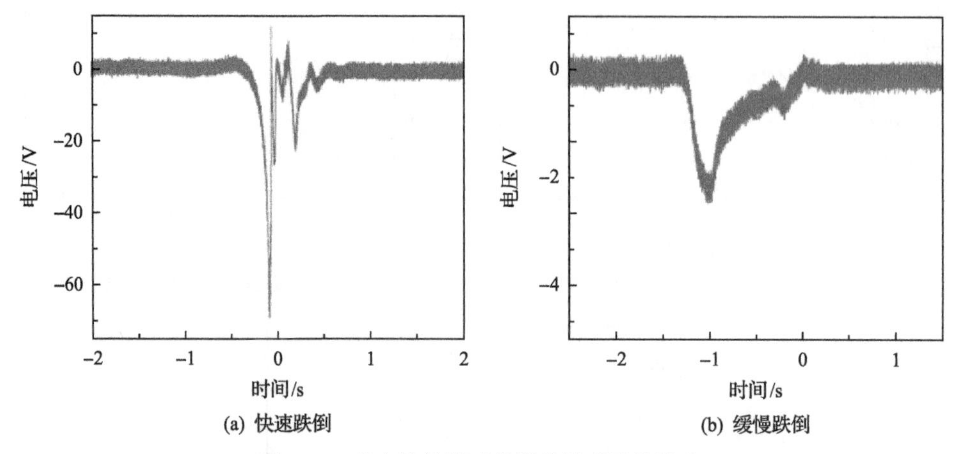

(a) 快速跌倒　　(b) 缓慢跌倒

图 8.24　当人体摔倒时信号传输系统的输出

本节建立无线信号传输系统的基本组成结构，利用无线信号传输系统为电容充电。在距离为 2cm 时，通过 30min 将 1μF 的电容充电至 6V。然后在无线能量传输测试中进行了体温测试。在体温测试中使用了放电曲线和时间常数，因此不需要特殊的稳压电路。

8.4.2　自驱动可视化传感技术

在主动传感器的基础上，可以进一步增加具有显示功能的低功耗器件，利用主动传感器产生的电能来驱动低功耗显示器件，并针对不同的外界情况显示不同的信息，以实现自驱动可视化传感系统，如果进一步与消费电子器件或其他日常设备相集成，通过数据采集和处理软件可以将主动传感器输出的电学信息根据一定的算法转化或还原为其他类型的信息，可以实现更丰富有趣的功能。本节介绍一种基于摩擦发电机的自驱动无噪声录音方法，通过将基于摩擦发电机与钢琴键盘相集成，不仅将钢琴的按键信息直接显示在液晶显示屏上，还可以通过图形界面和智能算法将器件产生的电信号还原为音乐信息。

整个系统如图 8.25 所示，其核心为基于键盘的 r 型摩擦发电机。r 型结构顶端的弧形有助于产生较大的电能输出，底部平整的表面有助于其与钢琴键盘集成。每个器件的顶部包括弯曲的 PET 薄膜、金属铝、PDMS 薄膜和金属铜。其中弯曲的 PET 薄膜用于提供机械回复力，金属铝电极用作器件上电极和摩擦材料，PDMS 用作器件的另一摩擦材料，金属铜用作器件的下电极。每个 r 型摩擦发电机的结构示意图和侧视图如图 8.25(a)所示，钢琴的光学照片如图 8.25(b)所示。

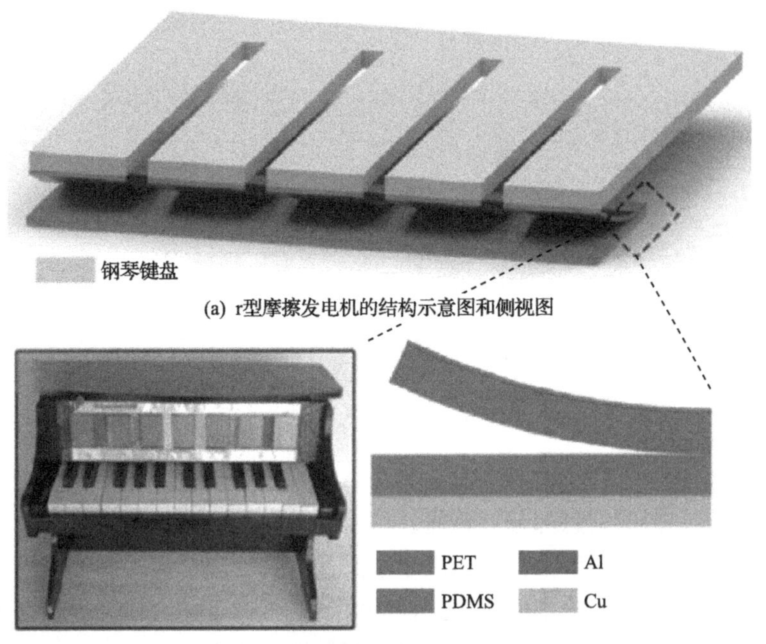

(a) r型摩擦发电机的结构示意图和侧视图

(b) 钢琴的光学照片

图 8.25 与钢琴键盘集成的 r 型摩擦发电机

根据摩擦起电序列，当铝与 PDMS 接触时，铝表面会积累正电荷，PDMS 表面会产生等量负电荷。当键盘处于释放状态时，铝与 PDMS 之间会形成间隙，使外电路的正电荷流向铜电极以实现静电平衡。相比之下，当键盘处于压缩状态时，器件也同时被压缩，铝与 PDMS 之间的间隙降为零，使得正电荷从铜电极流回铝电极。因此，通过按压和释放钢琴键盘，相对应的 r 型摩擦发电机可以产生交流电压输出。

当按压钢琴的某一个键时，只有相对应的器件可以产生电信号，该信号可以直接驱动相应的液晶显示屏显示与音调一致的数字，例如，C 键使液晶显示屏显示数字 1，A 键使液晶显示屏显示数字 6。通过再测量设备所对应的通道采集电信号也判断声音的音调(即频率)。根据上述工作原理，按压键盘时会使器件产生正向的输出，正向峰的起始时间可以决定按键的时间(T_1)，如图 8.26 所示。同时，正向峰的幅度(V)可以决定音乐的强度。当释放键盘时，器件会产生负向的输出。类似地，负向峰的起始时间决定了键盘释放的时间(T_2)，T_2 和 T_1 的差值决定了音乐的持续时间。由此，从器件的电学输出可以得出音乐的频率、强度、起止时间等信息。采用图 8.26 所展示的关系，可以便携图形界面实现电信号到音乐信息的自动转化。

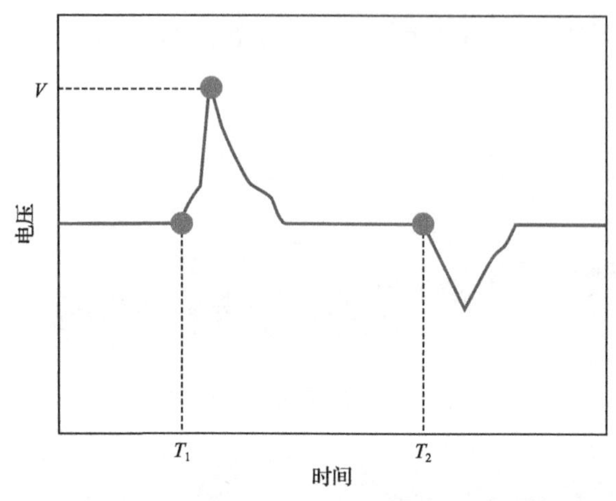

图 8.26　电信号与声音信息的对应关系示意图

如图 8.27 所示，图形界面包括四部分：参数设置部分、电信号选择部分、电信号展示部分、音乐信息部分。首先，可以根据电学测试的结果设置如信号噪声量级、信号采集时间等参数信息。由于摩擦发电机能够产生很高的输出，可以较容易地设定阈值，在算法中使得小于该阈值的信号被自动转化为零，以方便后续的信号处理。在去除噪声信号后，可以很容易地通过寻找第一个正值点和第一个负值点来得到键盘按压和释放的时间。之后，可以通过图形界面随意选择每个通道的测试信息。例如，一个简单的二通道图形界面，两个通道所对应的按键分别对应 C 键和 E 键。最后，通过所设计的算法可以将电信号自动转化为音频信息并展示在图形界面上。

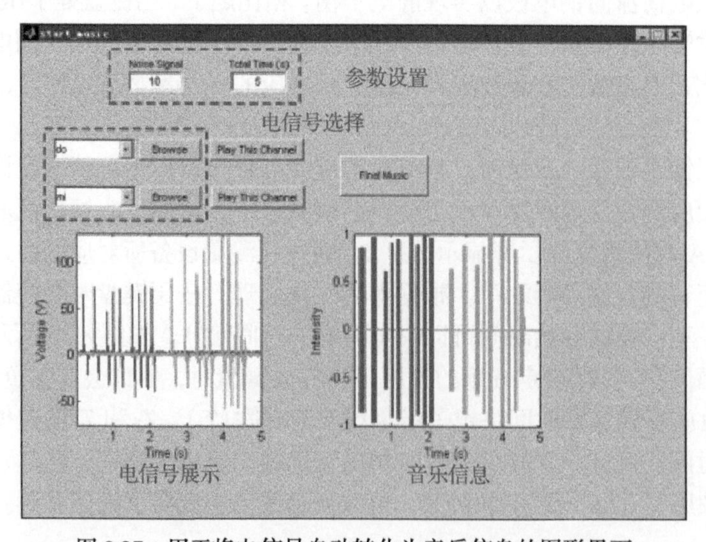

图 8.27　用于将电信号自动转化为音乐信息的图形界面

进一步，可以通过钢琴演奏如图 8.28(a)所示的一段乐谱信息，由此可以通过多通道示波器(Agilent DSO-X 2014A)和 100MΩ 探头(HP9258)对演奏音乐时所产生的电信号进行记录。在测试时，每个通道仅与一个器件相连，用于检测相对应按键的运动情况。通过不同的外力按压和释放 C 键和 D 键，器件所产生的输出电压如图 8.28(b)所示。通过导入电学测试结果，可以通过算法自动将电信号转化为音乐信息并展示在图形界面上。如图 8.28(c)所示，图 8.28(b)中电学输出的每一个峰值被转化为特定频率的正弦信号，且信号的起始时间、终止时间、强度均与电学信号相关。图 8.28(d)为 C 键按下时所转化的单周期信号，对应于频率为 261.6Hz 的正弦信号；图 8.28(e)为 D 键按下时所转化的单周期信号，对应于频率为 293.7Hz 的正弦信号。

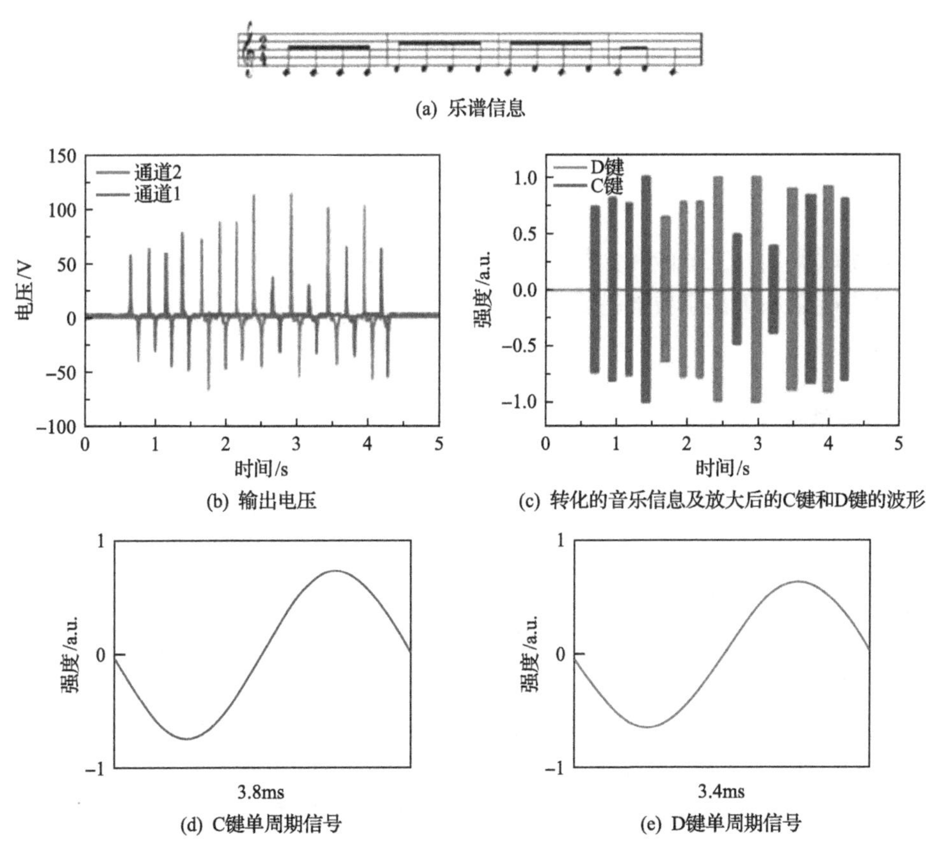

图 8.28　钢琴的演示信号图

因此，该系统不仅可以实现自驱动的显示，将相应的按键直接显示在液晶显示屏上，还可以通过算法实现电信号到声音信号的转化，类似于录音功能。与传统的录音技术相比，这种基于摩擦发电机的录音方式具有以下两个优点：首先，与其他录音技术相比，该技术直接利用能量采集器产生的电能作为电信号，避免了外加电源，从而降低了整个录音过程的功耗；其次，与其他录音技术不同，该技术通过集成于按键下方的器件所对应的测试通道来确定按键的频率，由于所使用的PET薄膜厚度较厚，具有较大的刚度，外界环境噪声所产生的振动无法使PET薄膜发生变形，因此仅当相应的按键被按压时，能量采集器才能产生电信号输出。这一特性使得该录音技术可以选择性地对钢琴(或其他键盘乐器)的按键情况进行录制，可以避免环境中其他声音的影响。值得一提的是，由于乐器在产生基频的同时还会产生其他高频分量，这种录音技术虽不能原样还原音乐，但是可以完整地还原乐器演奏时所有按键的运动情况，包括起止时间、按键力度等信息。

在此系统的基础上，可以进行进一步的优化和改进。例如，可以通过测量短路电流而非 100MΩ 时的输出电压来作为电信号进行转化，以实现更精确的电信号到音频信号的转化。此外，可以在键盘上增加一些超灵敏的振动式能量采集器，以实现对和弦、泛音等信息的提取与录制。

8.5 应用实例

在物联网、人工智能和大数据云计算等新兴技术大力发展智能网络的时代，自驱动智能微系统是重要的基石，具有非常广阔的应用场景，本节介绍几个应用实例。

1. 自供电智能手环

图 8.29 是一款可以自供电的智能手环，它通过印刷电路板制图软件 Altium Designer 将横向滑动式摩擦发电机的底部电极与能量管理电路的连接图绘制在一起即可实现二者的集成。通过采用柔性印刷电路板制备工艺制备即可得到二者集成的器件，通过将独立的横向滑动式摩擦发电机和能量管理电路集成到同一个柔性印刷电路板上，可增强二者之间的电路连接，提高整个器件的稳定性，减小器件整体的尺寸[18]。

这种智能手环可缠绕于人的手腕上，而底部电极可与人上衣结合在一起，如图 8.29(a)所示。当人摆动胳膊时，摩擦发电机的上电极与底部自由电极即可产生接触、分离并将摆动胳膊产生的机械能转化为电能，如图 8.29(b)所示。

2. 自供电多功能电子皮肤系统

图 8.30 是从人体皮肤的生理结构出发设计的自供电多功能电子皮肤系统的示意图[27]。它将多功能系统与自供电相结合，使电子皮肤系统具有更强的独立性和功能性。

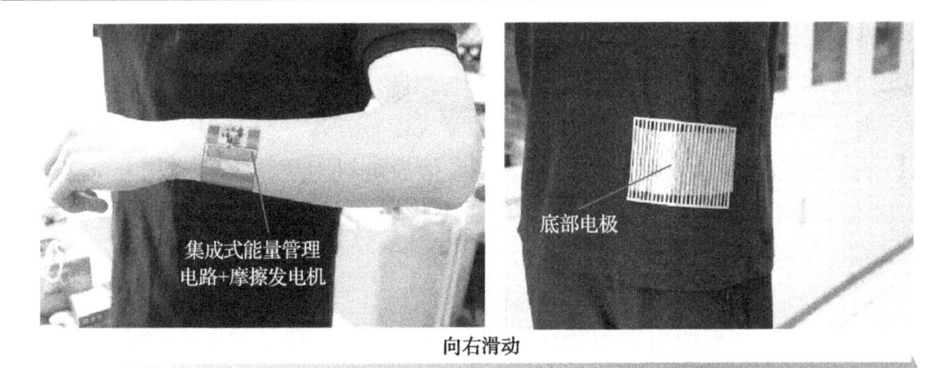

(a) 位于手腕的电极及位于身体上的自由滑动电极

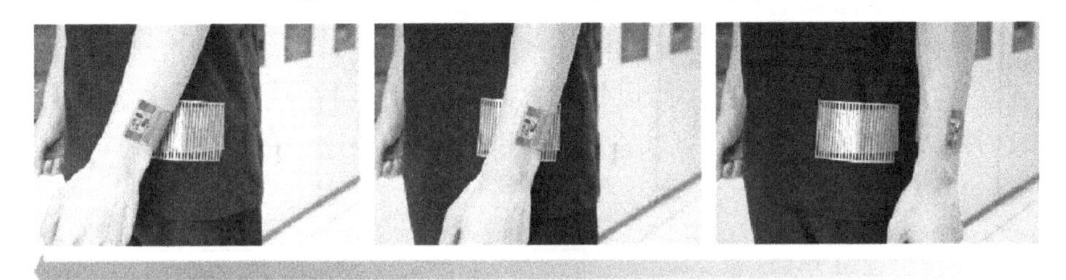

(b) 工作示意图

图 8.29 可穿戴集成式能量管理电路和摩擦发电机的自供电智能手环

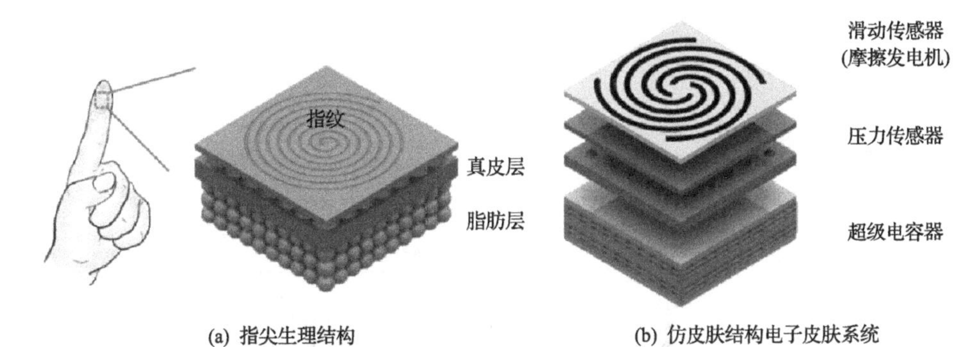

(a) 指尖生理结构 (b) 仿皮肤结构电子皮肤系统

图 8.30 自供电多功能电子皮肤系统的示意图[27]

系统从上向下依次为仿指纹结构的滑动传感器、仿真皮结构的压力传感器和超级电容器。其中滑动传感器的工作原理与摩擦发电机一致，都是基于静电感应效应，所以该结构可以根据具体场景充当传感器或者发电机。这个组合方式与人的指尖生理结构非常类似。

该自供电多功能电子皮肤系统有诸多优势：首先，该系统分别利用滑动式摩擦发电机和压阻式传感器还原了皮肤微感受器有关动态响应和静态响应的感知功能，使系统能够感受不同表现形式的作用；其次，该系统拥有自己独立的能源供给单元，可以为器件功能，且独立于外部电源自行工作，减少了布线的复杂性；最后，由于滑动传感分别采用的是静电感应式传感方式，与摩擦发电机工作原理一致，所以当无须滑动传感时，可以充当摩擦发电机为超级电容器充电，实现能量的实时采集和存储。由此，形成了集传感功能、能量存储功能和能量采集功能于一体的集成系统。

利用该自供电多功能电子皮肤系统进行复杂信号的测试，实物图及测试结果如图 8.31 所示，超级电容器为压阻式传感器供能实现了对压力的实时探测，同时因为压阻层与超级电容器相连，大大降低了布线难度，集成度更高。而基于自由式滑动摩擦发电机的滑动传感器能够独立工作而无须外部供能。将滑动传感器的输出波形与压力传感器的响应波形同时读出，可以更加准确地识别外部运动。在应用展示中，用手指以特定方向滑动，同时在滑动过程中施加压力。对于这种多元信号，该电子皮肤系统能够准确地反映这一过程，实现了系统级的传感功能。

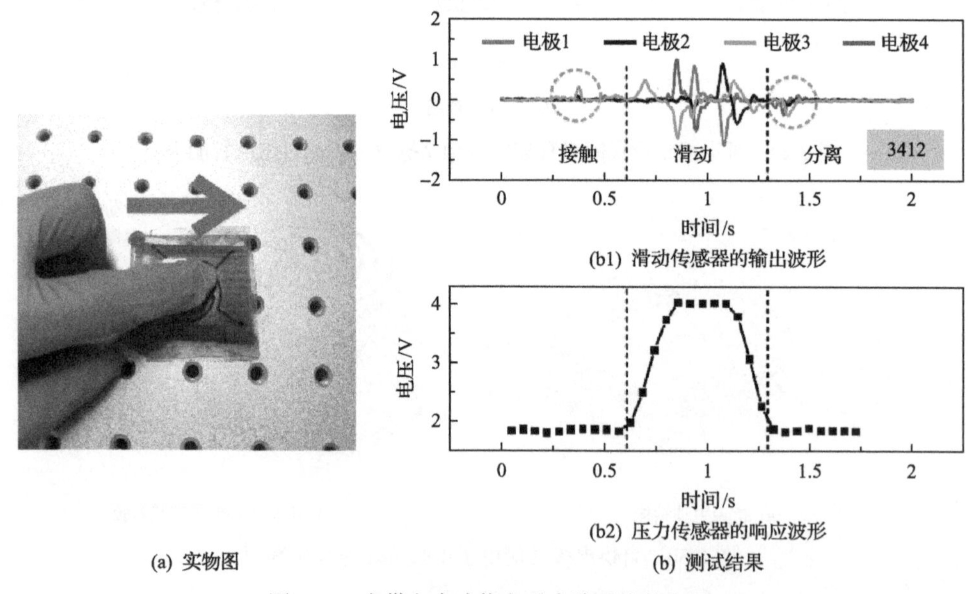

图 8.31　自供电多功能电子皮肤系统的应用

8.6　自驱动智能微系统的未来

自驱动智能微系统是一个正在蓬勃发展的新领域，未来有待从以下方面展开进一步的研究探索工作，如图 8.32 所示。

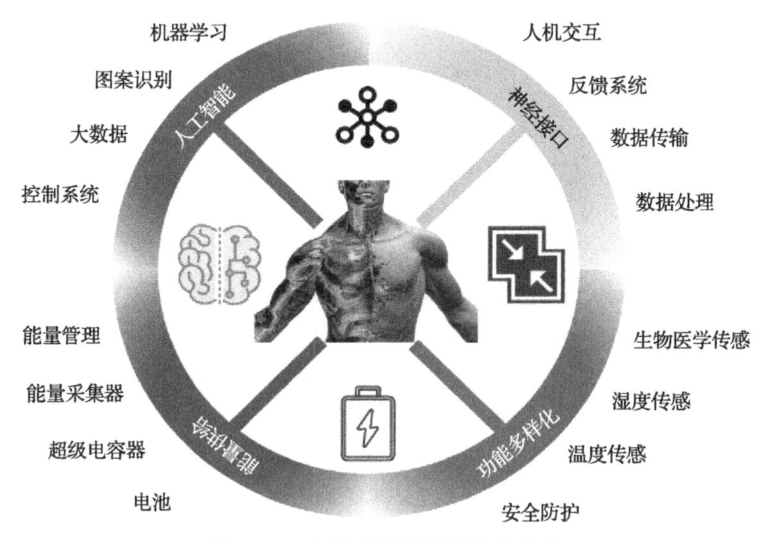

图 8.32　自驱动智能微系统的展望

(1) 长期稳定的能源供给。能量采集器、超级电容器、电池和能量管理电路集成在一起组成的高效能量单元将是系统的基石，还有待进一步提升集成度和效率。

(2) 多功能的传感系统。传感器功能的增强与集成以及低功耗的设计都将是研究的重点和难点；特别是生化类传感功能仍然处于起步阶段，需要进一步将生化信号明确传感并与物理信号进行合理的融合，才能真正实现具有复杂信号的传感功能。

(3) 与人机接口、脑机接口等的结合。将需要从数据的采集、处理到深度学习等方面开展深入的跨学科研究，因为对于复杂的神经系统，往往是在传输过程中将信号采用复杂非线性的方式进行耦合，无须特定明确各个通道的内容。研究希望未来在各功能传感及传输的过程中，利用大数据和人工智能算法，将传感信号进行非线性集成，进而实现更为复杂的信号感知。

此外，智能微系统为集成加工与低功耗的设计带来巨大的挑战，因为除了能量单元、传感单元、响应单元，还需要信号的传输、采集、处理等功能，所以接下来需要从电子系统处理电路、处理模块等方面入手，提高系统的整体性。

因此，自驱动智能微系统的研究刚刚开始，还有很长的路要走。

参考文献

[1] Zhang X S, Han M, Kim B, et al. All-in-one self-powered flexible microsystems based on triboelectric nanogenerators. Nano Energy, 2018, 47: 410-426.

[2] 程晓亮. 适用于可穿戴的摩擦发电机的设计优化与能量管理[博士学位论文]. 北京: 北京大学, 2019.

[3] Miller J R, Simon P. Electrochemical capacitors for energy management. Science, 2008, 321(5889): 651-652.

[4] Song Y, Zhang J, Guo H, et al. All-fabric-based wearable self-charging power cloth. Applied Physics Letters, 2017, 111(7): 073901.

[5] Wu C, Wang A C, Ding W, et al. Triboelectric nanogenerator: A foundation of the energy for the new era. Advanced Energy Materials, 2019, 9(1): 1802906.

[6] Zhu G, Chen J, Zhang T, et al. Radial-arrayed rotary electrification for high performance triboelectric generator. Nature Communications, 2014, 5: 3426.

[7] Han C, Zhang C, Tang W, et al. High power triboelectric nanogenerator based on printed circuit board (PCB) technology. Nano Research, 2015, 8(3): 722-730.

[8] Wang S, Mu X, Wang X, et al. Elasto-aerodynamics-driven triboelectric nanogenerator for scavenging air-flow energy. ACS Nano, 2015, 9(10): 9554-9563.

[9] Zhong X, Yang Y, Wang X, et al. Rotating-disk-based hybridized electromagnetic-triboelectric nanogenerator for scavenging biomechanical energy as a mobile power source. Nano Energy, 2015, 13: 771-780.

[10] Guo H, Wen Z, Zi Y, et al. A water-proof triboelectric-electromagnetic hybrid generator for energy harvesting in harsh environments. Advanced Energy Materials, 2016, 6(6): 1501593.

[11] Pu X, Liu M, Li L, et al. Efficient charging of Li-ion batteries with pulsed output current of triboelectric nanogenerators. Advanced Science, 2016, 3(1): 1500255.

[12] Bhatia D, Lee J, Hwang H J, et al. Design of mechanical frequency regulator for predictable uniform power from triboelectric nanogenerators. Advanced Energy Materials, 2018, 8(15): 1702667.

[13] Tang W, Zhou T, Zhang C, et al. A power-transformed-and-managed triboelectric nanogenerator and its applications in a self-powered wireless sensing node. Nanotechnology, 2014, 25(22): 225402.

[14] Zi Y, Guo H, Wang J, et al. An inductor-free auto-power-management design built-in triboelectric nanogenerators. Nano Energy, 2017, 31: 302-310.

[15] Niu S, Wang X, Yi F, et al. A universal self-charging system driven by random biomechanical energy for sustainable operation of mobile electronics. Nature Communications, 2015, 6: 8975.

[16] Cheng X, Miao L, Song Y, et al. High efficiency power management and charge boosting strategy for a triboelectric nanogenerator. Nano Energy, 2017, 38: 438-446.

[17] Qin H, Cheng G, Zi Y, et al. High energy storage efficiency triboelectric nanogenerators with unidirectional switches and passive power management circuits. Advanced Functional Materials, 2018, 28(51): 1805216.

[18] Song Y, Wang H, Cheng X, et al. High-efficiency self-charging smart bracelet for portable electronics. Nano Energy, 2019, 55: 29-36.

[19] Xi F, Pang Y, Li W, et al. Universal power management strategy for triboelectric nanogenerator. Nano Energy, 2017, 37: 168-176.

[20] Cheng X, Miao L, Song Y, et al. High efficiency power management and charge boosting strategy for a triboelectric nanogenerator. Nano Energy, 2017, 38: 438-446.

[21] Niu S, Wang Z L. Theoretical systems of triboelectric nanogenerators. Nano Energy, 2015, 14: 161-192.

[22] Zi Y, Niu S, Wang J, et al. Standards and figure-of-merits for quantifying the performance of triboelectric nanogenerators. Nature Communications, 2015, 6: 8376.

[23] Guo H, Wu H, Song Y, et al. Self-powered digital-analog hybrid electronic skin for noncontact displacement sensing. Nano Energy, 2019, 58: 121-129.

[24] Wu H, Su Z, Shi M, et al. Self-powered noncontact electronic skin for motion sensing. Advanced Functional Materials, 2018, 28(6): 1704641.

[25] Shi M, Zhang J, Chen H, et al. Self-powered analogue smart skin. ACS Nano, 2016, 10(4): 4083-4091.

[26] Han M, Meng B, Cheng X, et al. A keyboard-based r-shaped triboelectric generator for active noise-free recording. MRS Online Proceedings Library Archive, 2015, 1782: 29-34.

[27] Chen H, Song Y, Guo H, et al. Hybrid porous micro structured finger skin inspired self-powered electronic skin system for pressure sensing and sliding detection. Nano Energy, 2018, 51: 496-503.